PACIFIC

太平洋的故事

一部历史与现代、力量与文明、科学与技术、商业与贸易的人类史诗

（英）西蒙·温彻斯特———著

甘阳 梁煜———译

化学工业出版社

·北京·

Pacific，1st edition by Simon Winchester

ISBN 978-0-06-231541-0

Copyright ©2015 by Simon Winchester. All rights reserved.

Authorized translation from the English language edition published by Harper Collins Publishers.

本书中文简体字版由William Morris Endeavor Entertainment，LLC. 授权化学工业出版社独家出版发行。

北京市版权局著作权合同登记号：01-2020-3037

图书在版编目（CIP）数据

太平洋的故事/（英）西蒙·温彻斯特（Simon Winchester）著；
甘阳，梁煜译. —北京：化学工业出版社，2020.7
书名原文：Pacific
ISBN 978-7-122-36828-7

Ⅰ.①太… Ⅱ.①西… ②甘… ③梁… Ⅲ.①太平洋–普及读物
Ⅳ.①P721-49

中国版本图书馆CIP数据核字（2020）第080102号

责任编辑：王冬军　张　盼　　　　　　装帧设计：水玉银文化
责任校对：宋　玮

出版发行：化学工业出版社（北京市东城区青年湖南街13号　邮政编码100011）
印　　装：凯德印刷（天津）有限公司
710mm×1000mm　1/16　印张17　字数243千字　2020年8月北京第1版第1次印刷

购书咨询：010-64518888　　　　　　　售后服务：010-64518899
网　　址：http://www.cip.com.cn
凡购买本书，如有缺损质量问题，本社销售中心负责调换。

定　价：69.80元　　　　　　　　　　　　版权所有　违者必究

献
给
节
子

✤

看，东方，那里有成千上万的新新人类！

罗伯特·布朗宁（Robert Browning）
英国诗人、剧作家
《韦林》（*Waring*）

✤

❖ 目 录 ❖

孤海碧空

从这里，从大海岸边矗立的山崖，

一处处海岬突入海中，

犹如一只只海豚

在暴风雨中

在蓝色的海雾中

跃向暗淡苍茫的大海——

请您再向西远眺，

越过那风暴中高耸的海浪：

望向这美丽星球的另一半……

亚洲、大洋洲和终年白雪皑皑的南极洲：

那是地球从未曾合上的眼睑；

蓝色的海洋是地球的不眠之眼；

它凝目而望的

不是我们的战场。

美国诗人罗宾逊·杰弗斯（Robinson Jeffers）
《眼睛》（*The Eye*），1945 年

154航班

天刚破晓，美国联合航空公司（简称美联航）154航班即从火奴鲁鲁国际机场起飞，飞往关岛首府阿加尼亚，一周3次。如果此时东北信风一如往

常，保持其每小时12海里^①的风速，飞机一起飞即会折向东方，在怀基基海滩（Waikiki）上空迎着初升的朝阳前行，坐于机舱左侧的乘客会看见海滩边一排排高耸入云的酒店大楼，向下还能瞥见多丽丝·杜克^②名下壮观的海边豪宅——香格里拉。一旦飞机飞临钻石头火山这座休眠火山的火山口上方两英里^③时，它就会慢吞吞地绕个大弯，转头向右。

如果清晨雾气稀薄，机舱右侧的乘客有时能匆匆瞥见集中在海滩和平缓的山地斜坡之间的城郊；高峰时段由于交通拥堵，在洲际1号公路——进出火奴鲁鲁的主要高速公路——上龟速前进的汽车；城市之外的重峦叠嶂间遍布的尖锐山峰与峰顶安装的白色圆顶雷达。

如无例外，这班飞机总是满员。此刻，这架满载乘客的飞机会发出巨大的声响，用力将机头抬到最高，向上拉升。一旦攀升到5英里高空，飞行员就会将自动驾驶仪上的航向设定为西南，飞机首先会穿越渺无人迹的湛蓝大海，航行距离长达2000英里。随着攀升到位，转为水平飞行，飞机从最后一片云层中穿行而过，用不了多久，岛屿便在身后渐渐隐去，直至彻底消失不见。机身下方尽是空旷无垠的大海，连续几个小时一直如此。

古老海洋

大海如此辽阔，令人难以想象，但它也呈现出纷繁多姿、变化万千的状态。这是世界上最古老的海洋，它是曾经环绕着整个地球表面、形成于7.5亿年前的泛古洋的遗迹，是迄今为止世界上最宽广的水域——可容纳下所有的

---

① 1海里=1.852千米。——编者注

② 多丽丝·杜克（Doris Duke，1912—1993），美国烟草公司及杜克电力公司创始人詹姆斯·杜克（James Duke）的独生女，被当时的报纸称为"世界上最富有的女孩"。多丽丝·杜克有很多身份：慈善家、园艺师、魅力女性、冲浪者、收藏家和环球旅行家，她也是许多房子的主人，其中最有名的是罗德岛纽波特（Newport）的家族庄园以及夏威夷具有异域风情的伊斯兰风格宅邸香格里拉。——编者注

③ 1英里≈1.61千米。——编者注

大洲，或许还有多余的空间。这是世界上生物物种最丰富的地区，也是地球上地震活动最频繁的地区。它拥有地球上最长的山脉和最深的海沟，它的化学构成对世界影响至深，地球的气候系统正是源自这片水域。

大多数人只见识过这庞大水域的一小部分，例如一片海滩，一处环礁，以及两者之间的大片深水。仅仅一些人——其中绝大多数还是海员——有幸能见识到这片大洋的全貌，进而得以对这6400万平方英里①的区域稍有了解，了解那些在大洋上及其沿岸发生的事件和行为、存在的民族以及大洋的地理和生物特性。与这一切相比，个人的经历实在不值一提。

库克船长②曾经提到，他在太平洋上探险时所到过的地方"是我认为人类能抵达的最远的地方"。如今，两个半世纪之后，我们重走此路，从堪察加半岛航行到合恩角，在阿留申群岛和大洋洲大陆间穿行，从巴拿马起航、横越大洋10000英里后抵达巴拉望（Palawan）——在这些人类足迹罕至之处与地球上任何其他地方的体验均不一样。这不一样的感觉不仅仅是惊骇于其广阔，还在于人类面对大洋时那无处不在的感官体验，甚至到了今天，还要对抗各种未知与不可知。被英国海军部奉为航海圣经的《世界海洋航路》（*Ocean Passages for the world*）直至今日仍这样忠告那些即将横渡大洋的海员们："太平洋中有相当一部分区域从未被勘测过，或没有被深入勘测过。许多地区根本一点儿工作都未曾做过……你们能采取的唯一防护措施就是小心观察、仔细探测。"

跳岛机

执行154航班任务的飞机多数情况下是来自美联航夏威夷机库的破旧飞

---

① 1平方英里≈2.59平方千米。——编者注

② 詹姆斯·库克（James Cook，1728—1779），英国皇家海军军官、航海家、探险家和制图师，曾经三度奉命出海前往太平洋，带领船员成为首批登陆澳大利亚东岸和夏威夷群岛的欧洲人，也创下首次欧洲船只环绕新西兰航行的纪录。——编者注

机，在当地被称为"跳岛机"（island hopper），此航线里程将近6000英里，这破飞机要在大洋上颤颤巍巍地飞大约14个小时才能抵达目的地。它首先向西南方向飞行，然后折向西，之后向北，途中经停5个地方，全是小岛——对于大多数人来说，这些小岛的名气甚至还比不上关岛的阿加尼亚。

154航班头两个经停点是马朱罗（Majuro）和夸贾林环礁（Kwajalein），这两个地方相对平坦，停留时长约半个小时左右；之后，会先后在科斯瑞（Kosrae）、波纳佩（Pohnpei）和楚克岛（Chuuk）上停留，这三处地形比较奇特，跑道是在热带的山峦和丛林中开凿出来的。

只有极少数人是从火奴鲁鲁直接飞往关岛的。沿途上下的乘客占大多数，每一站都有人提着奇形怪状、尺寸超大的行李上下飞机。美联航要求那些略通当地岛上语言的资深乘务员必须全程当班。在抵达最后目的地之前，这些员工必须向乘客重复告知"请系好安全带""请调直您的座椅靠背""请收起小桌板"之类的提示语达12次以上。他们似乎快虚脱了，直到飞机在关岛着陆，才松了口气。

在欧洲人的想象中，沿着火奴鲁鲁到阿加尼亚长达6000英里的太平洋航程中，一定藏着许多有待人们去发现的有趣事物。在飞机停靠的每一站，无一例外全都弥漫着温暖潮湿的热带气息；无论大海还是天空都是湛蓝澄净的，微风轻拂，空气中满溢着香甜的味道，还有白色的沙滩和美丽的珊瑚礁，色彩斑斓的鱼儿闪闪发亮，从海葵的触手旁飞速掠过。叶子花、凤凰木和兰花在路旁恣意盛放，鹦鹉扑闪着翅膀穿梭其间，还有番木瓜树以及果实累累的海枣树、香蕉树和椰子树等。棕榈树是太平洋地区的典型树种，在终年不停的信风吹拂下，它们的树干略微倾斜，是每一幅完美的海滩景色中不可或缺的绿色背景；类似的想象还存在于其他场景中：碧波荡漾的海面上泛起阵阵白色的泡沫，而远处正是那葱翠的棕榈树；而有时候则是这样的画面：大海广袤无垠，湛蓝的海面上空无一人，海滩上，冲浪的人三三两两聚在一起耐心等待大浪来临，远处的地平线上绿色的棕榈树叶随风摇摆。

在美联航"跳岛机"的飞行沿途，这种景色随处可见，每一处停靠点皆是如此。在外来人士眼中，出发地夏威夷当属糅合了波利尼西亚独特魅力与跨太平洋移民风情的完美典范。在波利尼西亚，我们能听见夏威夷小吉他的悦耳鸣响，看见身着草裙、满头浓密黑发、耳后别着花朵的栗色肌肤的当地人随着音乐不停地跳舞。

但是，我在火奴鲁鲁东边的马诺阿（Manoa）居住的一段时间里，与其说我生活的方方面面都烙有波利尼西亚文化的印记，不如说离我更远的太平洋地区的文化对我的影响更深①。沿着我住的那条街往前走有家日本杂货店，隔壁是家缅甸饭馆，当我坐上公交车，我感觉除我之外的其他乘客好像都是马尼拉人。电梯里总听见有人用韩语交流；那个替我理发的上了年纪的男人以前在"珊瑚公主"号（Coral Princess）邮轮上干了几十年的服务员工作，这艘邮轮曾经穿梭于悉尼和东京之间，沿途在雅加达、莫尔斯比港、马尼拉等地停靠。

尽管如此，波利尼西亚对夏威夷的影响依然胜过亚洲太平洋地区。如果人们有一天离开此地，当夏威夷群岛渐渐远去，或隐没在地平线上，留在人们心里的会是波利尼西亚。夏威夷字母表中仅有12个字母，而这区区12个字母经过排列组合却创造了夏威夷语；"Hula"（草裙舞）、"luau"（烤猪宴会）、"aloha"（你好）、"lei"（花环）、"ohana"（家庭）是最有名的几个单词，一听见它们，你马上就会明白自己身处的是哪一片大洋。

世外桃源

夏威夷自1959年成为美国的一个州（同样地处太平洋区域的阿拉斯加州比它早了将近8个月加入美国）以来，尽管发生了很多改变，然而究其文化本质，它仍然是西方发烧友所尊奉的那一片太平洋。夏威夷不仅成功地唤起了

---

① 据相关数据统计，被称作"haoli"（当地语，略带鄙夷）的白人在2010年时仅有33.6万人，在夏威夷群岛上属于少数民族，而有将近50万人来自太平洋沿岸国家及太平洋上的岛屿国家，其中包括20万菲律宾人及8.5万日本人。夏威夷原住民仅有8万人。

在马克萨斯群岛（Marquesas Islands）居住的高更内心深处的某种情愫，让那些将瑞亚堤亚的欧迈①带至伦敦的人的心底产生了某种悸动，而对于那些如亚瑟·格林布尔（Arthur Grimble）这样文雅温和、富有同情心的学者型官员来说，夏威夷同样给予了他们某种灵魂的洗礼。亚瑟·格林布尔曾出版过一部记叙太平洋生活的回忆录，名为《岛屿生活志》（*A Pattern Islands*），此书曾风靡一时，他亦以此成名。

夏威夷的大型购物中心、掠过蓝天的飞机、山顶望远镜、海面上的船只，以及大量常住此地的海洋学家和气象学家，或许会给人一种印象：这片群岛已经完全迈入了现代化的时代。但是，在文化上，夏威夷仍然属于波利尼西亚社会，与复活节岛（Easter Island）、库克群岛和奥特亚罗瓦②紧密相连。夏威夷虽然与美国大陆关系非常紧密，但赫尔曼·梅尔维尔（Herman Melville）和罗伯特·路易斯·史蒂文森（Robert Louis Stevenson）笔下关于太平洋地区的古老传说一直在此处回响。在情感上，夏威夷仍与太平洋息息相通，许多诗人对太平洋深深着迷，其中之一便有鲁伯特·布鲁克（Rupert Brooke），他曾经去到2000英里以南的塔希提岛（Tahiti），度过了7个月田园牧歌般的美好时光，并为此写下了令人过目难忘的诗句：

> 在此生活的精灵，
>
> 把头发编织成桂冠，去吧！
>
> 听，月亮在呼唤，
>
> 在温暖闲适的环礁湖畔，
>
> 飘散在暗夜的花香在悄悄低语，
>
> 快，牵着人类的手，
>
> 幽暗中，沿着鲜花盛开的小径，

---

① 迈［Mai，被英国人误称为欧迈（Omai）］土生土长于瑞亚堤亚（Ra'iatea），1774年被库克船长带到英国，是第一个到访英国的波利尼西亚人。——编者注

② 奥特亚罗瓦（Aotearoa）一词来源于毛利语，原意为"长白云之乡"。毛利人是新西兰的原住民，随着新西兰对原住民权益及自身特色历史越来越重视，奥特亚罗瓦成为新西兰在毛利语中最广为接受的名称。——编者注

顺着洁白的沙滩，

在海水温柔的抚慰中，

涤净愚笨的心灵。

诗句中所描述的世外桃源也可能曾经存在过。但是如今，每天清晨，当154航班向西呼啸而过时，布鲁克笔下太平洋的"温柔的抚慰"总会毫不留情地被飞机发出的巨大噪声所吞噬，随后，飞机会迅速进入更加暗黑的天域——这是一种比喻性的说法，而现实中也的确如此。

太平洋的中心线

从火奴鲁鲁出发大约1500英里后，154航班飞越国际日期变更线，瞬间，飞机就迈入了明天。乘客们需要调整手表上的日期窗口，日记也该翻开新的一页；当航班停靠在各机场时，飞机的影子拉长，于是，第二天的下午渐次取代了昨天的上午。

为了在这个互联互通的球状世界中施行一套科学的计时系统，设置国际日期变更线是必要的。原本此线是太平洋的中心线。从北到南是一条直线，和地球另一侧的格林尼治子午线一样。但由于变更线不管通过哪一处的人口聚居区，都会在当地引起历法上的混乱，1884年在华盛顿举行的国际子午线会议决定将其设计为一条曲折的线，绕过原本居于变更线上或邻近变更线的岛屿和地区。

当国际日期变更线设置之时，太平洋从商业上来说就是一片未开发的蛮荒之地，空中没有航线，海底没有铺设电话电缆，国际贸易主要限于椰干、鲸油和海鸟粪的买卖。从地理上来说，国际日期变更线一越而过，但却因为它的存在，当东京的人们正在闲适地度过星期六的中午时，加利福尼亚的人们仍旧在享用星期五的早餐——对他们来说，或许又是忙碌的一天。这条神奇的国际日期变更线虽然有如此威力，却对诸如海鸟粪的期货交易之类的事宜并无多大影响力。在套利交易这种商业模式还远未流行开来之时，对于世人来说，日期变更线仅是一个毫无意义的奇思妙想而已，远洋客轮上的服务员会借此增加谈资，告诉旅客此类知识，而旅客们会觉得由此"多一天"或"少一天"很有趣。

然而，今天，当有人在日本弹指间做出的决定可以轻易左右旧金山的金融活动，国际日期变更线的存在就成为了某种阻碍。人们不能总是在星期五做出决定，因为该决定需要影响的区域可能正处于非工作日的星期六。原本这种情况不必存在：在1884年的时候，本初子午线的位置问题曾经引起过争议，法国人对此线穿过伦敦郊区表示强烈反对，性格温和的加拿大时区专家桑福德·弗莱明（Sandford Fleming）建议本初子午线设在太平洋中心地带，国际日期变更线则设置在如今格林尼治线的位置，从北极直至南极。他的提议在当时遭到了嘲笑；今天也很少有人会怀念他，人们更愿意见到国际日期变更线迁移至大西洋，以将此线在世界上商业往来最频繁的大洋中造成的麻烦降至最低。

不过，国际日期变更线的位置仅仅是技术上的问题。美联航154航班飞入的还有另一片暗黑区域，这是一种更具隐喻性的黑暗，对此有所了解，才能更全面地描绘出当今太平洋的图景。

一旦越过国际日期变更线，飞机就离开了波利尼西亚。马绍尔群岛（Marshall Islands）属于范围广大的密克罗尼西亚群岛的一部分。这数百座位于大洋西北象限的小岛——包括拥有漂亮名号的加罗林群岛（Carolines Islands）和马里亚纳群岛（Mariana Islands），它们其中有些是海拔较高的火山岛，而马绍尔群岛的大部分岛屿是露出海面不多的珊瑚环礁，极易淹没于不断上涨的海水之下。就其整体而言，这数百座小岛成为这片大洋及其居民近代史上一个让人不安的例证。近数百年间，这片群岛屡遭任意践踏和残酷剥削，外来掠夺者视这无垠的碧蓝大海为私家领地，对其予取予求。

岛民们则承受着一连串令人不知所措的不幸事件。密克罗尼西亚人口密集的那些群岛，它们所经历的或许是太平洋中最复杂的殖民史。1521年，当麦哲伦在马里亚纳群岛登陆，就注定了关岛会被西班牙所攫取，至此，欧洲在太平洋建立了第一个正式的殖民地，这是密克罗尼西亚古老的定居文明第一次遭受外族的入侵。查莫罗人（Chamorro）是4000年前的东南亚移民，查莫罗文明作为该地区历史最悠久的本土文明，或因为疾病，或因为欧洲入侵者的作恶，竟几近毁灭。其存活人口仅余几千，其语言曾一度被推向灭绝的边缘。然而，密克罗尼西亚的悲情历史才刚刚开始。

悲情历史

下一个到达的是德国人。德国人起初是因为商业需求，后来在骄傲、扩张的野心和所谓的帝国荣耀的驱使下对此地产生了兴趣。一开始，西班牙对这位中欧竞争对手强行进入其"领地"的无礼要求应付无能，采取回避行为，不过最终还是默许了。德国商人在马绍尔群岛和加罗林群岛上建立了椰干和棉花种植园，到19世纪末期，这两处群岛归属德国总督管辖，并由德国东亚舰队负责保护。这支蓝水海军是拥有6艘船的巡洋舰中队，他们最终在亚洲其他地区建立了固定的海军基地。

同一时间，美西战争后，西班牙向美国拱手让出了关岛的控制权，美国为了本国舰队的便利，在关岛建立了一处加煤站。令本来就已混乱不堪的局面更加严重的是，英国也开始对密克罗尼西亚的东部进行蚕食，占领了吉尔伯特群岛（Gilbert Islands）及其附近的埃利斯群岛[①]。

第一次世界大战的爆发，终结了这片区域的列强纷争。"一战"初始，日本与英国结盟，其海军行动迅速，很快就将西太平洋上的海路尽数控制，至少切断了德国人的贸易线路。日本人接下来要做的是：赶走德国海军，在密克罗尼西亚侵占某些东京当权者认为有商业利益以及战略价值的岛屿。到1914年10月，日本军队几乎牢牢地控制住了所有的岛屿——其所造成的影响须待第二次世界大战之后才能有清楚的认识。

---

① 如今的图瓦卢（Tuvalu），旧称埃利斯群岛（Ellices），又叫潟湖群岛。——编者注

对密克罗尼西亚来说，这是第三次遭受外族的正式侵占。当时的东京报纸定期刊登相关照片，展示留着胡须、挂满勋章的日本官员在一处又一处的岛屿上，开设甘蔗制糖厂、开办学校、开通铁路等情景。这些图片迎合了日本大众对"南洋"（此处指南太平洋）的向往之情，而且几乎可以肯定地说，助长了日本固有的扩张意图，那就是想要统治一片甚至比密克罗尼西亚更为广阔的疆域——正如所发生的那样，其统治权最终是为更广泛的用途和更邪恶的意图、野心而服务。日本历史学家、国会议员竹越与三郎在"一战"即将结束的时候曾说过："将太平洋变成日本内湖是我们这个民族的伟大任务，谁控制住了这片热带地区，谁就能主宰世界。"

19世纪初，以波利尼西亚女性（wahine）、热带花卉和粉红色的珊瑚海滩为特色的南太平洋本土小说曾风靡一时，受此影响，19世纪的人们普遍对南太平洋这片浪漫之地怀有向往之情，但日本并不属于此类情况。那时候，很少有人会理解为什么东京对占领密克罗尼西亚如此热衷。在日本，竹越这类人为了让他们的观点深入民心，仍然花费了一点时间，但是当这种观点被社会所接受之后，日本军方迅速绑架了此概念，为其极具侵略性的民族主义观念服务。

日本人神不知鬼不觉地从德国人的手中抢走了密克罗尼西亚群岛，这让许多西方人感到不安。事实证明，这种担忧是大有必要的。1941年以后，日本偷袭珍珠港、闪击马来西亚、侵占中国香港之后，这些在那时就装备精良、防守严密而令人生畏的岛屿［帕劳群岛、楚克岛、贾卢伊特环礁（Jaluit Atoll）和马绍尔群岛中的两个环礁岛——现如今美联航154航班的两个经停点——马朱罗和夸贾林］，均能用作进攻西方军队的前哨基地。很明显，日本人早在20世纪30年代就开始为此做准备，这也证实了西方的怀疑：日本占领这些岛屿的用意，一直以来就是为了在军事上称霸世界。

我曾经登上一艘运送矿石的日本船，近距离航行经过这些岛屿。这艘名为"非洲丸"（Africa Maru）的商船属于住友金属公司，当时船上装载了13.5万吨澳大利亚富铁矿，从澳大利亚西部的纽曼山矿厂运送到东京东部鹿岛冶炼厂的鼓风炉里。毫无疑问，用这些铁矿生产出的钢铁很快就会被压制成日产森特拉（Sentra）和丰田卡罗拉的车身和轮轴。

　　船长名叫栗田隆中，人很和善，有一天当船在岛屿间穿行时，他叫我进入驾驶室，这时左舷的远方是雅浦群岛（Yap）和帕劳群岛，右舷差不多同样距离的地方是楚克岛。他正在仔细察看航海图，这张大比例尺的海图注明了所有岛屿的位置，北边就是他的家乡——不知是出于乐观精神还是怀旧之情，日本的位置标注的是"大日本"。他指点着那些因为距离不远、雷达能够识别出的较小岛屿，其中之一能够通过望远镜看见，不过也只是一团模糊的影子：单独一大块绿色，可能是小岛以弗莱克（Ifalek）或者是由三座小岛组成的拉莫特雷克环礁（Lamotrek）。船长用手指着地平线那边，小声说道："国际联盟曾把它们'给'了我们。但是后来被'夺'走了。"说这话的时候他好像真的很遗憾。

　　是的，它们确实被"夺"走了，而且日本为此付出了惨重的代价。美国人经过精心策划和部署，通过一系列战役，缓慢艰难地一个环礁接着一个环礁，终于在1944年春天重新占领了它们。对于战败方日本来说，楚克岛是其坚守到最后的前哨基地：直到1945年9月才宣布投降，距日本在东京湾"密苏里"号战舰上举行的规模宏大的正式投降仪式将近一个月之久。据某些统计数据，密克罗尼西亚的岛屿数量接近3000，在300万平方英里的大洋上散布着仅1000平方英里的干燥陆地；而所有这些自此之后为美国"托管"。有人可能会说，这是密克罗尼西亚第四次被帝国主义所侵占。

　　几百年来，在外界的目光关注中，当地人获得的宝贵权益少之又少。批评家宣称，外族多年来对密克罗尼西亚群岛的入侵所带来的只是死亡、疾病和依赖，这种看法并不是毫无道理的，其残余影响留存至今，这景象并不太美妙。

　　尤以夸贾林环礁最为突出。

最大的环礁

夸贾林环礁是美联航154航班从火奴鲁鲁出发后经停的第二站。大多数乘客被禁止走出舱门，必须留在着陆的飞机上，在炙热难耐的下午时分，乘客们只能寄希望于飞机的冷气系统运转正常。但是那天早上我在火奴鲁鲁登机之前就已经拿到了登陆许可证，是由美国陆军一个前哨站签发的。

因为夸贾林是一个军事基地。从20世纪60年代开始，此地就是美军在太平洋中部地区的火箭中心，目前是罗纳德·里根弹道导弹防御试验场。获准走下飞机的人不多，有权在环礁上逗留的人更少，因为该地部署着一大批价格昂贵、高度机密的高科技仪器。在这里，数百名高科技人员、军人和科学家肩负美国政府交予的绝密任务。

夸贾林是世界上最大的环礁之一，近100个岛屿环绕着面积达800平方英里的潟湖，湖边到处是银白的沙滩，还有露出海面几英尺①的美丽珊瑚。环礁内，海水呈淡蓝色——当年德国"欧根亲王"号（Prinz Eugen）重型巡洋舰在被拖至此处停放时发生倾覆，成为一座损毁的战利品②，其残骸清晰可见。环礁外，因为礁石边缘的水深陡增几千英尺，海水呈现暗深色。这里有倾斜生长的棕榈树、无尽奔腾的巨浪、鸣叫的海鸟、火辣辣的太阳以及白热的沙滩。

真正意义上的夸贾林岛在环礁的南端，是这个彻底与世隔绝的军事基地的总部所在地。夸贾林岛纵深约3英里，宽0.25英里，岛上有基地专用的机场、水塔和垒球场。换句话说，这个地方与其他军事基地一样，只是一个沉闷无趣的官方机构。在此地的大多数工作人员都是非军人身份的合同员工，其中

---

① 1英尺 ≈ 0.3米。——编者注

② 这艘排水量达18000吨、航速32节（而且外形格外美丽）的战舰是德国工程技术史上令人印象深刻的作品之一，甚少有能与之媲美者。它不仅在战时多次挺过英国皇家空军的狂轰滥炸，而且两次亲历在比基尼环礁的潟湖里进行的核试验，其中一次被用作空袭目标，一次被用作大型水下武器"比基尼的海伦"（Helen of Bikini）的袭击对象。它在两次核试中幸存下来，但遭放射性物质污染严重——船上所有的工作人员应该已经离开了人世。它被拖到夸贾林后，破损漏水发生倾覆，船上的巨炮从炮台沉入海底。它的一只螺旋桨被保存在博物馆中，其他螺旋桨仍在船上，在海水退潮时可以看见。不过，因为"欧根亲王"号上的钢板现在仍然处于放射性物质的致命污染下，因此这艘战舰将永远不会被打捞出水。

大部分来自亚拉巴马州,许多人都是一家总部设在阿拉斯加的公司的员工,这家公司在五角大楼的竞标中获胜,取得了此地的管理合约。

一年大概6次,委托人、客户、夸贾林设施的使用者——他们有很多称谓——从加州范登堡空军基地和阿拉斯加科迪亚克岛的发射台向环礁发射导弹,以测试其性能。各种类型、重量、速度和新旧程度的导弹发射器,装配着各种类型的弹头,当然所有这些弹头都是教练弹;随着一声令下,这些导弹朝着夸贾林呼啸而来,而夸贾林基地则使用所装备的各式远程望远镜和雷达对它们进行追踪、测量、记录和评定。这就是一场耗费数百万美金的飞镖比赛,弹头在飞行4000英里后溅落入海,其入水的具体位置精确到以英寸计量。

偶尔,夸贾林的专业军队也会发射导弹,以迎击朝着夸贾(岛上的大多数人都将这个不怎么可爱的家简称为夸贾)呼啸而来的导弹弹头,并评估击中的概率。他们深信其自创的这类耗资数百万美金的双向飞碟射击比赛有着一定的意义。

夸贾林岛的导弹发射技术令人印象深刻,甚至可以称得上美轮美奂——特别是夜间试验的场景相当让人难忘:一道道看似探照灯光的橙色弹道火光照亮了夜空,当导弹落入海水,激发出巨大的磷光羽流。而夸贾林的另一面则极少为游客所目睹,那就是:夸贾林本土的岛民们被迫移居他岛。

因为几乎没有一位马绍尔群岛的岛民会被允许在夸贾林岛上过夜。他们每天傍晚必须乘坐军队的渡船离岛,沿着潟湖北上3英里,到达埃贝耶岛(Ebeye)——12000名成人和孩子被迫居住在面积仅为80英亩[①]、肮脏污秽的贫民窟里,这里也是世界上人口密度最大的地区之一。

这个拥挤的、散发着恶臭的、让人感到屈辱的居住地,看上去不像是和美国保持"自由来往"的国家的社区,而更像是孟买或加尔各答的贫民窟。这里甚至没有一个像样的下水系统。学校设备简陋,孩子(岛上一半居民不满18岁)得不到良好的教育。2型糖尿病是最常见的疾病;岛上仅有一家超

---

① 1英亩≈6.07亩≈0.4公顷。——编者注

市，老板是个和善的爱尔兰人，他和关岛一家公司签了合同，售卖以吨计的汽水和肉罐头——这计量单位大得不可思议。

悲伤的场景随处可见。因为埃贝耶岛上没有自助洗衣店，那些想要洗衣服的人们必须搭乘渡船到夸贾林岛，在安全栅栏外，有一处四面用铁丝网围起来的地方有洗衣机可供岛民洗衣。而仅仅几英尺外，可以看见那些有许可证的工人和那些住在基地里、穿制服的美国人骑车路过。埃贝耶岛上也没有停尸房，人们必须将死去的亲人带到夸贾林岛上，存放在钢丝栅栏外的冷冻库里等待葬礼的举行——只有栅栏外面才真正属于他们。

第一世界和第三世界的现实场景相隔咫尺，如此近的距离实属罕见——甚至亚利桑那州铁栅栏外的大多数美国人也很难见识到墨西哥的贫困现实。但是在埃贝耶岛上，两种文化的隔阂却如此残酷、如此严峻地展现在世人眼前，彼此之间仅相距数寸，证据凿凿，无可辩驳。这标识的是一种耻辱，因为进入这些岛屿——整个环礁、相邻的岛屿——是这些被拒入这片土地的岛民与生俱来的权利。

这里是马绍尔群岛，他们是这里的岛民。然而，在几千英里外的美国政府办公室里签署的国际协议却禁止这些男人、女人和他们的几千儿女在属于自己故土的大部分地区生存繁衍。他们必须在钢丝栅栏之外洗衣、照料死者，而栅栏另一边的亚拉巴马人和其他陌生的外来人士却能随意地在马绍尔群岛之间来来去去。

此外，这些情况也涉及金钱的问题。美国政府和马绍尔群岛签署了一项长期协议，租下了夸贾林潟湖周围的11座小岛。夸贾林岛本身是其中最大、最重要的岛屿。但是在环礁的北端，罗伊–那慕尔岛（Roi–Namur）露出海面的礁石上也建有一座大型机场，以及许多巨型的雷达设施和望远镜，还有令人难以想象的庞大的远程导弹侦察摄像机，甚至还有一处庄严的日本阵亡将士小型公墓（死者遗骨至今仍在继续搜寻中，不过时常与美国海军陆战队的士兵遗骨相混淆）。其他9座岛屿也建有发射台、传感器阵列，以及涂绘在厚重水泥发射台上的十字标靶，这些标靶被称作"范登堡鸟儿"，其中有些是导弹必须射中的目标。

针对上述的所有一切，美国政府每年会付给马绍尔群岛高达千万美元的费用，这全是纳税人的钱——根据目前的协议，一年1800万美元，租期直到2066年，展期20年。协议之上还有协议：根据大家所熟知的《自由联合协议》，华盛顿另外还要支付比上述费用更加庞大的一笔金钱，这笔钱大体上会给予密克罗尼西亚的所有岛群额外的财政援助；作为交换，美国多少能够随心所欲地使用这些岛屿（"多少"在某种程度上是可以协商的）。

但是，每年1800万美元的"夸贾林群岛使用费"是特别拨付给夸贾林的，那么任何一位访客都会提出这样一个迫切的问题：所有这些钱到底用在了哪里？为什么像埃贝耶岛这样的地方会沦为如此贫穷之地？这是一个谜，它暗示着许多事做错了，错误甚至延续了几代人。与我交谈的每一位岛民都倾向于低头望地，试图转移话题。我仅得到一些含糊的回答，其中通常会提到有关马绍尔群岛原住民那奇特的部落安排、政权和权力的传统架构、当地权贵和部落酋长的行为之类的事情。当地权贵和部落酋长通常担任由选举产生的职位，他们受到当地岛民的普遍尊重，岛民们对他们十分顺从。

据说马绍尔群岛的许多高层人士在夏威夷拥有豪宅，也有岛民在私底下抱怨：这些房子的维护费也是一笔不小的开支。但几乎没有人在口头甚或书面直接提出上述令人懊丧的情况：美国政府在此地投入如此巨款，此地岛民的贫穷景况却到了让人惊骇的程度。夏威夷大学的一位学者曾经写过一本声称揭露这一有目共睹现象的书，但他多年来一直受人威胁，疲于应付各种诉讼。尽管该书终获出版发售，但出版之前，出版商坚持让他对该书进行大量删节，以免冒犯当地部落酋长。

悲惨的生活场景在马绍尔群岛随处可见，而同样糟心的还有比基尼岛的问题。比基尼岛是位于更远的北方的一座环礁岛，距此约250英里，但也属于马绍尔群岛。在美国发明原子弹之前，比基尼岛原是太平洋上一座颇具代表性的小岛，有着浓郁的太平洋岛屿风情，美得可以登上美国《国家地理》的封面、咖啡馆的海报或者旧南洋小说的护封——然而自从19世纪40年代晚期，第一枚核弹在那里试爆之后，比基尼岛就在全世界"声名显著"了。美国政府拨付给夸贾林岛的款项被挪用，这是显而易见的事实；另一方面，夸贾林岛民们被迫离开了他们生活的大部分家园——岛民们可怜的命运就构成了一个足够让人流泪的悲伤故事。但相比之下，比基尼岛民们的命运更让世人觉得凄惨，原子武器将在他们出生成长的土地上试爆。这也是一个关于"强取豪夺"的长篇故事，因为这些比基尼岛民们同样被驱逐出自己的家园，被迫搬迁到几百英里之外的他乡居住，（在后面的篇章中，我们将看到）有很多人的身体或精神出现了异样，患上了各种奇病杂症。他们所经历的一切世人难以想象，完全可归于无稽的传言——但我们却能在太平洋的这个角落找到同样的事例，这的确让人寒心——在这个离奇的故事里，没有一位多少有点分量的官方人士为他们争取过哪怕一丁点权益。

广远辽阔

太平洋是世界第一大洋，面积辽阔广远，包容万象，其复杂程度令人难以想象。太平洋中，无论自然条件还是人文条件，均繁杂多样，不可一一罗列，其数量之巨同样让人难以想象。英国作家亚瑟·C.克拉克（Arthur C. Clarke）曾经说过一句颇有先见之明的话，不过听上去有点滑稽可笑——他说，当太空旅行者从空中俯视我们的星球时，会发现使用"地球"来称呼这个星球是严重的用词不当，因为很显然，这个星球上绝大多数地方都为海水所覆盖。他那时一定想到了太平洋，因为太平洋那辽广的蓝色海水占据了这个星球表面的相当一部分。

太平洋广大得实在让人吃惊。从巴拿马，站在达里安地峡（Isthmus of Darién）高处的巴尔博亚向西望去，是超过10600英里不间断的茫茫大海，第一眼看到的第一块大陆是马来西亚的东海岸。从北至南，从雾气笼罩的白令海峡那冰凉刺骨的海水直到南极洲玛丽·伯德地（Marie Byrd Land）旁白雪皑皑的悬崖峭壁，距离接近9000英里。太平洋6400万平方英里的面积几乎占据了地球表面的三分之一。它拥有地表水总量的45%，以及全球最深的海沟（其深度达到7英里）。简而言之，作为人类发现的最后一个大洋，太平洋的所有一切都有着不容置疑的至高地位。

进出太平洋都不容易，这也将它与世界其他大洋隔绝开来。除了胆子够大的人敢尝试穿越位于俄罗斯和阿拉斯加之间的白令海峡，甚或冒险通过南极洲周围常年狂风呼啸、恶浪滔天的海域，整个太平洋就没有宽度超过300英里的出入口。如果有船想要从印度洋进入太平洋，就必须从散布在马来西亚和大洋洲大陆之间的众多岛屿间穿行而过，这片区域就是所谓的海洋大陆（Maritime Continent，简称MC）。除了位于遥远南端的麦哲伦海峡外，美洲这边找不到任何可以进入太平洋的天然入口。如果有船想要从大西洋快速容易地驶入太平洋，只能借道巴拿马运河——这是20世纪早期在巴拿马地峡中人工开凿出来的一条漏斗状的狭长运河，它对进出船只的宽度和吃水有着严格的要求。

太平洋在地理上固有的惊人的距离，其所造成的影响很难在别处见到。以基里巴斯为例：10万基里巴斯人散居在面积达135万平方英里的洋面上。离行政首都塔拉瓦（Tarawa）2000英里的地方坐落着圣诞岛（Kiritimati Island），20世纪60年代，英国人在未对当地任何一名居民采取疏散措施的前提下，曾在此地进行过原子弹试爆。居住于此的5000名圣诞岛民不仅远离首都，往来交通十分不便，而且与塔拉瓦分居赤道两侧，甚至因隔着国际日期变更线，在时间上比塔拉瓦晚一天。换句话说，当塔拉瓦正处于夏季的星期天时，圣诞岛则正值冬季的星期六。难怪基里巴斯人为了有关日期和时间转换的问题，搞得逻辑混乱，简直要抓狂。基里巴斯也是世界上最贫穷的国家之一：对绝大多数基里巴斯人来说，当地出产的海藻、椰干和鱼价格太过昂贵，以致大部分男性被迫离乡背井，远赴他国打工或者在远洋货轮上当船员，将收入寄回家中，一则以维持家庭生计，二则也希望自己国家的经济能支撑下去。太平洋辽阔的面积或许让人叹为观止，也可能带来许多难以应对的麻烦事。

太平洋中埋藏着无数的秘密。在近代史上，形形色色的人出没于其中，有船只沉没后漂流到孤岛的人，有背井离乡讨生活的人，还有各种亡命天涯的不法者。一名从麦哲伦海峡向北航行的船员遇到的第一个群岛，就是因火山喷发而形成的胡安·费尔南德斯群岛（Juan Fernández）——就是在这里，来自苏格兰法夫郡的水手亚历山大·塞尔柯克（Alexander Selkirk）独自生活了4年，他的冒险经历后来被丹尼尔·笛福写入了《鲁滨逊漂流记》。

太平洋海域见证了现代世界大多数龌龊勾当。美国在马绍尔群岛、英国在吉尔伯特群岛、法国在法属波利尼西亚进行的核试验世人皆知。2008年，美国一枚秘密侦察卫星在轨道上运行时遇到麻烦，需要被击落，美国军方指派一艘专门进行航空导弹发射的海军舰船在太平洋上空将其击落——他们认为太平洋面积如此之大，不会对其造成什么损害。马绍尔群岛的岛民们对他们所见识到的五角大楼的傲慢态度提出抗议，坚持认为太平洋是他们和其他群岛几百万岛民们的家园，而不是某处无人居住的蛮荒地带，不可以当作随意进行各种危险试验的试验场。其后，卫星还是于太平洋上空被击落，所幸作为火箭燃料的肼无任何泄露。

距夏威夷西南约700英里处的约翰斯顿环礁（Johnston Atoll，这处面积极小的环礁岛处于美国海军管辖之下）上，性质同样恶劣的其他试验仍旧在继续进行。美联航154航班在空中飞过时，很少有人会对机翼下掠过的小岛指指点点，更加不会注意到岛上所发生的事情。多年来，如果有人驾驶游艇经过中太平洋地区，在这里就会遇见巨大的警示牌，写着"授权使用致命武力"，要求过客不得在此停留及观望。全副武装、严阵以待的海军士兵乘坐巡逻艇在岸边来回巡视，将所有好奇者的目光挡在外面。

这里发生的事情绝不寻常。运载核武器的火箭意外爆炸，其中的钚和镅泄露后对小岛造成了污染。从外部运来的将近200万加仑①"橙剂"（落叶剂）储存在这里，储存瓶发生开裂，使得本就遭受严重污染的环境"雪上加霜"。紧接着，此处被用作生物武器试验场，不幸的是，又一场事故发生了：大量

---

① 1 加仑 ≈ 3.79 升。——编者注

可导致兔热病和炭疽病的细菌被意外释放到空气中，细菌随风扬散，小岛再一次被毒雾所笼罩。随后，1990年，小岛上建起了一座巨大的焚化炉，用于销毁美国承认其手上还有的化学武器。根据五角大楼的声明，需要销毁的武器清单中包括："41.2万枚炸弹、地雷、火箭、射弹……400万磅①神经性和糜烂性毒剂……根据记录，每20万工时②仅发生一起事故。"后来在2000年的时候，所有的工作被叫停，机器设备被拆分运走，残留的污染物据说已被清理干净。由于一种天性凶狠的蚂蚁又入侵小岛，这个通过填海造地、面积比刚发现时大了10倍的约翰斯顿岛被挂牌出售。现如今，因为再也没有武装警察出面阻拦了，路过的游艇主人禁不住好奇，会被小岛吸引，在这里短暂停留。小岛现在成了野生动物保护区，以追念人类曾经无休止掠夺的大海。

未来世界的内海

　　当然，以上所讲述的仅仅是有关太平洋岛屿的问题，而且是太平洋海域内零星几处岛屿中存在的一些问题。序言中的故事，以及并未曾提到的其他千余座小岛的故事是错综复杂的，正如美联航154航班那奇特、漫长和艰辛的跳岛旅程所展示的那样。但是，为了对太平洋有一个整体的认识，我们需要将各种要素纳入思考范围，包括太平洋丰富的文化多样性，大洋内部各个国家以及著名的环太平洋地区（著名的火山多发区，也是著名的自然灾害频繁发生的地区）所有国家的庞大势力和规模。

　　文化偏见在现代史的发展历程中占据了主导地位，正因为如此，任何讲述太平洋地区的文本都呈现出一种根深蒂固的混乱和无序状态。太平洋的西岸居住着朝鲜人、日本人、印度尼西亚人、菲律宾人等东方民族，如果有人愿意将海岸线再往西移至中南半岛和印度次大陆，那还会增加无数与西太平

---

① 1磅≈0.45千克。——编者注

② 工时又称人时，一个工人劳动一个小时称一个工时。——编者注

洋比邻而居的东方民族。太平洋的东岸生活着各西方民族：加拿大人、美国人、中美洲人、哥伦比亚人、厄瓜多尔人、秘鲁人、智利人等，他们大多都是从世界其他各个地方移民于此，组成了不同的国家，占据了不同的地区。太平洋南部直至大洋洲是现代新西兰人和澳大利亚人的家园，他们是年代更近的外来移民。就目前所知，美洲印第安人、阿留申人、因纽特人、毛利人、澳大利亚原住民、加拿大原始部族以及其他土著民族，从基因上来说都是太平洋地区的原始居民，散居在海岛上或环太平洋地区。他们早就与波利尼西亚、美拉尼西亚和密克罗尼西亚居民们的命运联系在了一起，并且随着新移民开创的各种历史而受到保护或毁灭、剥削或尊重（但未曾享受过片刻宁静）。

除了民族众多、文化各异、政治与企望相差甚远，整个太平洋地区还存在着许多其他现象。这里有频繁、复杂、剧烈的板块运动，伴随着多得令人咋舌的火山爆发、地震和海啸。太平洋地区的大陆、海洋和海底是各类野生生物的家园，这些奇花异草、奇禽异兽有的不为人熟知，而有的则等待人们去发现。在太平洋内部及其周围储存着大量珍贵的矿产资源，其数量之巨远远超出了人们的想象，如果进行开采，则定会引发一系列无法预料的后果。太平洋地区的自然环境中，不稳定的因素无处不在，这似乎在某种程度上于其自然表象中也呈现出了一种更加明显的脆弱性：总面积达几千平方英里的精美易碎的珊瑚，随时会被海水淹没的地势低平的环礁，比其他海域更具破坏性的凶猛的飓风和台风。

如今，太平洋尽管表面上风平浪静，但一旦冲突或危机降临，它似乎都处于风口浪尖之上——无论这种危机是关乎经济，地理或天气，食物供给甚至地球能够养活多少人这类生存最基本的问题。

简言之，太平洋的未来就是世界的未来。如果人们接受这样一种看法，即地中海曾经是西方古典文明的内海，大西洋曾经是——有人认为现在仍旧是——现代西方世界的内海，那么可以肯定地说，太平洋就是未来世界的内海。这6400万平方英里的湛蓝大海上会发生什么？对我们来说意味着什么？就这两个问题进行深入的探讨即为写作本书的目的所在。

重要时刻

但是如何探讨呢？有关这个新的层面上的太平洋——指完整意义上的太平洋，从西海岸到东海岸，从北极到南极，而不仅仅指如今我们习惯上所认为的狭义的"亚洲太平洋地区"——要将其所有要点在一本书里阐释清楚，并且要让读者容易理解、易于消化和吸收，究竟哪种方式才是最好的？这个海洋的故事适合采取什么样的叙事结构呢？

为此，我几个月来心乱无绪，太平洋拥有如此辽阔的水域、复杂多样的自然和人文条件，要在一本书中进行确切的叙述，实在是一项无比巨大的挑战。直到有一天，也是完全出于偶然，我见到一本将近一个世纪以前在德国出版的小书，它似乎指引我找到了某种书写方式和叙事架构。

众所周知，历史上曾经有两个勇敢的欧洲人，当他们见到先前仅存在于各自想象中的广阔无垠的太平洋后，无所畏惧，决定航行到大洋的尽头。他们就是传奇人物瓦斯科·努涅斯·德·巴尔博亚（Vasco Núñez de Balboa）和斐迪南·麦哲伦。1513年9月，巴尔博亚在达里恩第一次看见了悬崖下波光粼粼、湛蓝碧澄的太平洋，而7年之后，麦哲伦通过如今以他名字命名的"麦哲伦海峡"而越过了巴塔哥尼亚地区，进入太平洋，并将其命名为"Mare Pacifico"（意为风平浪静的太平洋），接着他完成了横跨太平洋的壮举，从此被载入史册（而正如所发生的那样，这次壮举也让他死于非命）。我就是在尽可能地大量阅读这两位伟人的事迹时找到了那本小书。

许多后人为此二位立传，这不足为奇。我在阅读的过程中完全出于偶然，先后发现了同一作者所写的两篇文章，这两篇文章似乎都具备某种让人眼前一亮的特性，无论是在叙述范围、规模还是风格上都与其他书截然不同。文章的作者是奥地利作家斯蒂芬·茨威格（Stefan Zweig），这名活跃于20世纪20年代的作家现如今已被绝大多数读者所遗忘，尽管他的名字曾在韦斯·安德森（Wes Anderson）于2014年所拍的电影《布达佩斯大饭店》中出现，多少唤醒了人们对他的记忆。

茨威格对巴尔博亚的描写既简洁明了，又充满了诗意，这正是我认为特别吸引人的地方。这篇文章收录于1927年出版的一本小书，这本小书或许是世界上拥有书名最多的一本书。德文原版名为《人类群星闪耀时》（*Sternstunden des Menschheit*），或《人类的伟大时刻》（*Great Moments of Humanity*）。第一版英文译本的名字为《命运的潮水》（*The Tide of Fortune*），其后有《历史上的决定性时刻》（*Decisive Moments in History*），最近又有《流星》（*Shooting Stars*）。但是，不管书名如何，其内容是一样的：这本薄薄的小册子收纳了10篇茨威格经过沉思之后的随笔文章，每篇文章均属精品，阐释了他认为人类历史上极具深远影响的大事。

在这本小书中，作者选题不同常人，却总是耐人寻味。第一篇为巴尔博亚穿过巴拿马地峡的远征，另一篇描写了拿破仑滑铁卢战役的失败，第三篇写了斯科特出征南极失利。随后他写了乔治·弗里德里希·亨德尔（George Friedrich Handel）创作清唱剧《弥赛亚》、拜占庭的陷落、西塞罗之死以及《马赛曲》的问世等。所有这些看似不相关的故事糅合在一起，成就了一部引人入胜的作品，或许缺乏学术上的严谨性，却让我痴迷。

关于太平洋，无论自然环境抑或人文要素需要提及的东西太多太多，我多次尝试在一本书中阐释清楚所有关于太平洋的问题，均未获成功，于是我选择效仿斯蒂芬·茨威格这位文学大师，采用他将近百年前的叙述方式来呈现出我想要传达给读者们的东西。我决心对在当代太平洋地区所发生的重大事件进行仔细的研究，努力找到属于我的群星闪烁的银河系——在这片浩渺海洋上所发生的影响历史进程的真正关键的时刻。我会在太平洋地区的历史中选取数个相对独立的事件进行讲述，至少在我看来，这些点分别代表某种较为重要的趋势，可揭示出更多与太平洋有关的事实。

历史事件浩如烟海，通过提取和精选，我从中选定了一些真正影响太平洋发展，甚至导致其产生彻底变化的重要时刻，以及一些足以改变世人对太平洋的认识的重大事件；换句话说，这些事件预示了太平洋在未来世界持续变动的走向。

于是，我搜寻了大量的报纸、历史书籍、数据库资料和学术论文，列出了一份清单，上面详细罗列了数百个多少有点重要意义的事件，时间范围为年1月1日（我稍后会解释为什么选择这个日期作为起点）到我开始写作这本书的时间——2014年夏天。

想要采用的资料太多太多，最终剪贴室的地板完全被资料覆盖，无处落脚。例如，我曾经被战后日本人重新融入太平洋地区的主流社会这一问题所吸引，而在研究中发现，战后曾经发生过美国大量拘押美籍日本人的历史事件，让世人侧目——这一事件之后发生的许多故事或许可以说明日本如何再次被世界接纳、回归世界舞台。至于历史上曾发生过的更加琐碎的小事，我想到了太平洋地区数个迪士尼乐园的开张，第一家于1955年在安纳海姆（Anaheim）揭幕，之后1983年在东京、2005年在中国香港相继开业，这让我对美国在太平洋地区施行的文化扩张策略产生了兴趣。墨尔本、东京和首尔等太平洋城市都曾举办过奥运会，我对其带来的持久的社会影响力产生了思考。同样地，波音747-800型号客机的发明所带来的社会效应也让我陷入沉思之中（波音747-800是在太平洋沿岸城市制造生产的，专为横跨太平洋而设计，能一次性飞越大洋，途中不用加油）。

清单上所罗列的事件还有许多。关于环境污染这一问题（以1956年5月发现的水俣病为代表性事件）的重要性究竟如何？同年9月澳大利亚开启的电视服务业务、1965年洛杉矶的华特暴动呢？1968年6月6日，罗伯特·肯尼迪在洛杉矶遇刺，这一事件所带来的影响是什么？1980年澳大利亚艾尔斯岩附近发生的婴儿失踪案、2004年最后一只夏威夷黑面琵蜜旋木雀（Hawaiian black-faced honeycreeper）之死、2012年位于符拉迪沃斯托克（海参崴）的东博斯普鲁斯海峡大桥的建成，这些事件会带来什么影响？2014年，汤加与内华达州国民警卫队签署军事协议，为什么双方会选择这样一个时间点呢？

尽管有价值的线索甚多，但仍有更值得探究的事件。我选择了7个突出的历史事件，其中一些影响深远，一些略逊一筹，但对于我来说，每一个事件都预示着某种时代潮流的改变。它们皆展示了历史发展的一系列重大变化。

当将这些发展和变化集合在一起审视时，太平洋过去60多年的演变历程就呈现在读者眼前了，太平洋未来可能的演变方向也隐约可见。我这样的陈述方式与其说准确地阐释了事实的真相，不如说是突出重点，以点带面。我对历史事件的取舍是否明智，将决定我对太平洋的整体诠释是否公平和公正。我当然希望答案是肯定的。

过去、现在、未来

本书首先着眼于太平洋本身。这深不可测的浩瀚大海是罗宾逊·杰弗斯笔下"地球的不眠之眼"，是岛民们熟悉和关心的家园，不过相当多的外来者显然不这样认为。如今，太平洋已几乎完全从欧洲殖民者的控制中挣脱出来，然而又陷入了新的纷争之中。该地区无论是在地质构造上还是在气象方面都很不稳定，环境岌岌可危。太平洋上商业贸易往来频繁，太平洋沿岸国家内部正经历着巨大的变化：它们站在科学和自我发现的前列，大多数人固守传统，随着新时代的来临而不断进步。

对于大多数世人来说，澳大利亚这个国家在几百万邻居的注视下，未来将要发挥出何种作用仍然是未知的。澳大利亚位于西太平洋最边缘，最不应算作太平洋沿岸国家：它是否、能否适应这种情况？它会在短期抑或长期，甚至永久、持续运用某种区域势力吗？

我还有更加技术性的考量：太平洋是世界气候模式发生变化的源头；对于整个地球必然面对的环境危害，太平洋是首当其冲的受害者；世界上大多数造成重大伤亡的地震都发生在太平洋地区；在某种程度上，正因为如此，太平洋拥有令人难以想象的巨量海底资源，开采或保存均由人类决定。

冲浪可不是最初看起来那样毫无价值可言的，随着一部可爱的小成本电影在美国上映，冲浪这项运动在美国流行起来，并且美国在很短的时间内成为全球最大的冲浪运动市场。这项运动是波利尼西亚人馈赠给我们的礼物，今天它的市场价值已达几十亿美金。在波浪上滑翔是一项古老、优雅的休闲运动，是从前夏威夷和塔希提岛上的贵族的主要消遣方式。就像在世界其他地方，足球和板球理应受到重视一样，这项运动值得我们认真思考——有助于我们了解它的诞生地太平洋和赋予它生命的民族。

我还用轻快的笔调叙述了晶体管收音机的发明以及接下来索尼公司的成立。在我看来，20世纪50年代早期发生的这两件事以及一些其他事件，显示出跨太平洋贸易开始向东行。至今，该模式仍然主导着太平洋的发展。或许在某些领域，早期的日本技工最后被韩国人所取代，其后韩国人又被其他人所取代，但旧金山金门大桥下西来东往、川流不息的满载货轮见证了日本开创的贸易趋势，见证了很早以前迷你型无线电收音机的制造——这种收音机可以放进改良的衬衫口袋中，设计得实在巧妙。

本书最后揭露一项沉痛的事实：现在的太平洋早已不是最初麦哲伦航行进入的太平洋了；实际上现在的太平洋——选用一个最恰当的词来形容——就是"原子洋"（atomic ocean）。实际严重程度更甚于此，从1950年1月起，这里就是世界上绝大多数热核武器的试验场。比基尼岛和在岛上试爆氢弹的故事无法为其赢得称颂和赞美，同时也提醒着人们，核武器曾经对人类所造成的惨重伤害，帮助我们清楚地认识太平洋的过去、现在和未来。

这是世界上最变幻莫测的海洋，它浩渺的海波值得我们每一个人思考。太平洋会是未来的角逐场，还是会成为人类最终的救赎之地？有朝一日，这片如此美丽、如此脆弱的大海是否会"请求"我们停止在世界其他地方冷漠又愚蠢的行为？值得期望的是，在太平洋的见证下，东西方之间会秉持某种期望、典范和善意，以此为基础（无论是好是坏），共同构建人类的未来！

第 1 章

海底大火

在轰鸣的浪涛之下
在幽幽深海的下方、再下方，
是它久远、无梦、不被打搅的眠床，
海怪沉睡着：幽微的阳光飘忽
在他的暗影旁：在他的头顶鼓胀着
生长千年的巨大海绵。

阿尔弗雷德·丁尼生勋爵
（Alfred，Lord Tennyson）
《挪威海怪》（*The Kraken*），1830年

深海热泉

1977年，载人深海探测器"阿尔文"号已满13个年头，它的外壳已经盐渍斑斑，内部也磨损不小。虽然有一次因为缆绳断裂而沉没，在大西洋海底躺了半年，但由于在世界各地完成了很多深海探测，功勋卓著，它还是备受尊敬，被视为海中干将，纵横四海，无所不能。人们对它的喜爱也不亚于对它的尊敬（而且它至今仍在服役，人们的喜爱之情直到半个世纪后的今天仍然不减）。有些人把它称作"水宝宝"——它红色和白色的色彩组合看起来很活泼，模样跟玩具似的。"阿尔文"号原本是为美国海军建造的，但由马萨诸塞州的伍兹霍尔海洋研究所（Woods Hole Oceanographic Insitution）代表海军使用。

这艘小小的探测潜水艇设计精良，装备齐全，可以载三名探测者下到海洋深处并安全返回。1977年2月中旬一个星期二的上午，作为它职业生涯中的第713次任务，它潜到了东太平洋温暖的蓝色水域下。之后，它将会在接近两英里下的幽幽深海中，做出海洋科学史上最伟大的发现，并因此将自己的名字永远刻在海洋学的历史中。

因为，它在下方的黑暗中发现了一整个全新的海底世界，一个由迫人高压和灼人高温组成的从未有人想象过的"炼狱"，那里有着奇特的地形以及更加奇特的生命，发生着种种在此之前均不为人知的现象。这里不停地向海中喷出气流，于是研究者立即依据这些气流给它们命了名——1977年隆冬中的一天，"阿尔文"号首次发现了后来所谓的"深海热泉喷口"的存在。在人们原本以为寒冷、黑暗、一片死寂的地方，其实有喷涌的气体和温度极高的水。

单就科学而言，这样的发现已经足够人们开启涵盖各种意义与可能性的学术研究了。但"阿尔文"号还带来了更多：同样在太平洋中，它进一步做出了不仅让科学界为之振奋，也让商界激动不已的发现。在第一次发现不久以后，人们又发现了新的喷口，所喷出的不是液体，而是数量庞大的、富含矿物质的固体，这些喷口后来被称为"烟囱"。

在这之前，小小的"阿尔文"号就已经取得过骄人的成绩。1966年，刚刚两岁的它找到了美军丢失的一枚氢弹。此前，一架坠毁的B-52轰炸机飞过西班牙东部时放出了四枚氢弹，其中三枚都在一个番茄农场找到了，基本完好，但另一枚乘降落伞落进了地中海。20艘舰船、150名潜水员在海上找了三个月无功而返。最后，小小的"阿尔文"号出马，在宣誓保密的伍兹霍尔科学家的驾驶下，最终找到了目标——它躺在半英里的水下，卡在了一座海底峡谷的边缘。其他海军舰艇上的船员，急忙试图把这个可怕的10英尺长的银色圆柱体从深海里捞上来，却笨手笨脚地弄丢了两次。好在最终用油布裹住，把它拉了上来，接着便马不停蹄地用飞机运回了美国。有一个西班牙渔民看到氢弹从天上掉下来，给"阿尔文"号指明了方向，为此还得了一笔不菲的救援费。

在它漫长的职业生涯中，"阿尔文"号还将做出更多更加著名的发现[1]，最有名的是在1986年载着罗伯特·巴拉德（Robert Ballard）12次潜下北大西洋，考察"泰坦尼克"号的残骸。残骸是一年前伍兹霍尔的一个无人驾驶的海底探测器"阿尔戈"号找到的，"阿尔文"号则能让潜水员们进行近距离亲身观察。这艘小小的潜水艇因此获得了经久不衰的荣誉。

虽然1966年找到丢失的氢弹，20年后又找到殒没的客轮，都是了不起的成就，但真正能证明"阿尔文"号伟大贡献的，还是1977年2月7日，在东太平洋中发现的那个长期以来不为人知的自然现象。

第一批海底烟囱的发现有四层重要意义：它极大地影响了人类对地球活动的认知；它让人们对于生命起源本身有了全新的看法；它暗示了海底还有

[1] 虽然经过大量改造翻新，它当初的原始结构已经所剩无几，但却比1964年初次离开明尼苏达的造船厂时灵活了许多。2015年它仍在工作。

无尽的宝藏等待着人们发掘；它还带来了一个推论，表明了出现重大环境灾害的可能，尽管太平洋业已引起全球对海洋迅速污染的忧虑——在20世纪70年代中期，人们对于生态的焦虑正在不断积累。

两项发现（据历史记载，分别是在"阿尔文"号第713次和第914次下潜时收获的）都在所谓的"东太平洋海隆"（或称东太平洋海岭）上或其附近。东太平洋海隆是一段绵延6000英里的海底山脉。和地球另一端的大西洋中脊一样，这里的海底也在向外伸展，可以说是现代太平洋真正的诞生地。海隆的山脉大致沿南北走向，从靠近加利福尼亚湾顶端的沙尔顿海（salton sea），一直到寒冷的南太平洋中的一片空旷水域。那里已近南极，没有陆地，只有成群的信天翁和一座座漂浮的冰山，还有巨大的海浪和咆哮西风带上无休无止的风暴。

大洋中脊

东太平洋海隆是全球大洋中脊系统中较为低调的东太平洋段。大洋中脊是地球上最大的物理特征之一，总长达4万英里，虽然完全淹没在水下，却是世界上绵延最广的山脉。其整个系统有着不计其数的分支，要是把海洋中的水抽干，令海底裸露出来，那么看起来就像是这些大洋中脊织成的一张大网把地球联为了一体，如棒球上的缝线或是头骨上的接缝一般。

大洋中脊的存在直到近些年才得到确认，但其实早在维多利亚时代就已经有人提出，在大洋中的深海里存在一些意外的浅水线。1872年，HMS"挑战者"号为寻找铺设海底电缆的最佳路线而对大西洋做了勘测，发现大洋中央的深度要比预计的少了好几千英尺。一个世纪以后，德国海洋学家发现，同样的隆起也沿着非洲海岸绵延，径直穿过了马达加斯加。

但阿尔伯特·巴姆斯特德（Ablert Bumstead）在1936年为《国家地理》绘制的经典太平洋地图中，并没有体现出太平洋中有任何这类特征。这片大洋是如此浩瀚，如此神秘，其中的绝大部分都被描绘成一片蓝色和近乎完全的空白，只有几条细小的曲线暗示着下方未曾探索过的、很可能精彩纷呈的深海。

确定大洋中脊的存在是一回事，明白它们的意义却又是另外一回事。最初人们发现这些结构以后，认为就是海底山脉而已，没什么特别的。直到1947年才第一次有人提出，它们也许能提供有关地球起源的线索。当时，纽约的地球物理学家用伍兹霍尔的科考船打捞了一些样本，发现大西洋中央的海底隆起是由玄武岩组成的，而不像大陆地壳那样是由花岗岩组成的。科学界因此大为困惑，决心弄清其中的原因。

10年后，两个美国人决定把每个大洋中的每道中脊都考察一遍，绘制出整个中脊体系的完全地图。他们是来自美国密歇根州的玛丽·萨普（Marie Tharp）和来自爱荷华州的布鲁斯·希曾（Bruce Heezen），均在纽约市哥伦比亚大学工作。两人与美国海军合作，早期的研究是秘密进行的。希曾乘坐的考察船是一艘三桅铁皮纵帆船"维玛"号，采用了海军拥有的最先进的声呐技术，首先绘制出了从北极端直到近南极的另一端的整个大西洋中脊。萨普刚开始不能上船：在那个蒙昧的年代，她碍于性别无法上船，而只能在纽约的绘图实验室里整理数据。直到1965年她才终于作为希曾的同伴做第一次航行，之后他们的绘图进度大大提高。

他们很快发现，大洋中脊不仅又长又弯弯曲曲，而且反映出其两侧大陆的形状——非洲突出的地方它也鼓出一块，南美洲凹进的地方它也窝了回去。而且，它比早期的考察员们想象的要复杂得多，绝不只是一块简单的隆起的海底。它不仅是由玄武岩组成的，而且有着非常奇怪而出人意料的地形结构。它有一道深沟，像一个裂开的山谷，从头到尾绵延在整个中脊。根据两位科学家携带的地震仪显示，深沟中存在着数量惊人的地震震中。

萨普马上明白了。她认为这种高山—深谷—高山的特点和肯尼亚的大裂谷有些相似，它的存在或许可以解释中脊两侧的两块大陆是如何形成的。或许，是海底中脊喷出火山岩浆、玄武岩类的物质，促使两侧的海床往外延伸，然后推动两片大陆渐行渐远。今天看来，这是很有道理的一个假设，但直到20世纪中叶，在有些圈子里，仍然认为巍然屹立的大陆是不可能运动的，这种想法完全是异想天开。整个理论后来被称为"大陆漂移说",它的支持者在很长时间里被批判。有些年纪较大的地质学家痛斥这种想法大逆不道,挑战了宇宙的神圣秩序。

然而,巧的是,就在萨普想到大西洋中脊的原理时,几乎同一时间,其他在太平洋进行的研究也发现,大陆漂移并不是亵渎神圣的妄想,而确实是塑造了今日之世界的核心推动力之一。

20世纪60年代,美国海军开始了一系列秘密实验,使用旧战舰组成的舰队拖着灵敏的磁力计,在俄勒冈海岸附近太平洋中脊的峰顶上方来回往返。然后,科学家们分析磁力计记录的数据,仔细研究了在下方岩石中测得的微弱的磁力。结果他们得到相当惊人的发现:海底岩石的磁场以优雅而明显的对称性,体现出当时已知的地球磁场反转现象。

每隔约5万年,由于某种不确定的原因,地球的磁场方向会突然改变,简单来说,就是指示北方的磁针会突然指向南方。在这次太平洋实验前很多年,人们就已经知道地球磁场的方向总是会忠实地记录在含有铁的岩石中,因为数百万计的微小的铁晶体会像一个个微型指南针一样排列起来,全都指向岩石固化时磁极所在的方向。而当磁场方向改变后,新形成的岩石中"小磁针"的方向相反,就记录下了这次变化。

在俄勒冈海岸的发现表明,磁场反转的记录并不止出现在一侧的海底岩石中,而是在磁力计经过的大洋中脊两侧岩石中都存在,而且以到中脊本身刚好相同的距离对称出现。

事情的真相显而易见。熔融的岩浆从中脊中央的裂谷中涌出,然后均分为两部分流向两侧。两股岩浆流分别往外延伸,像两条传送带一样向相反的方向缓缓铺开。随着它们继续向外伸展,两侧的岩石中都分别记录了每隔约5万年一次的磁场倒转。每当一侧的岩石记录了一次翻转,另一侧的岩石——虽然已经在数十英里之外了——也在同一时间记录了同样的翻转,于是形成了乍一看十分令人费解的镜像记录。

对地球物理学家们而言,这个推理非常清晰,令人兴奋。随着海底从中脊向外延伸，随着新的海底不断形成，大洋中脊两侧的陆地就被越推越远——它们在"漂移"，完全和不久之前被视为胡说八道的猜想一样！一场地质学革命正在酝酿之中。

萨普、希曾在大西洋上的大胆想象，与不久前太平洋上的勘测结果完全符合：所有海洋中，大洋中脊无休止的火山喷发都在不断制造新海床，随着新物质的不断涌出，海床就向两边延展，离中央的大裂谷越来越远。

世界上最新的物质就从这里诞生：大洋中脊就是今日之地球面貌的发源地。西非会在它现在所在的地方呈现出现在的形状，都是因为距离它1000英里以外的一道看不见的海底缝线在喷发和运动。同样的道理也适用于世界其他任何一段海岸线。它们全都是大洋中脊创造出来的。

大洋中脊也极大地推动了同样于20世纪60年代中期诞生的人们现在所熟悉的板块构造理论，这个理论直接建立在那时已经确认、被人们完全接受的大陆漂移理论上。它是如此富于逻辑，令人有时会误以为它已经诞生了很久很久。实际上，它才不过半个世纪的历史。

目前的观点认为，地球外层坚硬的地壳并不像橘子或棒球那样是连续的表面，而是由很多巨大的板块构成，它们漂浮着，下面是炽热而相对具有流动性的上地幔。一共有7个大板块、8个小板块和其他一些板块，并且一直有新板块被不断发现。到本书写作的时候，已经有63块获得命名的板块了。

移动的板块

太平洋板块的形状类似爱尔兰岛，东部边界长而平滑，是一道向外突出的弧线，从阿拉斯加湾一直向南延伸到南大洋（Southern Ocean）。

西边则有着不同的面貌：一段锯齿状的边界线从堪察加半岛向下走，经过日本和新几内亚，然后转弯向海洋中央进发，之后又转个急弯南下，直到和新西兰交会——新西兰的北岛在板块外而南岛在板块里面，长长的南阿尔卑斯山就是太平洋板块和它西边的邻居印度—澳大利亚板块的分界线。太平洋板块托着太平洋的大部分，但不是全部。

关键是，所有板块都会移动。当它们下方的岩浆流转时，它们也就随着移动。所以，如果岩浆向西北运动，它上面的板块也会向这个方向运动。大多数板块的运动都比较慢。例如，北美板块在以每年约2厘米的速度向西运动，比人手指甲生长的速度还要慢。但太平洋板块的移动速度就很可怕，是北美板块的10倍，达到每年约20厘米，习惯上是向西北方向。

证据显而易见。任何一张太平洋的物理地图上能都看到，太平洋西边的一众群岛都大致在一条线上，基本都沿东南—西北方向延展。这是因为它们所在的板块正在下方由东南向西北运动，导致它们也以同样的方式排列，就像石块和碎渣会在运动的冰川表面排成一列一样。相反，在板块边缘以外的群岛就杂乱无章，没有呈现什么明显的规律。

太平洋上有很多地质活动，地震、火山和海啸的频率高得让人绝望。所有这一切都发生在这海下板块的边缘上，在它与其他相邻板块交界的地方。最著名的是所谓的"火山圈"：环绕太平洋的北、东、西三方边缘，绵延2.5万英里。更确切的叫法应该是火山带，因为它并不是连续的，也没有真正形成一个圈。火山带上分布着400多座火山，包括圣海伦火山、皮纳图博火山、喀拉喀托火山、陶波湖火山、波波卡特佩特火山、云仙火山。全世界大部分地震都发生在太平洋的这三边上，包括史上记载的规模最大的三次，即1960年智利地震、1964年阿拉斯加地震和2011年日本地震。

不过，这些地震虽然威力巨大，从科学的角度看却不一定重要。实际上，近代地球物理学上最重要的发现，并非从环太平洋火山带的火山或地震中诞生，而是出自东太平洋海隆，尽管它看起来相对平静、不太起眼，并没有其他地方那种明显可见的力量和危险。

因为东太平洋海隆才是现代太平洋形成的源头，是太平洋中唯一能清楚看到海底扩张的地方。今日的太平洋正是在这里创造，而且是从约1.8亿年前太平洋板块首次出现以来，就一直在这里创造。在其他地方，也就是板块边缘所有出现火山和地震的地方，太平洋板块要么潜入相邻板块的下方（在日本、千岛群岛、阿留申群岛、太平洋西北地区的喀斯喀特山脉处），要么与相邻板块碰撞（最著名的是在圣安德列斯断层，在此处与北美板块碰撞，引发了很多历史上有名的地震）。

东太平洋海隆是一个典型的大洋中脊，一连串海底山脉标示了太平洋板块和东南方三个相邻板块的边界：较小的科科斯板块、巨大的南极洲板块，以及最重要的，两者之间的纳斯卡板块。纳斯卡板块位于南美洲西海岸，从哥伦比亚直到巴塔哥尼亚山脉的智利部分。这里是整个海隆扩张地带能量最大的部分，太平洋板块和纳斯卡板块正在迅速拉开距离：它们上方的两侧地壳分别以每年7.5厘米的速度移动，也就是每年共扩张15厘米，比其他任何大洋中脊的扩展速度都要快得多。

深海生物

1973年布鲁斯·希曾去世，此后玛丽·萨普独自乘船前往广阔的印度洋，之后又继续往东到了太平洋。根据这一次的考察，她在1977年完成了有史以来第一份海底大洋中脊的全系地图①。大洋中脊地图完全绘制出来以后，人们也都接受了这里就是新物质从地幔中不断涌出，形成地球最伟大地貌的地方。于是，大量的地球物理学家都开始了对它们的研究，试图确定这里到底发生着什么。

"阿尔文"号能帮助他们完成这个任务。于是，1977年初，这艘英勇的盐渍斑斑的小潜艇，被搬上了母船"鲁鲁"号，首次穿过巴拿马运河，驶向它留名海洋学历史的命运。

另一艘伍兹霍尔的船只"挪尔"号已经先行一步，前往太平洋的某处。那里曾被发现气温异常，暗示着有些古怪、值得注意。人们怀疑是海底山脉

---

① 其正式名称叫作《美国海军世界海底地图》。地图十分美观，这主要是因为初版是由提洛尔的绘图专家海恩里希·贝兰（Heinrich Berran）用水彩绘制的。贝兰此外还由于为美国国家公园管理局绘制一系列精美的山地全景图（黄石公园、优胜美地公园、喀斯喀特等）而知名。

的峰顶喷出了什么东西，很可能是热水，就像在黄石公园和罗托鲁瓦之类的火山区，坚硬的土地里会涌出喷泉一样。出状况的地方在厄瓜多尔海岸以西大约400英里，加拉帕戈斯岛链东北250英里处，在东太平洋海隆东翼的一处山脊上。

就在这里，2月17日星期二，"阿尔文"号将做出震惊世界的发现。

先由"挪尔"号去探测。它不偏不倚地停在了一个点上。之前在1972年的一次考察中，就是在这个点的正下方，发现了明确暗示异常的线索。当时，伍兹霍尔研究所在太平洋海岸的兄弟机构，斯克里普斯海洋研究所（Scripps institution of oceanography）派遣水下探测器搭载设备，在海底山脉上方漆黑、冰冷的8500英尺深海中巡游了一年，发现了两个奇怪的数据激增。一个是温度，出现了令人费解的上升——只升高了0.2摄氏度左右，但确实升高了。而且，温度的峰值出现在距离海底100多英尺的高度，说明可能是有高温的东西上涌造成的，很有可能是高温的水。另一个是水中溶解的铁和硫的含量，也在温度突然升高的地方达到峰值。

"挪尔"号利用美国海军在秘密磁性研究中制作的最新高精度地图，首先放了三个声学设备——异频雷达收发器"瞌睡虫""糊涂蛋"和"害羞鬼"①下去。它们会静静地躺在海床上发射信号，帮助科学家之后送下来的设备在漆黑的海水中定位。

首先下来的是一个重达两吨、价值十万美元以上的设备，叫"安古斯"（ANGUS，即"水下声学导航地球物理系统"几个单词的缩写）。它被包裹在铁笼中，上面装有强大的探照灯、各式的温度计，以及最重要的高分辨率摄像机。8月15日星期二下午，在计算机控制的螺旋桨把"挪尔"号保持在目标位置防止偏离时，一个巨大的起重机将安古斯从水下山脉的脊线正上方放了下去。当时足足花了两个小时才将8250英尺长的缆线放完。

虽然与三个异频雷达收发器的通信能保持安古斯定位准确，但仍然需要

① 取自童话故事《白雪公主》中七个小矮人的名字。——编者注

母船上的起重机操作员升降缆绳，才能确保这个昂贵的设备不会撞到海底。在距离海底15英尺的时候，安古斯打开了探照灯和摄像头，然后开始移动，每隔10秒拍摄一次海底的照片。

6小时后，安古斯走过了5英里。这时，"挪尔"号控制室里的多个指针突然向高位晃动，持续了近三分钟——海水在短时间内曾不断升温。这是一种温度异常，大概升高了0.2摄氏度。然后，指针又摆回了低位，水温又迅速下降了。安古斯在海隆上方又停留了6个小时，直到胶片耗尽的信号传来。人们把它小心翼翼地用绞盘拉上海面，科学家们兴奋地开始陆续查看3000多张照片的内容。

冲洗员工作了一整个上午。照片从定影池里拿出来以后，马上就被其他人抢走了。几百张又几百张，除了岩石和黑暗之外别无他物。但在安古斯记录温度异常的地方，照片大不一样，出现了完全出人意料的东西。在那里，在一片漆黑的深渊中，探照灯下突然出现了大量出乎所有人意料的生物。是生物！活的生物，正在黑暗中生长，毫不在意周围的寒冷、黑暗，还有上方两英里深的海水带来的泰山压顶般足以摧毁一切生命的高压。

有价值的照片只有13张，但它们所展示的东西堪称奇迹，令在场的生物学家目瞪口呆而又惊喜不已：成百上千个完全在意料之外的蛤类和贝类，生活在没有其他生命敢于涉足的领域。这里的海水是蓝色的、雾蒙蒙的。这些双壳类生物似乎健康状况良好，色彩鲜艳，生机勃勃。这怎么可能？没有营养，没有光，也没有太阳，但这些生物却在这里，在海底存活着——它们的存在是如此神奇，而又无疑是长期稳定地生存着，真是令人百思不解，迫切需要一个答案。

就在人们检视剩下的照片时——继13张掀起兴奋狂潮的照片之后，接下来的1500张照片上只看到玻璃般的岩浆慢慢变成一堆堆平平无奇的玄武岩——另一艘伍兹霍尔的船只"鲁鲁"号，出现在了地平线上。

激动万分的人们发出一条条信息："阿尔文"号能明天早上就下潜吗？它能不能潜那么深？它才刚刚升级，加了新的钛制球形外壳，是否有人有胆量、有能力驾驶它前往8000英尺的海底？

另一个世界

仅仅对每一个问题做出肯定回答是不够的。于是"鲁鲁"号靠近一些，然后停在拍出那13张照片之处的正上方。起重机操作员吊起"阿尔文"号，越过船舷，放到了下方温暖的蓝色海面上。这天是2月17日，星期二。三名船员爬进它狭窄而潮湿的机舱，在已经上了年头的座位上坐好，系牢安全带。杰克·唐纳利（Jock Donnelly）是驾驶员，两名海洋科学家杰克·科利斯（Jack Corliss）和特耶德·范·安德尔（Tjeerd van Andel）是观察员。

唐纳利关上舱门，加满储气罐。水面在他们的头顶慢慢闭合。缆绳松开，潜艇开始以每分钟100英尺的速度稳步下沉。不到三分钟的时间，他们就已经完全包裹在黑暗之中，透过舷窗只能看到淡蓝色海面投下来的一点微弱的闪动，然后，就连这点微光也不见了，原本还隐约可见的一点母船船体的影子也随之消失。驾驶员打开了强力探照灯。

他有7个推进器可以帮助调整位置、朝向和姿势。经过一个半小时的腾挪颠簸才最终到达海底。令唐纳利高兴的是，他发现他们距离目标只有500英尺。他发动马达，调整好推进器，然后，用此次行动官方记录中的话来说，"他们进入了另一个世界"。

他们下方的熔岩区崎岖不平，满是裂口，裂口中喷出一团团闪着微光的云雾。传感探测器显示，这是不断喷涌的高温水。闪光本身就令人着迷，但就在几英尺外，热水和冰冷的海水混在一起，析出某种化学物质，变成了一种粉蓝色然后大量沉降在海底，给周围的岩石蒙上了深棕色的晶体。

这一切本已令人惊叹。而地质学家杰克·科利斯更是亲眼验证了自己的理论：深海热泉喷口确实存在，这进而支持了扩张的海下山脊的存在，山脊的扩张又导致了新的海底的形成。

然后他惊讶地喊了起来，询问两英里上方"鲁鲁"号控制室里一个名叫黛布拉·斯德克斯（Debra Stakes）的年轻女子："等等，深海里不该是像沙漠一样的吗？"斯德克斯耐心地答道，是的，人们是这么认为的。"但是，"显然已目瞪口呆的科利斯冲口而出，"这下面这么多生物！"

他们在人们原以为完全不可能有生命的地方，发现了一个巨大而稠密的生物群落。后来发现，这不过是其中之一。他们在这次任务中共找到了4个这样的区域，每一个都不同，每一个都生机勃勃。有巨大的蛤类和螃蟹，有像蒲公英一样长着长长的茎秆的生物。有一种以前从未见过的章鱼和很多没有眼睛的虾。有大片大片在水中摇摆的管虫，有些有7英尺高，正贪婪地吮吸着海水，看来是在从中吸收营养物质。

三名船员都惊呆了。他们注意到，这些生物刚被探照灯找到的时候，并没有逃跑寻找遮蔽物，也没有潜入下方躲起来。它们只是待在那儿，透出蓬勃的生命力。

20世纪70年代的"阿尔文"号虽然不像今天这般科技发达，但也有擒臂和样品瓶，于是，在保证空气供应不受影响的前提下，驾驶员停住潜艇，两位科学家小心翼翼地从这个新发现的世界中采集了一些活体生物标本，然后在瓶子里装了一些水以备上去之后做分析。他们需要为一系列至今为止从未有人想到过的问题寻找答案。这些生物都是什么？它们在这里做什么？它们是怎么生存的？它们吃什么？很快，围绕太平洋诞生了一大堆以前从来没人想过也没人提出过的最基本的问题。

几个小时后，三人组重新浮出水面，并带回了很多生物。其中一个白色巨蛤比科利斯的两只手还要大。他们拍了几十张新照片，还带回了水样。打开瓶子时，他们都闻到了一股明确无误的臭鸡蛋气味。显然，水中溶解了大量的固体，这种气味表明其中存在着一种常见于火山口的黄色粉末状的元素——硫。

约翰·埃德蒙（John Edmond）是一位苏格兰籍地球化学家，代表麻省理工随"鲁鲁"号进行这次考察。他记得这一化学发现带来的狂喜。因为他认识到，无论海底热泉喷口对于海床的形成有多么重要（也就是说，无论这其中的地质学意义有多重大），这些动物和植物，还有最重要的硫的存在，都要更有意义：因为这向他们揭示了有关生物本身的起源的重要内容。

生物学小组立即明白，他们在下面发现的复杂生物一定是以"某种东西"为食的。逻辑告诉他们，无论这东西是什么，它既然处在食物链的更底端，就应该要比以此为食的生物更加原始，很有可能是由某种细菌构成的食物。所以，按照逻辑，在这些热泉中的某处，一定存在着某种非常原始的生物，它能以某种方式增殖，成为整个地球食物链的基础，而且能不断补充更新。无论这些生物是什么，它们似乎并不需要阳光或氧气，或其他任何常识中生物不可或缺的化学或物理成分。如果真是细菌的话，这种细菌很可能起源于类似这些新发现的太平洋深海热泉喷口的环境中。

"所有的东西似乎都连起来了。"埃德蒙说，"我们意识到看似普通的海水中其实混有什么东西。这是我之前从未见过的一种独特的溶液。我们都高兴得手舞足蹈，简直乱成一团。一切都是全新的、难以预料的，所以人都争着想坐"阿尔文"号下海。能学到太多东西了。这是一次发现之旅，简直就跟哥伦布发现新大陆一样。"

原始汤

当天的发现证实了地壳板块理论的一部分，但也全然颠覆了当时为止对于生命起源的简单认知。阳光、叶绿素、氧气、温度，再也不是生命开始时必不可少的条件了。太平洋的海底给出了另一个全新的选择。不管东太平洋海隆食物链的基础到底建立在哪里（现在依然不得而知，但不久之后一定会弄清楚的），它都在这个最不适合生存的环境中诞生了。这时"原始汤"①的说法已经广为人知，根本上说，孕育这些生命的就是另一个版本的"原始汤"：一种后来被发现温度极高的液体，一种已知处于永恒的黑暗之中却富含化学

---

① 科学家认为，古老海洋中形成了有机分子，成为"原始汤"（primeval soup，或称 primordial soup），最终进化出了生物。——译者注

物质的液体，一种可能在火山遍布的地球诞生之初就已经存在了的富含硫的液体。

生物本身，从简单的化学物质的集合体演变为某种原始的有知觉的生命细胞，而这一切竟开始于海底热泉喷口的生态系统。这个想法将很快让整个生物界天翻地覆，好奇的人们决心要下海一探究竟。

一个名叫科琳·卡瓦诺（Colleen Cavanaugh）的年轻女士就是其中之一。她是来自密歇根的一名生物学学生，"卡尔文"号发现热泉喷口之前，她正好在伍兹霍尔。她本来是为了学习有关马蹄蟹交配习惯的夏季课程才过来的，但课程结束时，她的车坏了，没能回到密歇根。因此，她决定在波士顿完成本科学位，1977年夏天又被邀请回到伍兹霍尔（距离一小时的路程，在海上）。当时正是所谓的大发现年。只不过卡瓦诺的工作与此无关，而是和之前一样，仍然是研究马蹄蟹的交配繁衍。

但这时在整个伍兹霍尔研究所里，所有人都在讨论5000英里外太平洋上发生的事情，讨论前一个冬天"阿尔文"号做出的爆炸性发现。不错，人们讨论着地质学，也讨论着大洋中脊可能蕴含的丰富矿产。但他们讨论得最热烈的还是那些蛤类、管虫、海底蒲公英，还有螃蟹（和卡瓦诺研究的螃蟹有亲缘关系）如何能在灼热的喷口边，在那种黑暗的高温环境中繁荣生存。

科琳·卡瓦诺热切相信，一切的关键一定是某种细菌。最后，正是她发现了这些热泉喷口中的细菌的本质，以及最重要的，它们为周围生物提供营养物质的化学过程。她最著名的事迹是灵光一现，打断了有关喷口处管虫生物机理的课堂讨论——她听到老师漫不经心地讲到，管虫体内有硫晶体，便站起来大声断言：显而易见，这种生物体内存在硫氧化细菌。这些细菌可以通过某种方式利用无机物制造有机物质（管虫赖以生存的物质）。也就是说，它们可以单纯以化学元素为原料创造生命。

这个过程叫作化学合成，并不是什么新鲜事。19世纪90年代，在圣彼得堡工作的从音乐家转行的俄罗斯化学家谢尔盖·维诺格拉茨基（Sergei Winogradsky）极有先见之明，提出了一个理论：一些"专业细菌"可以从纯粹的无机物中生产能量，并利用这些能量获取碳，然后用碳制造糖——有机物，也就是生物的基础。

卡瓦诺后来成为哈佛大学的终身教授，并拥有以她命名的实验室。她最终证明深海热泉喷口确实会发生化学合成。在巨型管虫（深海中一种生物，大得吓人，有6英尺长，尖端有红斑）肠胃①里找到的小小的硫颗粒，暗示她管虫体内的细菌可以利用热泉喷口喷出的热水中溶解的硫化氢制造能量。然后，就像维诺格拉茨基预见的那样，利用这些能量从水中的甲烷和二氧化碳中捕获碳，生产出管虫的食物。

这实在是一个颠覆性的科学发现。在此之前，科学界相信，所有的生物最终都是从太阳辐射中获取能量，以光为核心的光合作用是所有生物存在的基础。维诺格拉茨基的理论和卡瓦诺冲口而出的灵光乍现，还有她后来对太平洋深海管虫的研究，毫无疑义地说明了能量可以从地球本身获取，并不需要依赖一颗遥远的恒星（太阳）。

科琳·卡瓦诺1981年在《科学》杂志上发表了一篇论文公布这一发现，论文题为：《热泉喷口巨型管虫中的原核细胞：或是化能自养共生体》。该论文至今仍是现代科学的一个里程碑。而它正是来自于"阿尔文"号在太平洋海底做出的发现，这恰恰说明了地球上这片最浩瀚的大洋无与伦比的重要性。

宝藏

其他海洋中后来也都发现了热泉喷口。自当年"阿尔文"号第一次潜入海底以来，共计已发现了350多个。人们很快认识到，喷口中喷出的水是之前从海底山脊的裂缝中渗透下去，被加热后又喷出来的，就像干燥地表上出现的间歇泉一样。这并不是新产生的水，而是现存的海水经过海底山脊的循环而来，所以海水的总量是不变的。这种循环是一个巨大的地球动力机：据估

---

① 说"肠胃"其实并不恰当，因为管虫并没有消化道，而是一个叫作"营养体"的器官，里面住着大量为管虫提供能量的细菌。

算，每隔十年，世界上的全部海水能通过这些山脉和喷口完成一次循环，并在此过程中给深海带来大量地壳中的化学物质。

大部分（但不是全部）喷口位于海底山脊顶部的裂缝。其中大多的命名都平平无奇，就像那些不起眼的恒星或小行星一样。但也有一些体积大、威力强的喷口，恰如其分地获得了一些响亮的名号：白色城市、洛基城堡、巴比伦、尼伯龙根、咸水狗等。很多国际团体也应运而生，对海底山脊的研究进行协调和规范。其中一个机构诞生于1992年，当时两艘船同时到达了大海中央的同一个地方，都想派潜水艇下海考察同一座海底山峰，寻找同一片喷口区。

尽管这些喷口在探索生命起源的过程中扮演的角色令人着迷，但今天对海底山脉的研究还有另一个经济方面的动机。这种商业上的兴趣源于两年后的另一个发现，同样是由"阿尔文"号在太平洋上做出的。这是"阿尔文"号的第914次下潜任务。这次任务中发现，在最活跃的山峰顶部，有一些宏伟的"潜艇塔"，是由下方喷出的液体形成的固体和半金属遗迹，体积巨大。如果说第713次下潜构成了一次科学史上的传奇，那么第914次下潜的意义就是揭示了这个传奇背后的商业前景，暗示了深海之下埋藏的诱人宝藏。

从第一次发现喷口以后几个月来，"阿尔文"号一直忙个不停。它先在加拉帕戈斯群岛北边下潜了20多次，然后又穿过巴拿马运河回来，在加勒比海域度过了这一年剩下的时光，最后返回伍兹霍尔。1978年，它进一步改装升级（很多钢体机构都换成了钛合金），以便延长工作寿命，并能在更深的海域探索更长的时间。加装了第二条抓臂，以便科学家们可以采集更多喷口边的神奇样本，还增加了新的摄像头、新的探照灯，船头也多了一个篮子，以便装更多样品。

有了这些装备，"阿尔文"号后来大显身手，完成了各种各样艰苦的工作，例如调查新泽西海岸的核废料堆。之后，它又返回南边较温暖的水域，接着再次通过巴拿马运河进入太平洋，来到那片格外活跃的裂缝区。它在1979年又在加拉帕戈斯群岛东北方的海域下潜了20多次。在这些活动中，科学家发现，海下那种看起来像蒲公英一样的生物实际上是几千上万个微小的生物聚集在一起形成的专门化群落。它们属于管水母类，和一种看起来像水母的叫作"葡萄牙战舰"①的生物有亲缘关系。它们不能很好地适应海平面的压力，总是会在甲板上爆掉或者消失。这也暗示了在这个全新的热液宇宙中还有大量全新的科学现象在不断被发现。

到4月的时候"阿尔文"号才往北去。母船"鲁鲁"号载着它航行了1800英里，到达东太平洋海隆北区的峰顶。它被派往考察北纬21度热带海域中的一个地点。这里能看到下加利福尼亚尖端的崖壁，不少冲浪者在这里冲浪，对远处正要进行的海上考察工作浑然不觉。

"鲁鲁"号的起重机把"阿尔文"号吊起放到一旁。此次任务的指挥员是33岁的退役海军飞行员达德利·福斯特（Dudley Foster）。他曾说"阿尔文"号的抓臂就是自己手臂的延伸，这艘潜艇就是自己身体的一部分。观察员是一位美国的地质学家和一位法国的火山学家。这一天是1979年4月21日，星期六。

这个法国人叫蒂埃里·朱道（Thierry Juteau）。他出现的理由是前一年法国的小型潜艇"喜鹊"号有一个奇怪的发现。他们当时没有找到热泉喷口，却捞出了大量令人好奇的岩石样本。其中最特别的一个，看起来像是一支中空的长金属管，带有晶体的光泽（后来发现，这是一种叫闪锌矿②的矿石沉淀），长管侧壁上还有铁、铜、铅、银等金属的痕迹，说明深海中发生着很多化学变化，而且有溶解金属所需要的极高温海水。

黑烟囱

"阿尔文"号很快下到一片黑暗之中。光线消失后，它打开了自己强大的新探照灯。到上午10点左右，它已经接近海底，一下子就看见了太平洋热泉

---

① 也叫僧帽水母，看起来像水母，但其实是一个包含水螅体及水母体的群落。每个个体都高度专门化，互相紧扣，而不能独立生存。——译者注

② 少年时我立志当地质学家，有一次在英格兰北部坎布里亚的荒野里发现了一个隐蔽的裂缝，里面散落着很多美丽的或黄色或棕色的闪锌矿晶体。我收集了一些，后来用它们和伦敦的一个岩石商人交换了一些其他的岩石样本（偶尔也会换点零花钱）。

喷口区标志性的白色蛤类。达德利·福斯特调转方向，跟随不断增多的贝类生物往前走，突然，毫无预兆地，他来了一个急刹车。

他惊骇地看到，自己的前方是一样人类从来没有见过的东西。眼前，一道黑峻的岩石高高耸立着，顶部有一个参差不齐、边缘缀满晶石的开口，从中一刻不停地冒出浓稠的黑色液体，旋绕着，看起来就像是一艘全速前进的轮船或一列高速行驶的列车在喷着黑烟。

福斯特操纵潜艇慢慢靠近，发现即使以潜艇的吨位也在泉眼边被水流的力量冲得摇摇晃晃。有一瞬间他失去了控制，潜艇被卷进了水柱之中，切开了水柱，致使水柱变得更宽了。他的监控屏幕上全是漆黑的液体，他一下子什么也看不见了。他手忙脚乱地倒回清水中，然后转过头来查看他们的发现。三个人完全被眼前的景象惊呆了，这仿佛是一口储量丰富的油井泄漏了，数万加仑漆黑的原油在不停歇地向上喷涌，涌入纯净的大海。

过了一会儿，船员们恢复了勇气，稳定了呼吸，再一次驾驶潜艇慢慢靠近石塔。这一次潜艇的机械臂上紧紧地抓着一支电子温度计。他们用推进器保持水平，沿着直线前进，然后小心翼翼地把感应器推进水柱中。结果，感应器一接触到水柱温度计就爆表了，显示温度超过90华氏度（32.2摄氏度）。之前从来没有在这样的深海里测得过这么高的温度。他们又试了一次，指针再次狠狠地推到最高读数——这一次仪器没反应了。

回到海面看了温度计，他们才明白是怎么回事——感应器的尖端熔化了。烟囱里冒出来的液体的温度在662摄氏度左右（他们第二次下潜时用一支能在冶炼高炉中工作的温度计确定了）。这个数字令人难以置信。如果是水的话，达到这样的温度足以熔化铅，镁和锡也会软化，硫则已达到沸点（444.6摄氏度）。

显然，这一柱液体并不是水，至少主要成分不是水。液体的温度如此之高，压力如此之大，使得金属及其化合物首先被熔解，然后从下方深处的地壳中被大量带了出来。上涌的液体很可能是由大量熔解的金、银、铁、锰、铅、锌、锡等金属的化合物组成的。而当富含这些化学物质的液体突然遇到冰冷的深海海水后，其中的金属和硫化物就立即发生沉降，堆积成了惊人的固体巨柱，其中多是金属或其他元素的化合物，偶尔也有发出碰撞声、带有光泽的纯净金属。

于是，这些固体在上涌的液体周围堆积起来。它们沉降的时候，仍然处于半熔化状态，便环绕着液体柱越堆越高，就像金属的石笋一样。最后，它们无法承受自身的重量，或者是被经过的潜水艇不小心碰了一下，就倒塌了。这样的高塔几小时内就可以建起一座，然后在黑暗中不断向天空生长，但就像坦塔罗斯所受的惩罚[①]一样，由于物理和重力的限制，总是无法突破一定的高度，终会垮塌落回海底，然后坚持不懈的涌泉又会重新开始这个过程。

东太平洋海隆上的这些高塔被称为黑烟囱，原因显而易见，虽然它们的"烟"是金属沉降物而并非传统所说的燃烧形成的烟尘。（重金属硫化物随高温液体从海底的喷口中涌出，然后遭遇海水发生沉降，就形成了金属矿物质堆积而成的巨塔。巨塔能达到几十英尺高，却很脆弱，最终会因自身重力而倒塌。）不久以后，在大西洋也发现了其他的巨型海底烟囱，喷出的液体颜色要浅一些，温度也要低一些，富含钙和钡。这种就被称为白烟囱。

从那以来，人们已经发现了好几百个这样的烟囱。它们的位置都不出所料：在印度洋和大西洋大洋中脊的峰顶，而最密集的是在太平洋板块边缘的山脊、海沟、岛链周围。

自然，采矿业很快认识到这些闪着光的金属化合物烟囱的价值。有些烟囱确实非常巨大。有一个叫"哥斯拉"的黑烟囱，位于加拿大附近的太平洋海底，在因自身重力倒塌前可以达到足足150英尺的高度。而且，这样的重量不是由珊瑚、贝类、螃蟹、管虫构成的，而是实实在在的金属化合物：硫化物，而且主要是可开采、可贸易的金属硫化物。

最近的勘测确认了数量诱人的坍塌烟囱和喷口晶体沉积，形成了所谓的

---

① 坦塔罗斯（Tantalus）是古希腊神话中主神宙斯之子，因为触怒宙斯，被罚站在地狱的水中，他想喝水的时候水就退去，头上虽有果树，但他想吃果子的时候却始终摘不到，因此"坦塔罗斯的惩罚"被用来比喻目标近在眼前却无法达成的痛苦。——译者注

"海底块状硫化物"（SMS）矿床。类似"阿尔文"号的潜艇把这些沉甸甸的泛着金属般光泽的SMS碎片打捞出海面，通过化验，人们确认了大量铜、铅、锌硫化物，还有金银矿藏。

在首次发现后的几年时间里，世界采矿业都跃跃欲试，试图找到开发这些海底SMS矿床的最佳方法。但这些公司的热情也伴随着谨慎。这不难理解：20世纪60年代深海锰矿开采大受追捧，据说有数十亿吨富含锰的矿砂躺在深海之下，结果却证明开采成本太高并不划算，使得整个行业元气大伤，成了惊弓之鸟。但SMS矿床的矿物含量丰富，而且它们处于大洋中脊附近，海水要浅得多。如果能有足够的开采技术，其中的各种金属在世界上也能维持较高价格的话，那么毫无疑问，深海之中就潜藏着巨大的财富。

贪婪与毁灭

一家叫鹦鹉螺矿业的加拿大公司是第一个试图把富含金属物质的黑烟囱遗迹变为商业财富的。它选中了两个地点，都在太平洋的火山带上。一个在巴布亚新几内亚北边的俾斯麦海，新爱尔兰和新不列颠岛之间的中点，拉包尔[①]以北30英里。另一个在汤加王国西边的一座海底山峰上。人们怀疑在这两处，两英里深的海下有数十万吨金属矿。鹦鹉螺公司想了一个巧妙的方法进行开采，而在一些环保组织看来，这也是一种应该广受谴责的方法。

联合国成立了一个管理组织——国际海底管理局（ISA）——来制定深海采矿的法律法规，总部位于牙买加。鹦鹉螺选中的两个地点属巴布亚新几内亚和汤加管辖，因此不受制于联合国的规定。但是，另一个鹦鹉螺认为可以开采的矿藏在克拉里昂—克林帕顿断裂带（Clarion-Clipperton Fracture Zone）

---

① 拉包尔（Rabaul）是一座不幸的城市。它经历过非常惨烈的战争——它曾是日本的海军基地，但因盟军的空袭，基本被孤立，也没有自卫能力，因而经常受到澳大利亚飞机的打击，在日军投降前不久几乎已经被彻底摧毁。之后，1994年，附近两座处于火山带上的火山爆发，造成了居民死亡。由于所有建筑物都遭到了破坏或被火山灰覆盖，整个城镇都被迫迁移。虽然近年来火山一直很平静，但小城中仍然少有经济活动。

上。这是一片200万平方英里的海域，从夏威夷东南方500英里处一直到墨西哥海岸。这里属于ISA管理，虽然美国拒绝接受——美国原本就没有签署成立ISA的海洋法公约。但不管怎样，目前ISA对克拉里昂—克林帕顿断裂带上海底开采的控制权还只有学术意义，而没有实际意义，因为还没有人能拿出可行的技术，能够在海下5英里的严苛环境中采矿。这一切要等到未来才可能实现。

但现在的技术已经可以开发较浅的海域，例如巴布亚新几内亚和汤加这些无人监管的近海水域。鹦鹉螺计划派出三架巨大的新型机器。它们统称"海底开发工具"，功能强大（而且高度防水），可以遥控采矿机械下降到5000英尺的海底，直接到达硫化物所在的地方。这些机器都是英格兰北部泰恩河畔纽卡斯尔的一家公司独家制造。这家公司名叫索尔动力机械有限公司，专门生产"能在世界各地的严酷环境中工作的远程控制设备"。

漆成白色的动力机械躺在工厂的地板上，在组装工人的簇拥下显得格外宏伟。这家工厂当年是组装蒸汽轮机的，那时纽卡斯尔的造船业很发达，曾为英国皇家海军生产驱逐舰，为世界各地的商队生产运油船。如今它的造船业务基本沉寂，但它在原来的装配间里制造的新机器还是同样的大、同样的重。不同的是，它们将不会漂浮在海面，而是要潜入深海之下工作；不是在海面上运送货物，而是要把"货物"从海底开掘出来。

最初派出的三架机器，从体积和外形来看都仿佛猛兽一般。它们有着长长的铁臂和巨大的铣刀，各种用来挖凿的工具、用来抓握的大爪子，还有可以装下整辆汽车的大吊斗。还像坦克或推土机一样装有履带，能让它们在深海下的险峻山峰上任意行走，如履平地般穿越峡谷。

辅助切割机首先上场。它挥舞着大刀和铲子，把矿床切出岩面，并为之后到来的大家伙——大块切割机铺好道路。然后，重达200吨的可怕的大块切割机就带着削铁如泥的切割刀碾过海底，又是切又是割又是拖，最终把硫化物从山崖上弄下来，成吨成吨地在海底堆成一排排，等着"三件套"中的最后一位——采集机过来收走。

采集机就像一辆机械化的翻斗车，只不过比在世界上最大的露天矿场上看到的翻斗车都还要大得多。它在海下需要靠履带运动，而不是像在地面上那样有房子一样大的轮子。在母船上操作员的遥控下，它把小堆的硫化物铲起来，送到渣浆泵和冒口处。这是一根热硬化而成的橡胶竖管，全长两英里，就像大象的鼻子一样，可以把管内的材料吸到海面上，放到采矿船的甲板上。

这艘采矿船也是全球首创的，所有者是一家总部在迪拜的蜡烛商，届时将由鹦鹉螺公司租赁用于5年的前期项目。租赁的费用高昂，每天要199910美元。这艘船控制着下面三台机器，是它们的"守护天使"，并通过两英里长的硬橡胶管接收这三头机械怪兽从海底开采上来的数千吨硫化物和水的混合物。矿石被堆在甲板上的井里，达到一定数量以后，就用一张大网绞干，用矿工的行话叫"脱水"，然后杂质和滤出的水就被送回海底。

最终，固体的硫化物矿石被传送带运到等待的驳船上，驳船装满后便穿过广阔的太平洋，驶向3000英里外一家金属加工厂。

鹦鹉螺公司预计每千吨矿石中能提取出70吨固体铜以及重量可观的金和银。它在加拿大的股东们确信，这个矿场会有得赚。从2018年起，太平洋便会给他们送上回报，尤其是对一个铜矿短缺的世界来说，这将会给所有人带来一笔非常丰厚的回报。

他们的计划就是这样。鹦鹉螺公司印了很多吸引人的宣传册，又制作了一些精美的宣传片，强调他们所做的一切都充分考虑到了太平洋脆弱的生态环境。当然，他们发表了环境影响评估报告，也承认有两种深海蜗牛的栖息地可能会在短期受到影响。鹦鹉螺公司说该地区的环境不会受到损伤，但其他人就远没有这么肯定了。

不出所料，常见的一些环保组织（包括世界野生动物基金会、地球之友、绿色和平组织等）表示担心，害怕海底会被利润和贪婪毁掉。此外，当地的一家机构——巴布亚新几内亚采矿监督机构也表示反对。在我写作本书的时候，它正在大声疾呼，以有力、智慧和逻辑清晰的声音反对所有海底采矿，特别是在巴布亚新几内亚附近的海域采矿。他们的反对既是原则性的也是技术性的。但总结起来最关键的问题在于：为什么要为了满足我们无穷无尽的发展欲望，而将我们神圣的海洋置于危险之中？

这一事件对整个太平洋的故事有着深刻的意义。这场辩论未来几年将如何发展，预示了人们今后对太平洋的看法——外人主要将它视为有待开发的资源；而生长在这里、依赖它生存的人们则希望它能被尊重、被爱护。

在很多层面上，这些争论十分复杂。例如，要遏制世界对铜的需求，最容易接受的方案一直是让发展快速的国家如巴西、俄罗斯、印度等和其他的发展中国家控制其金属消耗量，降低这些国家民众的期望，降低依赖铜才能享受的那部分生活标准——而以如今高科技的消费情况来看，使用铜的地方太多了。

自然，这些国家的民众可能会问：为什么他们不能享有西方人长期以来已经习以为常的生活标准？为什么他们要为以往过度消耗造成的环境破坏承担后果？比如说，为什么他们不该开采铜和使用铜？

如果这样的观点获胜——这是很有可能的——那么，南太平洋的第一个潜水艇矿场就肯定会建立起来。辅助切割机、大块切割机、采集机届时都会潜到海底，在人们耳目不及的地方，在俾斯麦海的海底山脉中切割、碾压、撕扯，把海底变成丑陋的月球表面。但是海那么深，海底又那么黑，一旦资源被榨干之后，又有谁会再去关注它呢——八成没有人会在乎了。鹦鹉螺和它的股东们会赚得盆满钵满，晚上睡觉也带着笑容，然后继续在这片海洋里开发新的项目。

同时，现在已经五十多岁的"阿尔文"号无疑还会越潜越深，做出更多令人惊叹的科学突破。但人类能否负责任地运用它所带来的越发丰富的知识，就是另一回事了。

第 **2** 章

脆弱之洋

花朵变成了石头！

约瑟夫·班克斯（Joseph Banks）的植物忧

郁地挂在舷窗里

未必都能找到合适的拉丁词汇来形容它的

可爱……

肯尼斯·斯莱塞（Kenneth Slessor）
《库克船长之五个愿景》
（*Five Visions of Captain Cook*），
1931年

珊瑚的预警

一个初夏的星期六，天空碧蓝如洗，查理·韦龙（Charlie Veron）正怡然自得地在昆士兰中部海岸潘多拉礁附近的温暖浅海中潜着水，突然，一样令人警觉的东西抓住了他的视线。他穿过四周翔游的鱼群，潜到下方五颜六色的珊瑚礁边检视起来，特别是观察其中一丛在其他地方比较少见的分叉珊瑚。后来，韦龙本人给这种特殊的珊瑚起了一个名字，叫"潘多拉角孔珊瑚"（Goniopora Pandoraensis）。

这些珊瑚主要呈棕色和黄色，和后来让潘多拉成为潜水和旅游胜地（近来主要吸引日本游客）的粉色、赭色、蓝色、鲜绿色的其他珊瑚品种对比极为鲜明。但那天令韦龙感到惊诧的是，角孔珊瑚一个冠的中心出现了一片极不寻常的纯白色。白色区域呈圆形，直径大约6英寸。

他伸出手，轻轻地徒手摸了摸其中一处白色的珊瑚丛。大部分仍然是硬的，还活着，而且感觉很刺手——凡是直接用手摸过珊瑚的人都知道那种触感。如果珊瑚死了的话，叶片状的骨骼会折断，哪怕只是轻轻一碰，也会整个碎成粉末，如雪花一样落到海底。韦龙确信它们还活着，但他同时也很警觉，因为它们病态的模样预示着可能快要死了。他掏出防水相机，拍了一张照片：这是他第一次在澳大利亚大堡礁——太平洋素来的生物学明珠——看到后来被称为"珊瑚白化现象"的噩兆。

这是海洋（在这个事件中，主要是全球海洋系统中的太平洋部分）正遭受严峻考验的最初征象之一。

韦龙是一位博物学者、科学家、珊瑚专家，自1972年开始研究大堡礁美丽的珊瑚。他后来发现、记录、分类了世界上845种已知的能生成珊瑚礁的硬体珊瑚，并编写了权威的珊瑚世界的百科全书。所以，他当时有足够的把握判断自己眼前的景象是一种可怕的预兆：珊瑚大面积白化现象将在未来几个月或几年中席卷整个热带海洋。"这是很可怕的场景。"他后来说，"有400年、500年、600年历史的珊瑚白化并死去。这就是最近的事情。"

他这最后一句话很重要，因为这说明是某种最近才出现的，当时还不为人知或者无法确定，又或没有被完全承认的外部力量导致了这些可爱而高度敏感的动物枯萎、白化，最终死亡。

韦龙的朋友兼同事，布里斯班的奥乌·豪厄格-古尔伯格（Ove Hoegh-Guldberg）提出了一个令人信服的观点：珊瑚精准地预示了未来全球的气候变化，可以被视为今后气候问题的风向标。他一直认为，由于珊瑚是类似于植物的动物，还能为自己建立石头一样的城堡，从而将生物学、植物学、矿物学融为一体，因此，它们绝不只是海洋中的点缀而已，而有着更加重要的意义。它们是自然界最灵敏的预警装置，能对环境中最微小的变化迅速做出反应，因此可以作为地球各类环境问题的信号。

这正是潘多拉礁的珊瑚在那个夏日所做的：它们向全世界发出了预警。而对珊瑚群落的细微变化高度敏感的查理·韦龙，就成了第一个接收到这一预警信号的人。这一发现带来的冲击如此之大，使他从此以后致力于宣传珊瑚礁的重要性，以帮助人们了解它们的美丽、脆弱和易逝，还有它们随时向人们预示危险的能力。

海中雨林

太平洋的珊瑚数量巨大，种类是大西洋珊瑚的两倍，环形珊瑚岛数以千计，海边的裙礁更是不计其数。最重要的，在太平洋的西南边界，珊瑚海与东澳大利亚海底涌泉交汇的地方，有约3000座珊瑚礁和900座珊瑚岛组成的绵延1400英里的大堡礁。

正如熊猫和蓝鲸象征着美好的濒危哺乳动物，蓝鳍金枪鱼、大浅滩鳕鱼、渡渡鸟、大海雀、日本樱花代表了自然的宝贵和脆弱，大堡礁也代表了地球精妙平衡下的脆弱。不仅是珊瑚脆弱，也不只是海洋生物脆弱，而是整个地球生命的脆弱。科学能够证明，如果大堡礁消失了，整个自然界也会消失。

澳大利亚的珊瑚群无疑是世界上最大的，从长度和面积来看都要比巴哈马群岛、红海、伯利兹、尤卡坦、危地马拉、佛罗里达、印度洋查戈斯群岛中生长的珊瑚群大得多。就连宇航员也能在太空中看到它从格莱斯顿①附近波光粼粼的热带海域一路向西北延伸，直到在托雷斯海峡浑浊的河口水流中渐渐消失，划出一抹浅海的淡绿色。

珊瑚礁只占了地表很小一部分，只有0.2%的面积，但由于养育了极为丰富的海洋生物，它们的意义要远远超出面积的层面。大堡礁中有接近400种软体和硬体珊瑚：脑珊瑚、鹿角珊瑚、柱状珊瑚、盘形珊瑚，等等。有四分之一的海洋生物都依靠这些珊瑚产生的珊瑚礁生存。仅仅是这些珊瑚礁的存在就是在保护海岸线、养育鱼类、为周边生活的人们贡献财富。珊瑚骨骼形成的石灰石从空气吸收了二氧化碳，在地球的碳循环中扮演了重要角色。

珊瑚礁就相当于海里的雨林：生机勃勃、满载荣光，却又脆弱不堪，正面临着巨大的威胁。不管是谁，只要带上面罩和呼吸管，从船舷上跳下去，潜入温暖而清澈的浅水中看看外层的珊瑚礁，一定会为之惊叹。几英寸之外就是多姿多彩的生命世界：绿色和黄色、红色和粉色、浅蓝和深棕，各种颜色和种类的珊瑚应有尽有；每一个缝隙里都飘动着海葵那永远吃不饱的细触手，或者蛤类缓慢地一张一合的壳；每一个平坦的珊瑚坡上，都有巴掌大的螃蟹在来回爬动；还有像是黄色条纹的彩灯一样，一闪一闪发出亮蓝色的电光的小鱼，穿梭在珊瑚柱间，忙着自己的神秘事业；大一点的鱼呈银色，动作沉稳，礼貌地在水流中缓缓穿行；最下面的珊瑚沙里，一些小动物们有的

---

① 格莱斯顿（Gladstone）的珊瑚礁距离海岸超过 125 英里。1770 年 5 月，当詹姆斯·库克船长驾驶 HMS"奋进"号进入这片平静的水域时，他丝毫没有察觉自己已经来到了死亡之地。他们越往北走，珊瑚礁就越靠近海岸。终于他们的船狠狠地撞上了一块珊瑚礁，被死死卡住。船破了洞，毁坏很严重。最终，库克凭借超人般的努力使船脱离了锋利无比的珊瑚礁岩，然后颤巍巍进入了一个河口，也就是现在的库克敦所在的位置。山顶的原住民看到了他和他破损的船只；他们大概不会在意他把这个差点害自己送命的地方命名为"苦难角"（Cape Tribulation）。

旋起细沙把自己埋了进去，有的钻了出来游进绿色的光亮中。这鲜活的戏剧似乎永远在随着潮汐、水流、波浪不断上演，折射出银色海面上的所有意象。

大堡礁生活着至少1500种鱼类、大量的龟类、海豚、海牛、鳐鱼、鲨鱼、黄貂鱼、小鲸鱼、鼠海豚等。还有数不清的蜗牛、海葵、蛤类、海参、海草、海马、海藻。海面的沙洲旁还有凶恶的咸水鳄和其他较温和的动植物，以及世界上相当比例的滨鸟和涉禽。还有种类非常全的各类海鸟，从普通的海鸥和燕鸥、热带鸟类、军舰鸟、鲣鸟，到威风凛凛的白肚海鹰（几千年来一直受到海岸边土著民族的尊敬），应有尽有。

作为新晋的澳大利亚海洋科学院首席科学家，查理·韦龙非常清楚1981年他首次发现的珊瑚白化现象的原因。珊瑚虫体内通常富含一种叫作"虫黄藻"的藻类植物细胞，两者和谐共生：海藻进行光合作用，为珊瑚提供营养，而珊瑚为海藻提供保护。当海藻感到安全和舒适时，就会制造氧气供珊瑚利用，珊瑚需要氧气来制造各类物质，特别是其形成骨骼所需的碳酸钙——骨骼正是形成珊瑚礁的核心材料。珊瑚的色彩也来自虫黄藻，但也要在海藻感到安全和舒适的情况下才可以。

但由于各种原因，珊瑚虫偶尔会下逐客令驱逐海藻。它们之前的共生关系被迅速终止，珊瑚也因此陷入了一种尴尬的境地，无法获得所需的氧气，也没有了海藻光合作用时产生的副产物——葡萄糖和氨基酸，同时也无法维持它著名的鲜艳色彩了。在外人看来，珊瑚的颜色突然消失了，变得死白死白，就像漂过似的。如果这种状况持续下去，没有氧气、葡萄糖和蛋白质，珊瑚虫就会死。

韦龙也猜到了他的角孔珊瑚为什么会突然赶走海藻，结束这段友好而必要的关系。这完全是因为压力。珊瑚这种动物非常娇气，一旦它生活的阳光明媚的温暖浅海受到严重扰动，它就会受到惊吓，虫黄藻就成了它敏感神经的第一个受害者。

令珊瑚不适的原因主要有两个：可能是由于海水的温度上升，也可能是因为海水的酸度增强。而在20世纪80年代，这两种情况兼而有之。由于当时仍不明确的种种原因，海水的平均温度上升了约一摄氏度，这意味着到天气最炎热的几天，气温会超过珊瑚的承受能力，于是引起了显而易见的灾难性后果。更糟糕的还在后面。

危机重重

几周以后，最初的白化突然传播开来，不仅局限于太平洋范围，而是遍及全世界——大约和潘多拉礁同一时间，8000英里之外的加拉帕戈斯群岛也发现了早期白化现象。1981—1982年的首度大面积白化事件说明，澳大利亚的问题也是一个全球性的问题。

一个残酷的讽刺是，在潘多拉礁白化的几周前，联合国教科文组织刚刚把大堡礁列入世界遗产名录。这是一项巨大的荣誉，却也让世界的目光集中在了澳大利亚身上，让它负责监护人类正式认可的世界瑰宝——如果出了问题，澳大利亚难辞其咎。澳大利亚赢得了荣誉，这时却也要承受责难。

之后的时间里，全球各地的珊瑚礁继续遭遇重创。最著名的是1997—1998年间的一次白化灾难：主要生长于红海和安达曼群岛的一种热水珊瑚全部死亡！原因是海水温度过高，就连这种适应高温的珊瑚品种也无法应对。2001年的一次白化事件范围更大，以致很多德高望重的海洋生物学家开始预测，再过50年世界上所有的珊瑚礁都将消失。

澳大利亚的珊瑚礁已经失去了一半的珊瑚，其中大部分发生在1998年的灾难性事件后。人们正在努力扭转局势，夏威夷的实验室已经取得了一些成果，主要是通过大胆的实验培养耐热的珊瑚新品种。这是否只是治标不治本还没有定论。多数科学家[1]相信，珊瑚礁的危机是由于海洋变暖和酸化导致的，虽然人们怒斥这是人祸，但越来越多的人担心，如今情况过于严峻，积

---

[1] 但也并非全部。一些大气科学家仍然质疑气候变化与珊瑚毁灭之间的联系。他们特别指出，一些海域环境清洁、管理严格，珊瑚礁情况良好，因此在其他地区，特别是监管不力之地，其主要原因更有可能是一些当地的威胁。

重难返，珊瑚可能很快就会变成化石了。

澳大利亚的角色则要更复杂一些。当地的污染是一大祸源：昆士兰入海的河水中含有大量化肥、杀虫剂、除草剂、动物粪便等，对珊瑚尤其有害。游客也无意间成了帮凶：驾船时粗心大意，潜水时毛手毛脚，寻找纪念品时贪心不足。过度捕捞的渔民在保护区捕鱼，造成了更大的破坏。

珊瑚还一直在与棘冠海星做斗争。这是一种非常讨厌的食肉动物，最多可有21条腕和数千根针一样的棘刺，可以分泌毒素和一种清洁剂一样的难闻的泡沫。它们会待在珊瑚上面，把它整个吞进自己的大肚子，然后就地消化，吃掉珊瑚。一个棘冠海星一年就可以杀死65平方英尺的珊瑚。

人们想了一些巧妙的办法除掉海星。一是增加一种叫大法螺的海螺的数量。它是海星的天敌，可以用它锋利的舌头将其切碎杀死。另一种方法是让潜水员给海星注射一种化学物质，使它起泡溃烂，鼓不起来，最终萎缩死亡。熟练的潜水员据说可以一分钟搞定两只海星。多管齐下，海星数量有所下降，至少目前控制住了。

然而，其他威胁开始抬头。1975年澳大利亚成立了海洋公园管理局，负责大堡礁的监管和保护（其财政来源主要是游客所交的费用）。该机构很快指出，气候变化造成的危害是最大的。但它受到了广泛的指责，因为允许开发商特别是采矿企业开展项目，使珊瑚礁遭受更大的、近在眼前的危害。

这种开发最典型的一个例子是在艾博特角（Abbot point）建立新的煤炭港。这里靠近昆士兰中心的鲍恩镇，港口附近有降灵岛、海曼岛、艾尔利海滩、林德曼岛，以及大堡礁最著名的一些美丽景点。在这里建立港口，就需要把几百万吨的海床挖开拉走，为装货码头腾地方，这样一来，珊瑚和海藻赖以生存的清澈海水会被弄得浑浊不堪。人们为此争论不休，这正反映了澳大利亚的经济需求与更广泛的国际社会的长期期望之间的矛盾。

这场争论也提醒了人们，澳大利亚拥有大量矿产资源，可以满足一些国家日益增长的需求。很多澳大利亚人从这类交易中获得了巨额利润。澳大利亚基本没有受到近年来世界经济危机的影响，在世界上大部分人都开始缩减开支、勒紧裤腰带过日子的时候，澳大利亚人民仍然维持着令人艳羡的生活水准。

堪培拉当然在竭力维持这种现状。2013年，政府环境部门批准了艾博特角的施工计划，政府下辖的海洋公园管理局也签发了许可令。两家负责保护自然的机构都转而保护煤矿开发的利益，因此受到了广泛的指责。

查理·韦龙本已为珊瑚的末日痛心疾首，对此充满愤怒和疑虑。听到海洋公园管理局批准艾博特角的施工项目，他说：大堡礁唯一的官方监护人在"自杀"。2015年初，世界野生动物基金会也批评澳大利亚政府管理不力。

在一万英里外的日内瓦，联合国教科文组织的官员们也同样忧心。他们有能力也有权利宣布大堡礁作为世界遗产的地位岌岌可危，极端一点甚至有权直接撤销它世界遗产的身份。不用说，这会让澳大利亚颜面扫地。但商业的力量是强大的，而珊瑚礁对一些人来说只是漂亮罢了。在新太平洋上，商业就是王牌。

羽毛斗篷

很久以来，我在这个世界上最崇敬的东西，在牛津大学皮特河博物馆（Pitt Rivers Museum）最里面，一个7英尺高、由桃花心木和玻璃打造的柜子中。厚重的天鹅绒帘子隔绝了阳光以防内部的藏品褪色，侧边的一个按钮可以打开人造光源，在精准限定的时间内，让它短暂地沉浸在无害的灯光中。

柜子中的东西非常脆弱、非常古老，生动地张扬着令人难以置信的丰富色彩：大片大片亮丽的火红和金黄，加上几道弯月形的浓黑色。这是来自夏威夷的一件斗篷，原本属于岛上的一位皇室成员，是参加隆重仪式时穿的。这种斗篷叫"阿胡乌拉"（ahu'ula），常搭配一种叫作"马希欧勒"（mahiole）的弧形羽毛头盔。这种斗篷如今已经极为少见，每一件都是无价之宝，因为它们都是用数十万根上等的羽毛手工编织而成，而且在制作过程中，要保证一只鸟也不能死——至少传闻如此。

皮特河博物馆是牛津一家享有盛誉的学术机构，目前拥有50万件人类学方面的藏品，从风笛到干缩的头颅，从图腾柱到战斗独木舟，从古代巴布亚的牙医工具到美洲大平原上剥头皮的器材，无所不有。它在一个半世纪前获得了这件斗篷。

这件斗篷是乔治·辛普森爵士（Sir George Simpson）带回英国的。他职业生涯的大部分时间都是作为哈德逊湾公司的负责人，这家公司总部位于蒙特利尔。退休后，这位尊贵的长者决定和秘书去周游世界，于是在1842年乘船悠闲地横跨太平洋，碰巧到了三明治岛，也就是后来的夏威夷岛。

他在这里见到了夏威夷公主克考萝茜（Kekauluohi）。按照当时的法律，她的父亲病重，由她代为管理国家。辛普森非常清楚，在当时帝国主义的扩张狂潮中，外人都在积极争取夏威夷领导人的支持——但最终都是为了对他们进行殖民统治。美国尤其卖力扩大自己在岛上的影响力，法国、比利时也是一样，当然，也少不了日不落帝国不列颠。

辛普森不希望它们任何一个得逞。从他个人的角度，同时考虑到哈德逊湾公司的商贸利益，他认为必须让夏威夷保持独立，完全不受外国势力控制。他把这个想法告诉了年轻的公主，公主感激地意识到辛普森和自己看法一样，于是立即让仆人从她的密室中拿来了一件最精美的阿胡乌拉。她把斗篷送给辛普森，但要他把斗篷转赠给他的妻子弗朗西丝·辛普森（Frances Simpson）。

我们不知道弗朗西丝有没有穿过这件斗篷，但在她丈夫死后，斗篷到了辛普森的一个朋友奥古斯都·皮特·里弗斯（Augustus Pitt Rivers）将军手里。他的收藏中还有库克船长家族给他送的大量来自南洋的奇珍异宝。最终，斗篷进了牛津大学的玻璃柜，很快成为英国最受欢迎的博物馆中最负盛名的一件藏品。

皮特河博物馆中的羽毛斗篷有着重要意义。它不仅是夏威夷早期独立岁月①的标志，同时也是现代太平洋环境危机的警示，提醒着人们人类和自然

---

① 夏威夷经过了多次独立运动，直到今天仍然有这样的声浪。独立团体的领袖全部坚持和平示威，于是时不时会控制一两栋政府大楼，以此提醒外界，谁才是这些岛屿的主人。

曾经有过怎样的关系，如今关系又已恶化到了什么地步。就像澳大利亚的原住民崇敬大堡礁和生活在其中的生物一样——如今濒临灭绝的白肚海鹰曾是很多部族的强大图腾——羽毛斗篷也体现着夏威夷岛民过去对丰富的大自然，特别是对鸟类的敬仰。

夏威夷的8座火山岛漂浮在热带的北太平洋中，是因地下热点的岩浆上涌而形成的。它们是世界上最与世隔绝的群岛。因此，和加拉帕戈斯一样，夏威夷也为科学家们提供了一个近乎完美的实验室（基本没有受到外界生物的影响），可以研究生物的进化以及当地特异的物种。20世纪90年代末，火奴鲁鲁主教博物馆的一项调查显示，夏威夷群岛具有惊人的物种多样性，生活着超过21000种生物，其中有15000种陆生生物，300种河流生物，以及周围的5500种海生生物。

但是，近些年来夏威夷的鸟类遭遇了严重危机。自从库克船长首次登陆，之后欧洲人开始在这片神奇的动植物王国殖民以来，300种鸟类中有16种已经灭绝。这不能说完全是新来的移民的过失，假装夏威夷的原住民对野生动物毫无负面影响也不现实，因为在人类和自然的任何一次抗争中，人类无一例外总是获胜的一方，至少起初如此。但夏威夷原住民对鸟类的危害要比新移民小得多。而且特别讽刺的是，正是著名的羽毛斗篷的存在证明了这一点。因为，简而言之，这些斗篷的制作恰恰显示了大多数夏威夷原住民实际上多么爱护他们的野生动物。

或许，这也不过是一种精明的自利行为：他们认识到，要制作更多精美的斗篷，离不开数以万计的羽毛，而只有保证鸟类的繁衍，才能获取这些羽毛。又或许，夏威夷原住民确实有对自然的敬畏之心。不管原因如何，这些斗篷显示了一种人与自然友好相处的方式，一种可持续的方式。

传统上，斗篷制作者主要从两种鸟类身上收集羽毛：鸥鸥鸟（o'o）和依依微鸟（i'iwi）。鸥鸥鸟的名字来源于它独特的叫声，像铃铛一样，有些忧郁。它提供了黑色和黄色的羽毛。而依依微鸟提供了火红色的羽毛。两种鸟的捕捉方式都很巧妙、迅捷，十分人性化。

熟练的捕鸟人被派到这些鸟类聚集的山谷中。鸥鸥鸟的舌头很特殊，可以从花朵中取食花蜜，因此捕鸟人会悄悄在树枝上连一根棍子，棍子上涂满黏性很强的蜂蜜。鸥鸥鸟属于食蜜鸟，于是被吸引过来，落在棍子上，就这样中了圈套，羽毛被牢牢地黏在了棍子上。这时，捕鸟人轻轻收回棍子，小心地从鸟儿身上拔下大约十来根最鲜艳的黄色羽毛（一般是大腿处的羽毛颜色最鲜艳），再从胸口处取一把漆黑如墨的羽毛。之后就把鸟儿清理干净，然后放生，让它重新展翅，飞回森林。

对依依微鸟来说也差不多，只不过这种鸟不爱食蜂蜜，抓起来要困难一些。捕鸟人需要爬到树冠上，耐心等待鸟儿降落，然后敏捷地伸手一把抓住。依依微鸟的喙很小巧，像弯针一样，要小心不被它啄伤。抓到以后，捕鸟人从它肚皮处取下最红的几根羽毛，然后张开手掌，让鸟儿飞走。于是，一抹鲜红色旋即消失在了树林里。

鸥鸥鸟共有4种，据说现在已经全部灭绝。不过，它们早在一个多世纪前就已灭绝，与最后一件羽毛斗篷制成相隔很久。其中一个原因是疾病：鸥鸥鸟特别容易感染禽症，被带有病毒的蚊子叮咬以后，一天之内就会死亡。

人们最后一次看到真正的夏威夷鸥鸥鸟是在1934年，最后一次看到可爱岛[①]的鸥鸥鸟变种是在1987年。我不是观鸟爱好者，但曾很幸运地在20世纪70年代末一个酷热的夏天看到过一只已为数不多的可爱岛鸥鸥鸟。我当时在阿拉凯湿地写一篇有关降雨的论文（比较可爱岛顶峰和印度阿萨姆邦乞拉朋齐的降雨强度，两者当时都是世界最湿润地区的候选者）。突然，我的向导按住我的胳膊，示意我噤声。

一声如笛声般优美的鸟鸣，清脆而嘹亮地打破了雨林的静谧。声音持续了可能有整整一分钟，然后停了。紧接着我们正前方蹿出一只鸟，漆黑的身子非常小巧，胸脯上有白色的斑点，短短的尾巴向上翘着，两只大腿上是耀眼的黄色羽毛——色彩如此鲜艳，就连平时对鸟类视而不见的我也看得清清

---

① 可爱岛（Kauai）是夏威夷的第四大岛，相传是夏威夷最古老的岛屿。——编者注

楚楚。我的向导激动地点着头，几乎说不出话来，完全被迷住了。这是仅存的奥亚吸蜜鸟（Moho braccatus）之一，当时或许已经只有十几对了。

10年后，它们已全部灭绝。仅剩的鸥鸥鸟羽毛就是夏威夷皇室服装上所缝的那些，而夏威夷皇室也同样已经消失了。其中最精美的一些只能在独特而古老的牛津博物馆中看到，已经完全远离了夏威夷和太平洋。这些羽毛提醒着人们所有逝者的悲哀，提醒着人们太平洋的民族，无论是皇室还是普通民众，都曾经比我们更好地保护着他们的自然。

傻傻的信天翁

但海洋中最近也有了一些成功的故事，出现了一些可贵的尝试以扭转物种灭绝的趋势。其中一个重要人物是日本鸟类学家长谷川博。三十多年来，他一直致力于保护濒临灭绝的短尾信天翁。短尾信天翁学名"Phoebastria albatrus"，是北太平洋最大的海鸟。2012年，他宣布短尾信天翁终于走出了危机，它们的繁殖栖息地得以完全重建，而且情况十分稳定。短尾信天翁因此从濒危物种的名单上去除了。从阿拉斯加到堪察加，从阿留申群岛到中途岛，从日本到莫斯科，这些北半球的栖息地上终于又能看到它信天遨游的身影了。长谷川博教授在塔斯马尼亚的一次信天翁研究大会上宣布了这一消息。很多人认为这是他以一己之力力挽狂澜取得的成就，能看得出来他本人也十分激动，表示短尾信天翁走出厄运的故事简直"像梦一样"。

信天翁在海鸟之中有着近乎神话般的地位。它有着如诗如画的气质，它的身上围绕着种种传说、迷信和无数航海故事。塞缪尔·柯勒律治（Samuel Coleridge）要为此承担部分责任：在他著名的18世纪长诗《古舟子咏》（*The Rime of the Ancient Mariner*）中，一名古代水手饱受魔鬼折磨，仅仅是因为他用弓箭射杀了一只信天翁，违反了水手的信条——人们认为，信天翁是水手亡灵的化身，杀死信天翁的人会遭受可怕的报应。

南大洋最大的鸟类是漂泊信天翁，学名叫"Diomedea exulans"。它能一连几个星期跟随船只左右，既是伙伴，也是守护者，但它又总是遥不可及。船只在风浪中颠簸，穿过咆哮西风带，忍受疾病和困苦的煎熬，但漂泊信天翁总是在一旁悠然地翱翔。它的羽毛灰白相间，个头相当于一个半大孩子，双翅展开能有十多英尺。它踏着海风，一会儿飞得和主桅齐高，一会儿翅膀贴着水面掠过。只要见过信天翁的人，都忘不了它们的身姿。如果有谁夜里在南大洋航行，醒来看到信天翁在舷窗外嬉游，老了以后含饴弄孙就有故事可讲了。

北太平洋的短尾信天翁身体相对小些，翼展稍短，但仍然是北半球最大的海鸟，也是最长寿的海鸟。几年前在中途岛发现了一只60岁高龄的短尾信天翁，被认为是地球上最高寿的野生鸟类。这种鸟很好辨认：身体雪白，脑袋上有一抹黄色斑纹，喙呈一种口香糖似的粉红色，但是在喙尖有点浅蓝色。

南北两种信天翁的区别在于，南方的漂泊信天翁数量稳定、生存无忧无虑，受人尊敬，由于南大洋的严寒，它很少受人打扰。而北半球的短尾信天翁则在过去半个世纪中濒临灭绝。其最主要的捕杀者就是日本猎鸟人，他们和爱鸟的夏威夷①波利尼西亚人形成令人痛心的对比。

短尾信天翁的繁殖地一直在伊豆群岛。这是一段400英里长的岛链，从东京湾一路向正南方延伸到太平洋中，是所谓的IBM线（伊豆—小笠原—马里亚纳）的北段——IBM线是太平洋板块和菲律宾板块相交的西部边界。伊豆群岛在东京和关岛之间，地震活动几乎从不间断，因此人口稀少。

位于岛链最南端的鸟岛只有一英里宽，却有海拔1200英尺的火山。但不知什么原因，活火山危险的山坡却成了备受短尾信天翁青睐的主要繁殖地，这里的高草上曾建了数百个信天翁的鸟巢。一对信天翁一年能产一枚鸟蛋。小鸟出生后，亲鸟会教它如何飞翔（信天翁很不擅长飞翔），之后小鸟就要独

---

① 夏威夷群岛一直是太平洋上物种灭绝的重灾区，因为人类带去了很多猫、狗、老鼠、猫鼬等动物，大大减少了海鸟的数量。最近的一项实验在欧胡岛西端、卡恩纳角的咽喉处设置了一段半英里长的防鼠栏，于是出现了新生命的大爆发，并有大量一度少见的黑背信天翁回归此地繁殖。和日本短尾信天翁的事例一样，这个实验说明，凭借努力和想象力，人类造成的一些破坏有时是可以挽回的。

自生存了，每天都会在海面上寻寻觅觅，从阿拉斯加一直西飞，不停地寻找食物。

直到19世纪80年代，鸟岛都少有人烟，只有船只失事的水手会来这里避难[1]。但随着后来天皇权力的恢复，整个日本经济大振，这座小岛上也多了很多不畏艰险的渔民，他们在这里收集信天翁的鸟粪做鱼肥。1902年他们因火山爆发全部丧生（这次灾难非常严重而且十分罕见，登上了《纽约时报》的头版），之后再也没有人来此生活。

但这里有很多信天翁的消息很快传开了，之后几十年猎人们纷纷来此捕猎。接下来的半个世纪中，日本出口了大量的羽毛：翎毛被做成了笔，翅膀和尾巴上的毛被用于装饰，腹部的羽毛成了垫子填充物。而且信天翁很容易猎杀，日本人叫它"傻鸟"，因为猎人去抓它们的时候，它们只会淡然地站在鸟巢里一动不动。据美国政府统计，在20世纪的头几十年中，鸟岛上共有500万只信天翁被捕丧生——猎人们直到信天翁几乎一只不剩的时候才收手。

1940年，鸟岛上的信天翁只剩下50只了，到1951年只剩10只了，再过5年，人们普遍认为这种信天翁已经完全灭绝了。日本政府终于意识到这种情况，感到震惊而又羞愧，立即把信天翁列为"自然珍宝"，并且亡羊补牢地把捕鸟列为违法行为，并严格禁止人们登陆鸟岛。岛上还残存着几只鸟，但它们的处境也岌岌可危，几乎注定了悲剧收场。

这时，年轻的鸟类学者长谷川博决定，要用自己的余生来保护这种高贵的海鸟不受灭顶之灾。他当时还在东京的东邦大学念研究生。他获准前往鸟岛，并在之后30年中采取了种种办法，保护、维持并最终扩大了信天翁的繁殖地，让一切回归了正常。

原来，短尾信天翁是被自己的愚蠢给害了。南大洋的漂泊信天翁将鸟巢筑在南乔治亚岛附近平坦、相对有保护的岛屿上，而短尾信天翁则不同，它

---

[1] 最早到美国生活的日本人中有一个人叫中滨万次郎。1841 年，他在鸟岛遭遇事故，被美国捕鲸船搭救，带回到马萨诸塞州的新贝德福德。之后他在美国上学，学习了英语，后来在日本被迫对西方开放后回国做了一名翻译。他很可能是第一个乘坐火车或蒸汽轮船的日本人，也是第一个参与加州淘金热的日本人。

们匪夷所思地喜欢在活火山陡峭的山坡上筑巢。它们交配、筑巢、下蛋，但没过多久蛋就顺着山坡滚到了海里。因此幼鸟的死亡称不上信天翁数量锐减的主要因素，因为能顺利孵化的鸟蛋太少了。

长谷川博试图改善这种状况，首先在它们筑巢的山坡上种草，仅仅一个季度信天翁孵化率翻了一倍——由于火山上土壤肥沃，这里的亚热带气候又很温暖，草的生长速度极快。但这只能持续一个季度，下一个季节来临，暴雨如注，泥流会把一切都冲走。虽然没有猎鸟人，信天翁的数量还是锐减。而且之后年年如此。

但长谷川博没有放弃。日本政府资助他在山坡上修了一些梯田保护海鸟。鸟的数量因此又再次上升，随着梯田的增加，情况越来越好。但是，这个地点并不理想，而且需要人持续干预，且费用高昂。于是长谷川博想出了一个更激进的方案：他要把信天翁引到海岛另一侧，一个更理想、更平坦、更安全的繁殖地去。他要让这些傻鸟改变头脑，如果改变不了的话，至少能改变习惯。

他找到了一个新的平坦些的地方，手工绘制了几十只实物大小的假鸟放在草丛中。他又藏了一些播音器，用来播放信天翁求偶时的叫声。他仿佛一夜之间变成一个街头艺人，耍着种种花招招徕顾客，从而达成自己的目的。

这招确实有效。几个小时后，天空中出现了不少雄性信天翁的身影。一些落到地上，一些开始表演信天翁特有的奇怪的求偶舞（头冲天空，拼命把喙咬得咔咔作响）。之后雌鸟也赶来了。爱情就此萌发，信天翁们选好伴侣，开始交配。下了蛋，蛋稳稳地留在原地，开始孵化。幼鸟长了羽毛，学会飞翔，就被推出草丛，进入天空。年复一年，越来越多的信天翁翱翔在北太平洋的上空。

之后，筑巢基地也慢慢拓展到日本的其他岛屿。

2012年8月，长谷川博参加了在新西兰威灵顿举办的第五届国际信天翁和海燕大会。和这个领域中的很多人一样，他温和而谦逊，站在观众面前宣布已有3000只信天翁生活在鸟岛。从斯卡格威到上海，从中途岛到诺姆，都有信天翁在海浪上方翱翔。他预计信天翁很快可以正式脱离濒危物种的行列了。长谷川博在会上递交的论文标题为"成功！"，大会参与者纷纷为这个好消息起立鼓掌。这一切都来自于这个为太平洋的野生动物无私奉献之人所付出的心血。

大洋垃圾场

当然，信天翁及其他的太平洋鸟类依然面临着威胁，其中主要是来自人类社会的威胁。它们可能被捕鱼的网线缠住，被泄露的石油毒杀，或遭人类无意之中带入的哺乳动物（主要是老鼠）袭击。它们所遭受的各种痛苦中，最触目惊心的要属误食海洋中的塑料碎片。最近发现，太平洋中的塑料碎片数量惊人，随着洋流运动，形成了可怕的"太平洋垃圾带"。（"太平洋垃圾带"是一个富有想象力的说法，指的是旧金山和夏威夷之间的北太平洋中的一块区域，这里聚集了大量肉眼勉强能看到的人造塑料微粒。它的发现促成了很多限制海洋污染的重大举措。）

2014年秋，我在堪察加半岛的一个海滩上散步。这是一个一英里长的沙洲，一侧是鄂霍次克海，另一侧是水流缓慢的河口，身后是草地、灌木和松林，正是这个偏远角落的典型地貌。这天天气清冷、阳光普照，海上泛着白色的浪花，只是寒风凛冽，必须要走动起来才能暖和些。

我们一行人都在不停地走走停停——收集潮水冲上来的各种漂浮物。当然，有不少是长短各异、十分有趣的浮木，也有老旧磨损的绳圈，还有被冲刷得滑溜溜、灰蒙蒙的瓶子。但大家最想要的是一些空心小球。这些小球每个直径4英寸，随机地散布在海滩上。这是日本渔船用来固定渔网的浮标，有些由黑色塑料制成，有些是机器切割的玻璃球，还留着模具留下的缝线。但最受青睐的是人工吹制的那些，每一个都不一样，都有些微的瑕疵。制成以后，它们在海面上漂荡几十年，挺过了千百次的暴风雨，最后被捕鱼船船长切断散开，漂洋过海来到了这里。每当我们中有人找到一颗这样的小球，就会像郊游的孩子般发出惊喜的尖叫。

一直以来，海上的漂浮物都被认为有着迷人的魅力。有的时候——之前我在航海时就碰到过一次，不过是在另一片海上——你会撞到一个半没在海里的集装箱，弄坏了你的船，于是你忍不住破口大骂。但多数时候你找到的是玻璃浮标、橡皮鸭，最棒的是装有纸条的漂流瓶，这时候总会心下暗喜，感到大海送来了一份小小的宝藏——在我们心目中，这似乎本就属于大海的天职。

1999年，一切都变了。一名水手横穿夏威夷和北加利福尼亚之间的海域，声称发现了一大片塑料漂浮物的垃圾场。他说自己看到了瓶子、轮胎、牛奶箱、破损的船体、玩具、旧渔网等等，多到简直可以让人踩着垃圾走在海面上。设于阿拉斯加奥克湾的美国国家海洋和大气管理局有三位科学家表示他们毫不惊讶：他们在10年前就曾发文称，再不及时制止船只随意倾倒垃圾以及陆地上滥用不可降解塑料的行为，所有的杂物都会在太平洋环流的作用下集中到一个垃圾大漩涡中。显然，现在的情况印证了他们当初的警示。

这名水手的故事马上取得了人们的关注。很快，"流涡"（gyre）一词（大洋中回旋运动的巨大涡流，所有大洋都有流涡）和"漂浮物""海上弃物"一样，成了世界热议的恐慌新名词，加入"全球变暖"等控诉人为灾难的语言体系，从此以后在人类的对话中频频出现。但由于大多数人没办法亲身前往流涡验证真伪，故事在大众媒体的渲染下走了样。

垃圾涡确实是存在的。海水采样已毋庸置疑地证明了，太平洋中某一区域里集中了大量有害物质。这一区域被称为副热带无风带，是西风带和信风带之间的平静海域①，位于北回归线以北，从夏威夷岛链东方延伸到美国和加拿大西海岸500英里外的地方。但垃圾涡也好，垃圾带也罢，无论叫什么名字，它其实并没有报道上那么惊人。

---

① 这一段海域过于平静，大大拖慢了船只的速度，于是水手们经过这一带时形成了一种叫"死马"的仪式。就是说，这一段时间的工资需要预付，水手们为表庆祝，会把一个类似墨西哥皮纳塔彩罐的塞满东西的马形玩偶吊起来架到桅杆上，然后扔进海里。所以，对这部分水域的污染已经有很长的历史了。

它的主要组成部分是形似五彩纸屑的细小微粒，悬浮在海水上层几英尺的范围内。大约每平方公里海面有12磅重的垃圾。其实人们基本看不见，但这并不意味着不危险。船只不会撞上它，从空中观察也很可能看不到，也拍不到照片，但确实是塑料微粒。它们体积很小，可能被生活在海洋上层的生物吞食，并进入食物链危害所有相关的生物。如果附近有海岛，海岛沙滩上常常积满了被时间和潮汐筛选出来的较大的颗粒。中途岛上曾发现过一只死亡的黑背信天翁，肚子里塞满了各种各样的塑料垃圾。它的照片引起了广泛的同情和关注。

于是，一个处理海洋垃圾的新型产业诞生了。人们花费大量人力物力进行相关研究。大大小小的船只都参与到清理垃圾涡的崇高事业中，小如JUNK项目中用垃圾制成的一艘帆筏，大如"新地平线"号和"凯撒"号。低空飞机也飞往海面收集垃圾，但常常收效甚微。各种网站纷纷建立（比如5gyres.com），宣传海洋遭受的苦难。终于，公众日渐认识到塑料（特别是无法生物降解、光降解、溶解的塑料）的巨大危害和长期遗毒。从美国国家海洋和大气管理局的预测，到一名水手在太平洋上的发现，改变开始一点点发生。或许，这也将极大地改变全世界人民的行为方式。

海洋保护区

由于海洋范围广阔，也由于公海（现在称为"国家主权管辖范围外区域"，ABNJ）立法困难，有必要建立强大的跨国海洋组织，来应对大规模的环境问题，保护脆弱且时刻变化着的海洋。过去我们缺少这样的组织，因此造成了可怕的后果。例如，1992年，过度捕捞造成纽芬兰鳕鱼渔场崩溃，就是因为没有一个有影响力的机构承担起阻止事件发生的责任。同样，金枪鱼、鲨鱼、海龟、鲸鱼今天仍然没有受到保护，而它们的数量已经岌岌可危，有的在急剧减少，有的则可能灭绝。

很长时间里，人类一直不作为。非政府组织（比如绿色和平、野生动物基金会等）一直在发声，也有着强大的影响力，但它们都没有什么权力。过去很少有国家机构愿意去公海上行使权力。所幸，时至今日，似乎出现了转机。

随着人们越来越认识到海洋生物所遭受的威胁（海洋变暖、酸化、过度捕捞、污染、采矿），现在也似乎涌现出一批善意——或许是真心实意的，又或许只是一时的潮流，还可能是为了过去的环境污染赎罪。无论动机是什么，一批海洋保护区正在世界各地如雨后春笋般出现，尤其是太平洋，近年来不仅看到了现有保护区的大拓展，还出现了新保护区的设立。

美国政府目前正试图运用自己对中央太平洋环境的影响力，宣布这片广阔的海域受到保护，并严格立法，保障生活在其中、其上、其下的生物。小布什执政期间，利用1906年的文物法——这是由罗斯福总统签署实行的一项法案，确保他和他的继任者们能够保护自然资源——美国政府在太平洋创立了四个大型保护区。第一个的名字很长，正配得上它那13.8万平方英里的大面积，叫帕帕哈瑙莫夸基亚国家海洋保护区，坐落于夏威夷的西北部岛屿。另外三个都是在小布什离任之前的两个星期里确立的，包括美属萨摩亚的玫瑰礁、莱恩群岛群中的七个小岛（被命名为太平洋偏远岛屿国家海洋保护区）和马里亚纳的三座小岛。它们保护了十几个无人荒岛和面积20万平方英里的海域不受采矿、钻井、商业捕鱼危害。保护区总面积相当于一个西班牙，其中所有的鱼类、螃蟹、鲨鱼、在泥中筑巢的水鸟、火山、热泉喷口都受到了保护，至少现在如此。

2014年，奥巴马依照已经有一个世纪历史的同一部法案，将70万平方英里的范围加入小布什的偏远岛屿国家海洋保护区，纳入美国的保护。不仅小布什颁布的所有禁令在这些新增区域中适用，而且增加了对金枪鱼捕捞的限制，这不出所料地引发了渔民的愤怒声讨。

在此之后，其他国家也开始跟进。英国考虑保护皮特凯恩岛及其周围三个无人岛一带水域。不过，这样一来需要皇家海军派船守卫，而英国政府无力承担这笔费用。

基里巴斯则已经严格限制其下辖的一片海域中的商业捕捞。基里巴斯的领海范围极广，岛屿散布在赤道南北两侧、回归线东西双边，是唯一一个同属四个半球的国家。在它135万平方英里的范围内，只有10万人口，所以有很广阔的选择空间。

但基里巴斯还面临着一个比过度捕捞更严重的问题：它很可能会在几十年后不复存在。因为不断上升的海平面，基里巴斯似乎正在被淹没。这可能会让它成为史上第一个因气候变化而消失的主权国家。目前，上升的海水已经造成了频发的涝灾，考虑到它的岛礁平均海拔只有7英尺，到本世纪末时它就很有可能完全沉入海水中。

幸好，基里巴斯有自己的"诺亚方舟"。他们在斐济的瓦努阿莱武岛上购买了6000英亩土地。斐济总统表示热烈欢迎，让他们尽管把全部人口迁到南边来。目前，基里巴斯政府在修建沙包堤，并期盼大海能冷静下来，降回适当的水位①。

绿色社区

一边是孤军奋战、惠利世界的无名英雄（例如澳大利亚研究珊瑚的科学家、日本保护信天翁的学者，夏威夷世世代代制作羽毛斗篷的无名氏），一边是同样心怀善意的各国政府，这两者之间还零星散落着另一个不同的群体——富可敌国的所谓"精英阶层"。他们大多是男性，都希望能在地球上留下属于自己的醒目印迹。例如公开表示希望在太平洋上留下痕迹的美国甲骨文公司创始人，热爱大海的亿万富翁拉里·埃里森（Larry Ellison）。2012年，他买下了夏威夷群岛之中的拉奈岛（Lanai）。这座小岛曾是都乐食品公司最大的菠萝生产基地，也是世界上最大的菠萝种植园，但到埃里森购买时已经算是被榨干了，不过依然是一个朴素怡人之地。埃里森希望名垂青史的企图，

---

① 基里巴斯并不是唯一的受害者。据计算，太平洋上有12983座宜居岛屿。联合国政府间气候变化专门委员会的数据显示，如果海平面上升3英尺，这其中15%的岛屿都会被淹没，全世界将有一百多万人需要重新安置。

就从这座小岛开始。

埃里森计划把这座岛变成一个可持续发展的人间天堂。由他派去岛上打头阵的库尔特·松本（Kurt Matsumoto）宣称，他们将把拉奈岛改造成"世界上第一个经济上可行的百分百绿色社区"。如果埃里森成功了，那将会对拉奈岛周围的海域（当然还有生活在岛上的3000位居民）带来莫大的好处。但在他买下小岛后的头几年里，人们并不太相信埃里森能实现这样的愿景，留下他所希望的遗产。

埃里森本是曼哈顿下东区一对未成年情侣的未婚私生子，曾是一名大学辍学生，如今却坐拥惊人的财富。根据福布斯2014年的估算，他的资产价值高达560亿美元。如果这个数字无误，那么他的身价要高于世界上120个主权国家各自的GDP，例如高于乌拉圭340万人的年生产总值。

给埃里森带来财富的，是计算机硬件和让硬件运转的软件。1977年，他用一笔1200美元的贷款创办了甲骨文公司，然后一直经营这家公司直到2014年卸任CEO。和西雅图的微软、库比蒂诺的苹果、山景城的谷歌等很多计算机公司一样，位于圣克拉拉的甲骨文公司也可以说是一家太平洋公司：虽然他本人出生在纽约，之后在中西部接受教育并退学，但他22岁就搬到了加州的太平洋海岸，之后几乎从未离开。

起初有过一阵虚荣的时光。他驾巨艇、开飞机、购买多处海边豪宅，但是近些年来，他展示出了太平洋所鼓励的东西方融合精神，开始向人们传达自己对周围环境的关注。他希望塑造海洋之友的形象，希望被人们视为乐善好施的慷慨之士。2004年他捐出了1.05亿美元，占他所有财富的1%。而后来他表示自己将在离世之前捐出95%的财富。

他住在一套日式的房子里，拥有一个日式的花园。他吃日式料理，着迷于日本文化。购买拉奈岛花了3亿美元，这对他来说只是一个小数目。所谓"拉奈"，在夏威夷语中意为"峰"（hump），因为从5英里外的毛伊岛（Maui，这座岛要有趣得多）看去，拉奈岛上唯一能看到的就是那座休眠的火山。拉奈岛面积总计9万英亩，约141平方英里。埃里森本想全部买下，但部分土地的所有权在岛民手上，部分土地一直属于夏威夷人。因此，他只购得了8.7万英亩，包括所有的菠萝园、海滩、山、码头、教堂，以及两家每年都巨额亏损的超大型豪华酒店。他还买下了海岛航空，这是往返于拉奈岛和火奴鲁鲁之间的一条小航线。他希望能以此吸引富豪光顾拉奈岛。

菠萝乐园

乍一看，拉奈岛现在并没多少吸引力——其实本来也没有。在欧洲人过来之前，有关这里的传说全是吃人的怪兽、吃尸体的恶灵、让人做噩梦的山神；海岸边全是沉船的残骸，岛上到处散落着坟墓，埋葬着被放逐到此处的夏威夷贵族。第一个来此殖民的欧洲人是一个摩门教的传教士，由于种种原因后来这座岛就被拍卖，詹姆士·都乐（James Dole）便用低廉的价格买下来种菠萝。

如今已经废弃的种植园里依然留下了不少当年农业生产的痕迹。70年来，岛上的6000英亩耕地全部种着菠萝。（其余土地基本是陡峭的山坡树林，生活着叉角羚、摩弗伦羊、野猫、鹿等动物，还有数以千计的异叶南洋杉。这种树在帆船时代备受英国皇家海军青睐，常用来做帆船主桅。海岛的其他地方环绕着陡峭的珊瑚峡，虽然壮丽却没多大用处。）

拉奈岛形如泪滴，拉奈城便在其中心，地势较高，阴凉舒适。小城中阡陌纵横，完全是一个企业化的城市。一排排铁皮顶小屋里住着菲律宾来的种植园工人，大一些的建筑里住着监工的日本人和西方人。在所有西方人管理者中，人们印象最深刻也最痛恨的是H.布鲁姆菲尔德·布朗（H. Broomfield Brown）。此人每天骑着马登上山顶，在山顶上举着望远镜扫视下方的林地。如果发现哪个顶着宽边帽、戴着护目镜的菲律宾工人在偷懒，他就会驾马飞驰而下，穿过红砖土路，奔到那家伙面前痛骂他一顿，可能还会让都乐公司扣他工资。如果屡教不改，工人就会被赶出都乐公司的宿舍，被送到都乐公司的码头，带回夏威夷主岛，最后可能被遣送回马尼拉。

对卖力工作的人来说，这里的生活则相当不错。"工人过得好，菠萝长得好"，这是都乐公司多年的信条。公司提供免费的学校和医疗，还有专人负责打理住宅区的草坪和花园，让拉奈城尽可能漂亮一些。这样一来，整个岛上有了一种乌托邦的氛围。每天有100万个菠萝运出。但菠萝的种植成本越来越高：工人组织了工会；灌溉所需的淡水紧缺；电是用水下电缆从毛伊岛传输过来的，收费很贵。到20世纪80年代，厄瓜多尔和菲律宾开始种植价格较低的菠萝，都乐的菠萝帝国就陷入了窘境。

最终，一个叫大卫·默多克（David Murdock）的加利福尼亚老人买下了都乐在岛上的全部产业。他给自己建了一所豪宅和一个维多利亚式的兰花园，兰花园中摆放了他收藏的各种珍贵兰花品种。又建了两家超大的酒店，一家在凉爽的拉奈城中，一家在海边。默多克到岛上后，乘一辆马车招摇过市，预备接受种植园工人们的热烈欢迎。他称种植园的工人们为"我的孩子们"。

但默多克很快就厌倦了拉奈岛——讲求实际的商人们常常会厌倦不能给自己创造财富的东西。所以最后是默多克把拉奈岛卖给了拉里·埃里森。埃里森花3亿美元获得了岛上除兰花以外的几乎所有东西。不过，他得到了空的兰花园，之后自己把它不断充实。但默多克还保留了一样权利：他当时对能源领域很感兴趣，于是在海岛东北角的海岬上建了一座风力发电站。

试验田

从2012年夏天开始，埃里森差不多可以随心所欲地在拉奈岛自由行动了。2013年，他正式宣布了自己的计划。他说，他的小岛将成为"一片可持续发展的试验田"。甲骨文公司表示，这项计划"概念清晰、视野远大、实施复杂"。

拉奈城要扩大3倍，人口要增加到1.2万；要建太阳能电站实现自主发电，不再依赖毛伊岛输送。他们从加州大学圣地亚哥分校聘请了一位叫拜伦·沃舍姆（Byron Washom）的专家。此人自称"太阳能预言家"，他将为拉奈岛设计一个微电网系统，利用计算机控制，帮助拉奈岛根据需要在太阳能、水能、风能三种可再生能源间切换①。发电所需的关键——淡水，将由一个大型海水淡化工厂利用海水来制备。原来的菠萝园将会改建成有机蔬菜农场。农场将使用滴灌技术，能生产大量蔬菜，并出口到日本赚取外汇。他们还计划种葡萄，并在岛上建一个葡萄酒厂。岛上居民将驾驶电动车。还会出现大学分校、更多豪宅、电影厂、网球学校。机场要增加一条跑道，度假酒店也要再加一个。

虽然不能指望整座岛能马上焕然一新（其实一些人曾经这样指望过，有一阵子，埃里森一直被塑造成拉奈岛期盼已久的大恩人，几乎成了救世主一般的形象），但一些人注意到，3年过去了，变化并没有想象中那么大。的确，两家原有的酒店正在翻新，一些豪华的新房子也建了起来。大卫·默多克关掉的一家公共游泳池又在2014年重新开放了，赢得了广泛的赞誉。岛上的小电影院也焕然一新，还能看得上电影首映，而且人气极高。

但本来要给一家酒店餐厅供应有机蔬菜的滴灌菜园被火鸡给霸占了，看来火鸡和酒店的食客一样，也很追捧有机食物。而除此以外的其他农业实验项目都还未开展。岛上的居民和普拉玛拉奈公司（Pulama Lanai，埃里森在当地设立的管理公司）为海水净化厂的事情僵持不下，因为很多人担心这会影响他们本就非常有限的饮水。这使得净化厂的建设迟迟无法开始。最近发表的机场建设声明上，也只说会增加一条跑道。风力发电厂的事也还没提上日程。

"埃里森先生没了踪影。"当地一家报纸的主编这样评论道，"他还有其他事情要忙，似乎已经把我们抛在脑后了。"

不少居民公开抱怨自己被蒙在鼓里。2015年初，一些原本充满希望的居民也开始担心，或许对于那个远在他乡的大鳄来说，拉奈岛不过是个昂贵的

① 这套自给自足的微电网系统让加州大学圣地亚哥分校大出风头，但这项时尚的新科技只获得了有限的成果。2011年曾发生过一次全州范围的停电事故，大学的微电网花了5个小时恢复供电，而圣地亚哥市则用了13个小时。在这样的背景下，人们最初相信这样的一个微电网将会成为"黑暗大海上的一座光明岛"，但这种想法没有实现。沃舍姆希望，经过10年的改进之后，拉奈岛上的这次尝试能更成功一些。

玩具，并没什么大不了，完全可以弃之如敝屣。

　　但埃里森仍然拥趸无数。首先是他的员工，他们十分忠诚，严守保密协定，拒不谈论公司的计划。另外还有一位已经退休的心理医师，名叫亨利·佐利克（Henry Jolicoeur）。他是法裔加拿大人，现居温哥华，经常录制视频赞美埃里森和他的种种事迹，并犀利攻击任何胆敢批评他的人。曾有一篇报道说，埃里森让人驾驶快艇跟在自己的游艇后面，沿途捡他在甲板上投篮弄丢的篮球，这让佐利克大为光火。

　　夏威夷岛链另一座私人所有的岛屿是尼豪岛，1864年被夏威夷国王出售，从那以后一直为购买者的后代罗宾逊家族所有。尼豪岛非常穷，原住民大约有130人，其中不少人都接受政府的救济。岛上没有广播，也没有电视，没有电力系统和电话，只有一所小学里有太阳能供电。罗宾逊家族在当地主营农业和养蜂业，但收成很差，多数居民都只能勉强种点粮食糊口。

　　相比之下，拉奈岛土地富饶，风景宜人，不至于沦落至如尼豪岛脏乱、贫瘠、一棵树也没有的地步。究竟能不能实现计划中的可持续经济还不好说，但至少人们在做这样的努力。而且，这也让这里原本被忽略的环境问题受到了关注，让拉奈岛和大堡礁、日本的鸟岛、太平洋中央的很多环礁一样，从岌岌可危的无闻之地，变成了我们积极关注的焦点，成了我们终于开始关心的地方。

第 3 章

幸运之国

……澳大利亚！你是成长中的孩童，
终有一天将成为统治南方的伟大女亲王。

查尔斯·达尔文
《小猎犬号航海日记》（*Voyage of the Beagle*），
1836年

澳大利亚是一个幸运的国家，
却主要是被一群一般国民统治着，
让他们分享了这份幸运

唐纳德·霍恩（**Donald Horne**）
《幸运之国》（*The Lucky Country*），1964年

解雇门

1975年休战纪念日[1]，一个温暖和煦的春日下午，当时的澳大利亚总理突然被炒了鱿鱼，炒他的是万里之外的英国女王在澳大利亚的代理人——澳大利亚总督。人们至今铭记着那个瞬间，从珀斯（Perth）到悉尼，从霍巴特（Hobart）到达尔文，无不对此津津乐道。人们简洁精当地把这次事件称为"解雇门"。和水门事件、闪电战、大海啸一样，描述上的精简反倒暗示了事件的重大。

这是一种前所未有的情况，无论是当时的情形还是之后的后果都令人记忆犹新。对于已经在低迷的政局中挣扎已久的澳大利亚来说，这实在是这出戏剧的高潮。这出戏的主演就是那些暴躁狂妄、装腔作势、贪恋权力的死板政客。没有人能全身而退：当争斗的硝烟散尽，人们找不出一个赢家——这也是理所应当。

但这标志着澳大利亚的一个转折点。对于这个世界上唯一一个独占了整片大陆的国家，同时也是一个年轻的国家来说，这是一份迟到的成年礼。如果说，这个2200万人口的国家如今在新的太平洋生活中扮演起了重要角色——但其实无法确定它是否真有这个意愿——那么，这个11月的瞬间便是一切的开端，因为这一次相当滑稽的事件宣告着遥远的大英帝国正逐渐丧失对其海外领地的影响力。

那天被"解雇"的这个人名叫高夫·惠特拉姆（Gough Whitlam），他满头银发、仪表堂堂、气场强大，是一名能言善辩的律师，兼具不凡的魅力和火

---

① 指"一战"休战纪念日，11月11日。——译者注

爆的脾气。之前25年澳大利亚的政治更迭并不体面①，而惠特拉姆带领的工党从1972年开始执政。这时是他任总理的第三年，他的一系列政策已经在澳大利亚激起了层层震波。上任第10天，他就任命了一位同僚掌管所有政府部门（惠特拉姆称之为"二人同治"），终结了征兵制度，并释放了因逃避兵役而入狱的人。他支持男女同工同酬，增加了办学经费，并保障澳大利亚原住民的土地权利。

对外，他同意巴布亚新几内亚独立；对内，他继续大踏步走在自己的改革之路上，大刀阔斧地整改国家的运作体系：推行全民医疗、免除大学教育费用、通过无过错离婚法、规定18岁享有投票权及一系列激进的税收改革措施。

他取消了英国的授勋制度。长期以来，英国皇室可以给澳大利亚公民授予骑士爵位和勋章，但是现在，澳大利亚人很享受他们的无阶级社会，对贵族头衔不再感兴趣了（该制度又于2014年恢复）。在惠特拉姆的领导下，澳大利亚还放弃了英国国歌《天佑女王》。最终取而代之的是平淡乏味的《前进，美丽的澳大利亚》，而不是欢快的传统曲目《丛林流浪》（Waltzing Matilda）。

骄傲的国民将澳大利亚视为"上帝的国度"，但他们从来没有见过这种事：政治家当选后竟能不折不扣地完成自己在竞选时承诺的政策，而且进度很快，几个星期的工夫就扭转了澳大利亚的社会气象——惠特拉姆的口头禅是："破釜沉舟，速战速决。"（crash through or crash.）在具有实干精神的澳大利亚工人"伙计"和他们的配偶群体中，惠特拉姆人气高涨，曾一度被广泛认为是澳大利亚有史以来最优秀的总理。

但好景不长。他所取得的成就，不少是以纳税人的利益为代价，为日后的政治灾难埋下了伏笔。再加上受欢迎的政治家往往得意忘形，灾难的降临也就为时不远了，而且与金钱扯上了关系。

---

① 他之前的几任总理如今在国际上已很少有人记起，或许只有罗伯特·孟席斯（Robert Menzies）例外。此人曾两度当选，共任职18年。他的继任者是1966年当选的哈罗德·霍尔特（Harold Holt）。霍尔特被铭记的原因有些特别：他在墨尔本附近海域中游泳时突然失踪，遗体一直没有找到。随着他被宣告死亡，其在澳大利亚的执政也就结束，一段漫长的政治生涯就此画上了悲剧的句点。他被视为澳大利亚穿着最体面的政治人物之一。

具体来说，是一项开支计划触发了惠特拉姆政府的滑铁卢。

1974年底，由于世界石油危机和随之而来的经济动荡，惠特拉姆发起一项决议：加强开发澳大利亚自身丰富却无人问津的能源储备，从而避免再受能源问题侵扰。具体来说，需要开发一些新的大型矿藏，发便开采煤和其他矿藏，还要建立一条巨大的天然气输送管道，为东南部漫长的货运铁路网提供电力。所有这些建设需要耗费惊人的40亿美元。这样的天文数字完全符合惠特拉姆政府一直以来豪气冲天、大手大脚的形象。

能源部长原本是一名二手车销售员，在财政方面并不擅长。他在一次深夜的鸡尾酒会上听说，有个在伦敦的亚洲商人可利用自由流通的石油美元贷放这笔经费。而且，这个商人所要的利息很低，只要给他1亿美元的手续费就行。

在这位部长看来，这个办法不仅方便，而且很"公平"。所谓公平，是指澳大利亚可以拿回过去付给OPEC（石油输出国组织）和其他那些哄抬原油价格、导致全球深受其害的石油交易商的一部分美元了。虽然伦敦那边已经提醒过他，这个商人就算不是骗子，也绝对不可靠，但这位部长没有意识到任何不对劲，于是，秘密谈判开始了。

由于澳大利亚的媒体孜孜不倦地追踪渎职事件，这些秘密谈话势必会曝光。惠特拉姆的政敌们便嗅到了"血腥味"。墨尔本的一家报纸刊登了一些直通电报，表明那位汽车销售员部长对议会瞒报了谈话内容。虽然他因此被立刻解职，反对党们［由牛津毕业的政坛新秀马尔科姆·弗雷泽（Malcolm Fraser）领导的反惠特拉姆党联盟］还是不依不饶。他们充分利用优势，提出了一个简单的威胁：惠特拉姆必须举行大选——这时大选他有可能会落败；但如果他不举行大选，参议院今后将拒绝批准政府执政所需的一切预算。

惠特拉姆高傲固执，拒绝投降。于是，弗雷泽也说到做到，号召议会同僚切断政府的资金流。这场危机生死攸关，却也简单。由于澳大利亚政府是按照独一无二的英国体制运行的，这时唯一的解决方案也是独一无二的英国办法——由女王来裁决。虽然女王远在地球另一端，但她有宪法上的角色需要扮演。由于惠特拉姆拒不让步，女王的介入势在必行。

但也不必女王本人。女王在澳大利亚有一个代表。此人名叫约翰·克尔（John Korr），是以前悉尼一名锅炉制造商的儿子。他胖乎乎的，有着狮子般的威严，经过澳大利亚教育系统的一路培养，成了澳大利亚最杰出的劳动法律师之一。更添讽刺的是，任命他为女王在澳大利亚的代表，即澳大利亚总督的人，不是别人，正是现在处于纠纷中心的政治家——高夫·惠特拉姆。

在澳大利亚，总督地位崇高，形象高贵，总是穿着精美的制服，佩着各式各样的勋章，并享有私人旗帜和徽章、不需要车牌的豪华轿车车队、一支舰队，还有私人飞机、两栋陈设豪华的别墅和一众仆从。庞大的英联邦共同体遍布世界，总督便是共同体制度下一种特别的设置。当今设有总督职位的国家，以前都是英国的殖民地，独立以后继续选择以英国女王为国家元首。也就是说，它们没有选择成为共和国，没有自己的总统，没有本土的国家元首。整个太平洋范围内曾有很多这样的前英国殖民地，但其中只有四个（澳大利亚、加拿大、新西兰、所罗门群岛）仍然把英国女王当作国家元首，所以这些国家仍有总督，作为女王在当地的代表。

而在所有总督之中，只有一位，也就是澳大利亚的第18任总督——1975年时尊号全称为"澳大利亚骑士勋章获得者，圣米迦勒及圣乔治大十字勋章[1]获得者，皇家维多利亚大十字勋章获得者，皇室法律顾问，堪培拉政府总督府和悉尼海军总督府约翰·罗伯特·克尔爵士阁下"——有勇气行使总督府保留的最高权力，并因此震惊了世界。

断头台

澳大利亚总督通常都是白人男性，1965年以前都是"尊贵的"英国公民，

---

[1] 圣米迦勒及圣乔治大十字勋章（GCMG），是英国一项传统上授予英国及英联邦外交官的骑士勋章。勋章分三个等级，从低到高依次为 CMG、KCMG 和 GCMG；人们常常调侃说（可能有些刻薄）它们的首字母分别代表的是"叫我上帝"、"请叫我上帝"，以及"上帝也叫我上帝"——约翰·克尔爵士便是最后这种。

目前只有过一位女性（名叫昆廷），从未有过澳大利亚原住民。正常情况下，总督只需要穿上华丽的服饰在公开场合露面即可。理论上说，总督是澳大利亚的元首，因此也会接见外国大使，代表国家出访海外，并且是三军总司令。

此外，理论上说，虽然作为英国皇室的代表，必须执行皇室的意志，但总督也可以作为澳大利亚人行使自己的一些权利。而且这权利还不小，最要紧的是有所谓的保留权利，其中之一就是可以在宪法规定的情境下，解雇在任总理。

约翰·克尔爵士行使的就是这一项权利，而且行使对象正是当初任命自己的人。1975年11月11日星期二，午餐后不久，他就投下了这枚"炸弹"。

依照惯例，这一天也会是繁忙的一天：这是地球另一边的安哥拉从葡萄牙统治下独立出来的日子；也是1880年澳大利亚绞死本国最著名的罪犯——身着铠甲的丛林大盗奈德·凯利（Ned Kelly）的纪念日；同样还是数百万人静立默哀，纪念世界大战死难者的日子。

但是对于这一次的澳大利亚危机来说，这个日子将会深深刻入当时每一个澳大利亚人的脑海中。因为没有人想过，这样的事情会发生、能发生。

惠特拉姆和弗雷泽已经明争暗斗了好几天。在这个星期二的上午，惠特拉姆表态，如果还没有资金，他最终会举行大选。他给克尔打了电话，正式预约见面，告诉他这个决定。但克尔决定先发制人，采取行动——因为他很清楚，惠特拉姆很可能会给白金汉宫致电，要求女王撤销他的总督之职，惠特拉姆完全有权这样做。所以，在他看来，自己别无选择，只能先行一步撤掉惠特拉姆的职务，以免惠特拉姆对自己不利。他也因此给反对党领袖弗雷泽打电话，让他立即秘密来总督府报到。这种狡猾的权术，也让人们印象深刻。

所以，当高夫·惠特拉姆迟到15分钟，毫无怀疑地前来赴约时，弗雷泽已经在总督府了，正小心翼翼地躲在外面的一个房间里。惠特拉姆被引进克尔的书房，说自己已经准备好了文件，要举行人们期待已久的大选，请总督签名。克尔说，在看文件之前——其实他也没法签，因为资金流不恢复，没有办法举行选举——能不能请惠特拉姆读一读自己给他的那封信。惠特拉姆坐下来读起这份只有四段话的文件，表情越来越惊愕：

"亲爱的惠特拉姆先生……根据宪法第64条……"信件开头如此写道，接下来是类似殖民时代那种高高在上的官样话，目的在于正式批准"你及你的各部同僚解职……深表遗憾……"，最后，是一句盛气凌人的结尾："我拟请反对党领袖组织新的代理政府，直至举行大选。"

澳大利亚的政治史上从来没有过这样的事情，实际上，在其他任何现代国家也很罕见。这可以说是现代版的推上断头台：突然、迅速，而又戏剧化。

舆论一片哗然。惠特拉姆首先试图致电白金汉宫，要求反过来把克尔撤职。但此时伦敦正是凌晨2点，没有人接听电话。惠特拉姆狂怒之中离开了总督府。一直静悄悄等在前厅的弗雷泽这时被引进克尔的办公室，然后被告知，只要他愿意打开钱袋，让资金流恢复，就可以接任澳大利亚的总理。弗雷泽同意了，写了一封信并署了亲笔签名，当天午餐过后不久就正式宣誓就职了。

没过多久消息就传了出来。广播台紧急插播了新闻，民众开始聚集。人们普遍认为一定是弗雷泽耍了阴招，纷纷向他在墨尔本的政党总部窗户上扔石头。码头工人立即组织罢工，全国的所有港口顷刻间关闭了对外贸易。澳大利亚的一切停摆。人们都在谈论"政变"。惠特拉姆发表了一篇极具煽动性的声明，敦促支持者们"保持愤怒"。首都堪培拉一片混乱，群情激奋之中，有人要求投票选举，有人发表声明。众议院拒绝弗雷泽举行大选，拒绝延长议院会期，直到参议院接受权力交替，通过资金供应的法案，让整个国家重新开始运转起来以后，立法机构才多少冷静下来。

戏剧的最后一幕在议会的台阶上上演。茫然无措的惠特拉姆，身边簇拥着几十个留着厚鬓角的记者（这是20世纪70年代，毫无疑问他们还穿着喇叭裤），听着毫无笑容的政府官员大卫·史密斯冷冰冰地宣读总督的正式公告。惠特拉姆顶着自己的银发大背头，直挺挺地站着，维持着执政官的形象，直到史密斯用"天佑女王"结束了发言，也结束了他的执政官身份。惠特拉姆站得更加挺拔，对着麦克风说出了那句名言："我们是得说'天佑女王'，因为任何事情也保佑不了总督。"

接下来是各种各样的骚乱、游行和抗议——"我们要高夫！"——持续了几天。但结果还是一样。第二个月选举完成，弗雷泽以压倒性优势胜选——是目前为止澳大利亚史上得票率最高的一次，并且连任三届总理，直到1983年。

尽管惠特拉姆曾一度痛骂马尔科姆·弗雷泽是"克尔的走狗"，但两人却在这次事件后成为莫逆之交。2014年惠特拉姆去世时，弗雷泽对他极尽溢美之词（弗雷泽本人也在几个月后，于2015年去世）。惠特拉姆确实是一位德高望重的政治家，在三年执政期间永远地改变了澳大利亚。"他有着作为澳大利亚人的身份意识，"弗雷泽说，"他心怀独立的澳大利亚的愿景。他对我们的国家有着崇高的理想。"

其他几位前总理也都认同这一点。其中一位总理鲍勃·霍克（Bob Hawbe），评价其为"真正的国际主义者和区域主义者"。"他帮助澳大利亚赢得了世界的尊重。"另一位总理保罗·基廷（Paul Keating）说，"我们的国家本已非常接近南非那种由于种族歧视而遭受的边缘化——是高夫·惠特拉姆把我们解救了出来。"

另外，克尔本想提醒澳大利亚，他作为女王的忠臣，仍然能代表女王对这个千里之遥的国度行使最高权力。而在很多人看来，"解雇门"最终实现的效果背离了克尔的本意，因为从此以后，澳大利亚总理的地位被大大提高，伦敦的权威反倒淡化成一种模糊的概念。作为联邦首都，堪培拉的权力大幅扩充①，而各州各区间各种无休止的争端逐渐弱化成了无聊的喧扰。

同时，澳大利亚是太平洋的一部分，是这里的一支地区势力，这一点也越来越明显。澳大利亚人决心永远不再让"解雇门"一类的事件发生，这样的呼声激发了国家荣誉感，赋予了澳大利亚一种力量，推动它在世界范围内提升自己的国际地位。

不幸的约翰·克尔本人则在接下来的日子里成了众矢之的。无论是应邀

---

① 不过，堪培拉没有国际机场，这在世界上几乎绝无仅有。就连渥太华也有国际机场；不过摩纳哥、列支敦士登、安多拉、梵蒂冈也没有国际机场。太平洋上的托克劳群岛甚至连机场也没有，但是它本身也没有首府，而是把行政总部每年轮流设在三个主要岛屿上。

剪彩还是给大楼奠基，他几乎在出席任何一个场合时都会遭到抗议者的围攻或嘘声。他先是借酒消愁，后来逃去了伦敦，在凄凉和鄙夷中度过了晚年。1991年他去世后，家人没有声张，悄悄地把他下葬，为政府免除了是否要举行国葬的烦恼——和1975年高夫·惠特拉姆在位时一样，这时又是工党执政，几乎可以肯定，他们不会把这样的荣誉给这个几乎是澳大利亚近代史上民怨最大的人。

国家的形象

如果说1975年的危机是一个方便的时间标记，标示出澳大利亚作为太平洋上一支地区力量的崛起，那么20世纪70年代中期还有一件事也可以说具有一定的意义。此事没有解雇门那么具体，不太好定义，但仍然有很高的辨识度。因为它在当时——或许只是非常粗略地——可以说是促成了一种全新的澳大利亚时尚、一个文化现象，而且（终于！）让澳大利亚得以在世界上崭露头角，昂首阔步。

大概就连澳大利亚最狂热的爱慕者也要承认，时尚这种东西，在战后那几年的澳大利亚不怎么显眼。毕竟，这个国家几十年来一直处于文化劣势，似乎总觉得自己文化缺乏特色，除了运动以外在其他方面绝不可能有任何出众之处。那时候提到澳大利亚，说来说去无非是这些陈词滥调：肉饼、肮脏的小酒吧、袋鼠猎人、永远的古铜色肌肤、内陆的原始腹地、街头混混、野蛮版足球、茅厕里的毒蜘蛛、澳新军团饼干、维吉麦（Vegemite）咸味酱和拉明顿蛋糕、苦啤酒、原住民、烤肉、板球、兄弟情谊、白澳政策……

但如果有人胆敢批评这些东西，或者对它们的存在汗颜，那么还有一个不可否认的事实能抵消所有这些问题：澳大利亚人在"一战"中非凡的勇气和决心，参战的男男女女对于祖国那种纯粹的悲哀的深情。在加里波利半岛上，为倒在土耳其机枪下的澳大利亚八千英魂所立的一座座庄严的纪念碑，清清楚楚地证明了这一点。路过的人会发现，这里没有大理石镶金的墓穴，只有一张张小卡片静静靠着低调的墓碑。很多卡片是母亲们留的，或是在她们负担不起路费、不能过来时由朋友代为悼念的。"你尽了力了，儿子！"卡片上写着类似的话。也有些留言是从家乡来的当年战友写的："好样的，比利"，或者"干得好，杰克"。

"真是个善良的国家。"到过澳大利亚的人，尤其是看过这万里之外的纪念碑的人，都会这样说。一个善良、友好的民族。不时尚就不时尚吧！

但是到20世纪70年代中期，一股新的风潮兴起了。或许一开始还有些羞羞答答，但它终将取代老一套。澳大利亚开始呈现出新的面貌。1974年，相距不过几个月时间，就出现了两个标志性的情况：一个是完全讽刺性的，提醒着外界旧式的澳大利亚做派仍然根深蒂固；另一个则完全不带讽刺，而是实实在在、兴高采烈地推崇新作派。

这第一个——必须强调，是很明显带着讽刺意味的——就是澳大利亚人的典型代表意外出现在了世界舞台上。即令人难忘的澳大利亚外交官莱斯利·科林·帕特森爵士（Sir Leslie Colin Patterson）——或者按他常常和蔼地提醒观众们所用的简称：莱斯·帕特森。

我第一次见到莱斯爵士是在1974年秋天。当时他在豪华舒适的文华酒店发表了一番演讲，正式宣布自己被任命为澳大利亚在远东的文化参赞。借用一位评论员的话说，他是受堪培拉正式派遣，来"驳斥对澳大利亚人形象的极大美化"的。他当时不过32岁，但已经能看出来前途无量。

他原本在澳大利亚海关税务署文化部干着一份枯燥的工作，后来借助于学生时代在悉尼南部郊区的塔伦角（Taren Point）所结下的家庭关系，得以解脱出来，坐上了罗伯特·孟席斯政府的"鲨鱼保护部长"的位置。他精明地挺过了惠特拉姆工党政府所遭遇的动荡，成了"抗旱部长"，接下来便被任命为文化参赞，两年后还会被调去伦敦担任同一职务，接下来还将被召回澳大利亚出任奶酪协会主席，继而创办一家私立礼仪学校，之后被授予澳大利亚联邦政府"礼仪规范顾问"的头衔。

即使是年轻时第一次在此地亮相的时候，莱斯爵士的视觉品位就已经非常"突出"。如果我没记错的话，当天晚上，他穿了一套黄色衬线的亮蓝色西装，明显已经有些年头了。他的领带，是从20世纪40年代的黑白电影中流行起来的那种宽大样式，上面有不少年深日久的结了块儿的汤水痕迹。他长着长长的龅牙，染着和手指上一样的焦黄色。他手上仿佛永远夹着一支烟，烟头还挂着已经长得岌岌可危的烟灰条。他的头发又长又油腻，耷拉在洗得不干不净的衣领上。一只鞋上还缺了鞋带。

那天晚上，他似乎已经喝了不少酒，常常会因为饮酒过量而不受控制地表露出疲惫和情绪激动。他最喜欢的消遣——也是他在发表职业生涯中的各种演讲时喜欢做的——似乎是挖鼻孔、大声放屁。简而言之，他是粗枝大叶、不拘小节的传统澳大利亚人的一个夸张呈现，融合了多种社会形象。到了二十世纪八九十年代——这时他依然活跃在全世界——仍然有一些人认为他确实代表了一部分澳大利亚人的形象，虽然不是全部。

当然，莱斯·帕特森完全是虚构出来的，是作家、喜剧家、艺术家巴里·汉弗莱斯（Barry Humphries）创造出来的一个人物。他的另一个化身——埃德娜·埃弗拉吉夫人（Dame Edna Everage），要更可爱、更好接受一些。没有必要过多探讨这样一个当代喜剧的虚构人物，但莱斯·帕特森爵士在诞生之后表演了三十多年，一直到21世纪，绝对是一个深入人心的澳大利亚人的象征形象。而随着这个国家一点点转变为今天这样更加可敬也受人尊敬的角色，大多数现代澳大利亚人在回顾往昔时都希望这个形象能够被人遗忘。

澳大利亚能有今天的角色，很大程度上要归功于一座了不起的建筑的诞生。实际上，它正是这种新角色的象征。而且，这座建筑的竣工，几乎和莱斯·帕特森在舞台上的首次亮相发生在同一时间。这座建筑就是悉尼歌剧院。1973年10月，伊丽莎白女王以澳大利亚女王的身份为其正式揭幕。美国建筑家弗兰克·盖里（Frank Gehry）曾言简意赅地说，这座建筑"改变了整个国家的形象"。

在这一刻之前，澳大利亚没有一座能够让世人看到后脱口而出"澳大利亚！"的国家级建筑。当然，乌鲁鲁（Vluru）耸立着巨大的艾尔斯岩（Ayers

Rock），代表了澳大利亚腹地，代表了广袤和遥远，代表了澳大利亚的原住民和这片大陆的安详平和。但是其他拥有同等规模自然景观的国家，同时还拥有各种人文奇观，例如：美国有大峡谷，也有国会大厦；英国有多佛的白色悬崖，也有史前巨石阵；埃及有尼罗河；也有金字塔，而那时的澳大利亚却没有。

澳大利亚已建成最好的，可以视为补充了其雄奇自然景观的建筑，是横跨在悉尼海港的狭窄入口上的"晾衣架大桥"（即悉尼海港大桥，因外形原因常被比喻为晾衣架）。但这算不上是真正的澳大利亚建筑：悉尼海港大桥是由米德尔斯堡的一家公司建造的，主要由从英格兰运来的钢铁建成，所以它更像是一座献给英帝国的丰碑。把它说成澳大利亚的标志建筑，显然不妥。

但是看到悉尼歌剧院，看到久负盛名的海港大桥勾勒出它的轮廓，二者相互映衬出无与伦比的景观。看到它那一簇优雅的白帆、一层层高耸的贝壳，仿佛漂浮在海港熙熙攘攘的蓝色水面上，就是在欣赏建筑史上最精彩、最华丽的浪漫瞬间之一。坐飞机到悉尼时能看到它，开车到海港附近时能看到它，在繁华的商业区里，透过摩天大楼的缝隙也能瞥见它。每一次看到它，你都会留意。对这样的建筑不可能视若无睹，它就是一件杰作。

悉尼歌剧院的建造过程绝不平静。在它的建筑传奇中所展现的很多矛盾，也一直贯穿在今日之澳大利亚的形成过程中。在修建歌剧院的几年里，发生了很多戏剧性的故事（还有一个同期发生的可怕悲剧，以及另一桩接踵而至的丑闻）：旧势力和新势力之间、地方主义和全球主义之间、旧派澳大利亚和视野远大的20世纪澳大利亚之间都爆发了艰难的角力。斗争的过程非常复杂，但结果是美好而值得铭记的，而且似乎是在世界其他任何地方都不可能实现的。

起初一切平静。首先是一个英国人提出需要在国家的文化中心建立一座专门的歌剧院，他就是指挥家尤金·顾森斯（Eugene Goossens）。他出生于伦敦，是比利时一个显赫的音乐世家的后裔。在美国度过了功成名就的20年以后，他于1947年受邀来到澳大利亚指挥悉尼交响乐团。但是到悉尼后不久，他就抱怨乐团的新家、华丽的维多利亚市政厅，虽然有世界上最大的管风琴，但是地方太小了。他坚持道，悉尼值得拥有更好的。它可以成为世界一流的城市，它应该拥有世界一流的歌剧院。

6年坚持不懈的游说终于在1954年结出了果实：当时的新南威尔士州长，曾经做过铁路工人和保险推销员的乔·卡希尔（Joe Cahill），帮顾森斯的提议加了码。他同意撤掉一个市里的电车厂，腾出一块地方建歌剧院。电车厂在一座风景宜人的小半岛——贝尼朗角上，就在美丽的市植物园北边。卡希尔举办了一场国际性的比赛，寻找最佳的建筑设计。来自50多个国家的230多人递交了设计稿，似乎整个建筑界都希望悉尼——这个风光优美的国家中一座格外夺目的城市，能拥有一点特别的东西。

最终的获胜者是来自丹麦的一位名不见经传的建筑师，名叫约恩·乌松（Jørn Utzon）。他40岁了，是玛雅神庙的崇拜者，后来还做过水手，彼时还尚未建成过一座令人难忘的建筑。

据说乌松的图纸有些模糊，不易辨认，全都是椭圆形的贝壳曲线，向各个方向延伸着伸进海湾中，像是船上的大三角帆，又像一朵巨大的怒放的花。这个设计一开始被淘汰了，但评审团中一位芬兰裔建筑师——在美国中西部以现代主义设计闻名的埃利尔·沙里宁（Eero Saarinen），把乌松的图纸从淘汰作品堆里扒了出来，坚称这是天才之作，并表明自己不会支持其他任何竞争者。"好多歌剧院看着都跟靴子似的，"他打了个奇怪的比方，"乌松解决了这个问题。"拥有最终投票权的悉尼市评审员们也同样热情洋溢："我们相信，这一设计所展现的歌剧院概念有可能造就世界级的伟大建筑。"

他们给乌松发了一封电报，告知他获选的消息。他10岁的女儿琳拿到了电报，踩着脚踏车飞奔着穿过平坦的丹麦村庄，赶到他的工作室告诉他这个消息，然后问道："那我现在能有自己的马了吗？"他现在完全可以买得起一匹马了：悉尼给他电汇了5000英镑①的奖金，并请他南下悉尼，准备开工。

① 澳大利亚这时依然依附于英国，仍然使用英国的货币——英镑、先令和便士，直到1966年。

等到开工才发现事情并不简单。和很多建筑界的明星，比如盖里、圣地亚哥·卡拉特拉瓦（Santiago Calatrava）、弗兰克·劳埃德·赖特（Frank Lloyd Wright）等一样，乌松也是长于构想却短于细节。比如说，他根本不确定能不能建成贝壳形的尖顶，尤其还要大小不同，角度各异。仅是支撑混凝土所需的那些形状怪异的木结构就花费不菲，能给预算烧个大窟窿。而且，这些独特的屋顶的总重量将会超过下面承重水泥柱的承受力。对观众来说这就成了定时炸弹，给剧院判了死刑。

随着成本节节攀升，工程进度开始落后。州政府为了筹款举办了一次紧急的彩票抽奖，一等奖10万英镑。1960年，美国歌手保罗·罗伯逊（Paul Robeson）临时造访，在起重机和脚手架间奉献了一场惊喜演出：为在场的意大利和希腊建筑工人唱了一首《老人河》（OL' Man River）提振士气。他的黑人面孔和建筑工人橄榄色的肌肤交相辉映，预示了澳大利亚多元文化交融的未来。

然后，1961年，设计团队取得了技术上的突破，灵光一现终于让乌松的梦想变为可能。技术人员宣布，每个"壳"可以被看作某个巨大球体的一部分，就像橘子瓣一样，这样一来所有的"壳"就有了统一的半径，就可以用统一的模型浇筑，然后再按照乌松想要的形状裁切。现在看来这是一个显而易见的办法，但1961年的时候，计算机花了数百个小时才终于找出了这个技术难题的答案（当时还很少用计算机解决建筑问题）。到底是乌松自己还是其他哪位拥有数学灵感的建筑师顿悟这个方案，尚有争议，但不管怎样，工程终于可以大踏步推进了。

或者说，本可以大踏步推进的——但旧派澳大利亚却在这时短暂抬头。1965年，新的州政府上台，歌剧院还远未完工。要论对高雅艺术和文化的轻视，其中有两位高级官员简直和莱斯·帕特森有一拼。他们就是新的政府领导鲍勃·阿斯金（Bob Askin）和名声不佳的公共事业部长戴维斯·休兹（Davis Hughes）。

休兹想把乌松赶走，说他是外国人，是虚荣之徒，而且——以这个词最坏的意义来说——是个"艺术家"。以节约纳税人的钱的名义，这位部长逐步削减了歌剧院的预算，导致建筑师无法付账单，也不能给员工开工资。"你怎么能事事都不按我的建议而擅自修改呢？"一次会议上，乌松无奈地抱怨道。"在我们澳大利亚，"休兹尖刻地回应道，"你得照客户说的做。"——当然，这所谓的"客户"，就是所有新南威尔士州的选民。

1966年，南半球的夏天，乌松的处境一天不如一天。到二月份，他算出来政府总计欠他10万澳元①的费用，扬言要辞职。戴维斯·休兹跟他"硬碰硬"，接受了辞职。

6周后，乌松身心俱疲地离开了澳大利亚，用化名旅行以躲避媒体。一千多名抗议者在尚未完工的歌剧院前游行示威，其中很多是建筑师。当地一名雕塑家绝食罢工，要求把那个丹麦人请回来。乌松也以为自己会被请回去，但一直没有。

结果是几位澳大利亚的建筑师取代了他的位置。他们又花了7年时间完成了歌剧院最初的一套平庸无趣的内部装修。虽然歌剧院的船帆外形是20世纪建筑史上最伟大的创造之一，但其内部设计充满了缺陷和毛病：早期的歌剧乐团必须用塑料屏风把打击乐器区隔开，观众才能听到小提琴的声音；芭蕾舞演员下台必须抓着侧边的扶手才能不撞到墙上去。

约恩·乌松再也没有回过澳大利亚，也从未亲眼见过完工后的歌剧院。到1973年女王为歌剧院揭幕时，距离最初构想诞生已经过去了20年，比预期的完工时间晚了10年，投入经费高达当初预算的14倍。他们没有邀请乌松参加揭幕式，仪式上也没有提到他的名字。在公众看来，他是一个受了冷落的无名英雄，但他依然平心静气，并不为此郁愤。在谈到在澳大利亚的经历时，他最讽刺的一句评论不过是：它例证了"蛮夷的恶意"。

而且他仍然认为历史最终会给他更友善的评价。最终，他的信念有了回报：澳大利亚政府正式向他道歉，并在1985年给他颁发了澳大利亚最高荣

---

① 这时澳大利亚已经不用英镑改用美元了，一开始叫作"皇家币"，后来改称澳元。

誉勋章。但更重要的是给了他新的工作。歌剧院的内部设计缺陷太多，于是2000年，他们又请乌松拆掉悉尼设计师们留下的烂摊子然后重新设计。乌松表示愿意接受这项委托，但一听这话，旧派澳大利亚的护法们又鼓噪起来。例如，牢骚不断的戴维斯·休兹很快就对报纸大放厥词："那地方确实需要改进一下，但我们为什么一定要请乌松来呢？难道我们就不能请一个有本事的悉尼建筑师吗？"

但最终还是这个丹麦人完成了这项工作，虽然是通过航空邮件和快递的设计图远程实现的。悉尼欣喜地看到，有一个房间被命名为乌松室来表达对他的纪念。这里明亮、通风又开阔，能看到下面波光粼粼的海湾。老迈的乌松这时身体不佳，住在马略卡岛，听到这个消息时非常兴奋，并表现出了超人的大度。"能让我的名字以这样美好的方式出现，真是令我无限喜悦。我觉得这是我作为建筑师能获得的最大的快乐了，它胜过任何奖章。"

2006年女王又来了一次，为乌松设计的歌剧院新装修揭幕。乌松本人这时已经病重，无法到场，但他的儿子出席了仪式，并发表了一篇令人唏嘘的演讲，其中说到他的父亲"魂牵梦萦都是这座歌剧院，如今作为创造者，只能闭上眼睛在想象中才得一见了"。

两年后，乌松在哥本哈根去世。一年以后，悉尼市举办了一场音乐会，既是对他的纪念，也是正式的和解，愿意的话也可以视为一次道歉。但相比于他的成就所获得的世界声誉，这次音乐会并不算什么。去世之前，乌松听说联合国教科文组织宣布把他的创造列入世界遗产名单。颁奖词很长，很适合这样一座有着复杂设计和坎坷历史的建筑。序文写得很美：约恩·乌松的建筑，是由欧洲献给太平洋然后再由太平洋献给世界的一份礼物，以及"一件杰作……其意义在于它无与伦比的设计和建造，它卓越的工程成就和技术创新，它作为世界知名建筑标杆的地位。它是一次大胆而高瞻远瞩的实验，对20世纪后期的新兴建筑有着深远的影响"。

此外还发生了两个衍生故事，正适合来作为这样一个曲折的建筑传奇的补充。两个故事都令人唏嘘——一个充满悲剧性，另一个则更加奇特怪异。

第一个故事和1960年举办的那次彩票抽奖有关。当时工程花费巨大，远超预算，于是通过彩票来筹款。奖金是10万英镑，6月1日，获奖人的名字在报纸上公布，是一位名叫巴济尔·索恩（Bazil Thorn）的先生，和家人住在濒临南太平洋的邦代海滩。当时还没有隐私保护法，这家人的详细住址都写在了报纸上。

一个星期后，索恩家8岁的儿子格雷姆在家附近的一个街角被接走，本应送去学校，却一直没送到。当天晚上，一个男人给他们家打电话，要求2.5万英镑的赎金。警察开始大规模搜索，奋战一个月后，发现小孩已遭毒打并窒息死亡。

3个月后，通过粉色油漆碎屑、不匹配的花朵类型、被盗的汽车等一系列刑侦线索抓到了凶手。当时发现嫌疑人可能已经乘坐一艘开往伦敦的英国铁行（P&O）的客船离开了伦敦，于是澳大利亚联邦警察在科伦坡守株待兔，经过一番复杂的法律程序（当时斯里兰卡和澳大利亚之间没有引渡协议），逮捕了他并将其带回澳大利亚。此人名叫史蒂芬·布拉德利（Stephen Bradley），是匈牙利移民。在飞机上，他承认自己杀害了那个孩子。他被判处终身监禁，8年后在狱中死亡。

另一个故事更加离奇，涉及到一系列事件，为20世纪50年代澳大利亚的时代精神做出了无声的评论。作为英国音乐界的泰斗[①]，同时也是悉尼交响乐团的指挥，一手推动了悉尼歌剧院建设的尤金·顾森斯爵士爆发出一则丑闻，这对当时的澳大利亚来说，绝对是"不成体统"的。

他没想到的是，公众舆论的惩罚来得迅疾又猛烈。各种小报把这件事大书特书，葬送了他本该璀璨的音乐生涯。被钉上公众的耻辱柱后，顾森斯立即辞去了在交响乐团和新南威尔士州音乐学院的职务，在63岁生日那天逃回了伦敦。和10年后的约恩·乌松一样，顾森斯也选择用化名在屈辱中逃离了澳大利亚。英国的朋友后来说，他被这件事情"彻底击垮了"，于6年后去世。

[①] 1942年，顾森斯试图寻找一种激荡人心的音乐来鼓舞战斗，为此写信请阿隆·科普兰（Aron Copland）作曲，这才有了科普兰的名作《平凡人的号角》（Fanfare for the Common Man）。

但是，和乌松一样，他也将有一个以他命名的房间，给他的故事画上一个更加温柔的句点。悉尼歌剧院实现了他多年前的伟大构想，在他死后10年终于揭幕。揭幕时，大厅中放了一尊威风不凡的雕像，以纪念这位指挥家为悉尼歌剧院的建造所做的贡献，这是20世纪音乐界最伟大的丰碑之一。

后来，悉尼的一位电视记者写道，顾森斯无疑是那个时代（在她看来）古板、教条、苛刻、伪善而又极端保守的澳大利亚的受害者。按照今天的标准，他所犯的错误完全无伤大雅，根本不值得批评。虽然严格来说，他当年触犯的条例仍然存在，但已经只是空文，几十年来再没有按照这种严刑峻法判决的案子。可以肯定，当年的那个澳大利亚现在已经隐没在历史之中，几乎被遗忘了。至少表面上看来，澳大利亚现在是一个自由宽容的社会，有着多元文化的内核和国际化的态度。它的形象和地位都在过去半个世纪中发生了天翻地覆的变化。

多元文化大实验

真的变化了吗？不能否认，澳大利亚若想在西太平洋享有与自身财富和力量相匹配的尊重，就必须获得邻居们的真诚对待，特别是亚洲的邻居们，从新几内亚往北直到西伯利亚的一众国家。但过去很多年里澳大利亚完全没有被认真对待：在人们眼中，澳大利亚只是一个产矿的地方，基本相当于一个大矿场，被粗暴地描绘成一个没有文化、社交保守、缺乏同情心、歧视女性、种族主义的大英帝国前哨。

从地理和地质上来说，再加上它独特而古老的土著人种，澳大利亚无疑是亚洲的一部分。但从社会角度来说，从媒体和政客的表现来看，直到20世纪70年代，它都不这样认为——它不把自己视为亚洲的一部分，也从没有过这种打算，而且大部分国民排斥归为东方。

最初是白澳移民政策奠定了这一基调。1901年，澳大利亚刚刚成为独立的联邦国家，就出台了法律把自己和亚洲人隔开："不受我们周围有色种族的侵扰，他们会入侵我们的海岸"。这种唯白人论的政策被支持者们确立为澳大利亚的大宪章，成了阻止澳大利亚"被亚洲浪潮吞噬"的终极防护。

当然，这背后的动机是出于恐惧。同样的恐惧也促使太平洋另一边的美国人匆匆通过了各种排外法案，把"东方人"死死地拦在加利福尼亚海湾之外。恐惧比澳大利亚矿工干活更快、更卖力的亚洲人；恐惧在昆士兰甘蔗地里比白人少要工资的太平洋岛民；恐惧比爱尔兰和南威尔士妇女干起家务来更麻利、更积极的菲律宾帮佣；恐惧在艰苦的内地工作时，比祖先来自伦敦、利兹、利物浦等英国城市的澳大利亚白人小伙更少抱怨的印度和马来西亚工人。

和日本的战争更是火上浇油。第一次世界大战后通过的初始法案被继任的移民部长们尊为"我们有史以来创造的最伟大的东西"。到第二次世界大战开始的时候，这种排除有色人种（这时特别针对日本人）的做法就更像一种幸运的创造了。当时的总理全力支持这项政策："这个国家应该永远属于以和平手段来这里建立南海前哨的英伦种族的后代。"

工党本应是工人阶层的保护人，却是把"尽量保持澳大利亚纯粹性"的口号喊得最响的。在严格执行的规定下，疯子、患有"危险性质"疾病的人、妓女、罪犯都不能进来；"亚洲人"和"有色人种"也不能进入。另外，还可能在不提前告知的情况下对申请人进行突击抽查，听写一段移民局的官员随意选择的语言（不一定是英语），听写测试通不过的也不能进入澳大利亚。有的时候，官员纯粹为了取乐而选择听写凯尔特语，摆明不给人通过。

把澳大利亚永远作为雪白皮肤的所谓纯种英国人在南半球的避难所，这种想法自然是长久不了的。"二战"结束后不久，战争时娶来的外族新娘们涌到了家门口，把门推开了一条缝。澳大利亚人有些不情愿地接受了这些看起来黑了些的欧洲人，最初是希腊人和意大利人。他们蜂拥而来，发现这里的气候、景色和城市生活都符合他们的喜好。公众对他们的欢迎程度也远超政客们的预期。尤其是墨尔本，很快成为希腊以外希腊人最多的一个城市。这些移民也很讨人喜欢，一位历史学家评论道："一个黑皮肤的希腊人也好过一个日本人。"

然后，到了20世纪60年代，日本人也能进入了。一开始，只让"尊贵的高素质亚洲人"进入，后来又进一步放宽了限制。不久，被模糊地描述成"素质较好"的东方族裔也可以申请移民了。之后到1973年高夫·惠特拉姆当政时，作为他激进的体制改革的一部分，他废除了所有这些限制。听写测试取消了，资格要求也降低了，有关申请人种族的问题从申请表上消失了。

任何人只要愿意来，只要能满足并不苛刻的入籍标准，就都可以申请。70年历史的白澳政策被扫进了历史的垃圾堆。澳大利亚就此展开多元文化大实验。这个最初诞生于白人殖民侵略的国家，现在改头换面，成了包容世界的新社会。这是一种新型的国家，与太平洋东岸的加拿大和美国遥遥相对，在西太平洋上重现了这种经过验证的国家形式。三次实验最终被同一片海洋联系起来，这里迅速变成了一个试验场，一个将开始书写人类社会之某种未来的地方。1966年美国总统克林顿访问悉尼，似乎就理解了这一点："我想不到全世界还有哪个地方，能让人们像这样聚到一起来，融为一个国家、一个社会。"

这是极高的赞扬。但是在澳大利亚内部，仍然有一些人在大声反对这样的政策，反对让国家（在他们看来）向陌生的亚洲靠拢的政策。这些刺耳的声音不屈不挠，拒绝接受现实。偶尔，他们会形成一阵令人警惕的舆论海啸，并因此损害澳大利亚积极建设的、在全新的泛太平洋共同体中的活跃成员的形象。

抹黑

宝琳·韩森（Pauline Hanson）或许是近来最突出的一个例子。1996年秋天，这位女士经过一次震动澳大利亚的民族冲突后获得了短暂的名声。她离过两次婚，有四个孩子，没受过多少教育，是布里斯班一家快餐店的老板，却借助一个平台，当选进入了堪培拉的联邦议会。她的看法简单、直接，矛头直指国内国外显而易见的目标。

她对澳大利亚国内的原住民、国外的民族十分尖刻，对北边的亚洲人尤为不公。

"我相信我们有被亚洲人吞没的危险，"就职仪式上她对议会发表了一番演说（按照传统，首次演说时有不被打断的特权，她可以想说什么说什么），"1984年到1995年间，进入澳大利亚的移民中有40%来自亚洲。他们有自己的文化和信仰，聚居在一起不肯融入当地社会。当然，有人会说我有问题，但如果我可以邀请我想邀请的人来我家的话，那我也应该有权表决谁能来我的国家……"

她的这番发言曾在国内短暂地获得过大量支持。她想让澳大利亚退出联合国，完全取消对外援助，而且随着她的事业发展，她想对非白人移民进行越来越严厉的限制。报纸上一连几周都把她放在头版。澳大利亚流行的艺术形式——热线访谈广播中也全是她，虽然她的声音跟牙医的钻头一样刺耳。电视访谈的制作人还找到了她的母亲老韩森女士，她就着糖茶和粘牙的小面包表达了自己的恐惧："其他人有一天将统治世界。"显然，她的这份恐惧灌输给了女儿。

他们还找到了韩森的高级顾问和演讲撰稿人，并奇怪这样一个叫帕斯卡雷利[①]的男士竟会如此激烈地反对移民。他的回答很讨巧："我已经不是'老外'了。"

当被问到是否是xenophobic[②]，由于文化程度不高，在一阵短暂而令人尴尬的沉默后，韩森女士带着刻意的朴实劲儿说："请解释一下。"

但她的政敌们也没做多少能提高澳大利亚对外形象的事情。世界只能困惑甚至惊恐地看着这一切。在一次激烈的有关原住民为什么会有酗酒问题的电视讨论中，一位好意的政治评论家询问韩森女士，她是否知道世界上最大的酒鬼是谁。她答说不知道。"澳大利亚白人，"他宣布，"是人类已知的最大

---

① Pascarelli，暗示了其意大利血统。——译者注

② 意为"害怕、敌视外国人"，由希腊词根"xeno-"和"-phobe"组成，属于较高级词汇，所以韩森没有听懂。——译者注

的酒鬼。"21世纪的澳大利亚竟想回归隔离亚洲人的老思想，同时还为举国酗酒而沾沾自喜，这样的场景令整个大陆集体蒙羞。

或许正因如此，到新千年开始的时候，"宝琳·韩森"现象开始退潮。澳大利亚很快厌倦了她，她开始在选举中落败，接着损失了金钱，后又因诈骗而短暂入狱，不过上诉后被无罪释放了。

她努力把这些事情变为自己的政治优势。最初崛起时，她常常称自己在童年时遭遇种种"艰难打击"，而这些新的挫折，在她口中也不过是同样的东西。她的支持者们认为这种说法很打动人心，说明了她人性化的一面。所以，消停了没多久，她又重新竞选，直到今天仍然坚持着，但只是光芒渐淡的澳大利亚政坛过气明星。她那钻头般的噪音也化为了一种背景噪音。但不管怎样，她的政治观念仍然吸引了为数不少的澳大利亚选民的注意，而他们的这种行为都是在有意无意地给澳大利亚原本的公众形象抹黑。

一面是严厉，另一面却是同情。这种对比非常鲜明，生动地提醒着人们，至今仍存在着两个截然不同的澳大利亚。一面是丰富多彩、文化多样的城市化的澳大利亚，其代表是悉尼和墨尔本，它们是世界上绚丽多姿的城市，所展现出的澳大利亚是西太平洋共同体中完全合格的一员。另一面，又是一小群人（宝琳·韩森就是其中典型）所顽固展现的，和亚洲世界完全脱节、毫无同情心的澳大利亚。这是几乎所有前英国殖民地都存在的一种矛盾，矛盾的两面包藏了一个顽固的、或许十分严重的隐患。

太平洋上这个庞大、富饶、得天眷顾的幸运之国，真的能作为亚洲的一部分为亚洲出一份力吗？或者说，它依然是老旧的英帝国多年以前设在这片大洋的西缘的前哨，是一个充斥着啤酒、啤酒肚和粗人的地方吗？部分看来，它似乎希望成为亚洲的一部分，扮演自己的角色，做强有力的一份子，成为一个多种价值观兼容并蓄，充满宽容和理解的地方，成为一个各族人民交融无间，能充分代表包围着它的这片大洋的国家。

但同时也存在着一股深处的逆流，一股夜郎自大的反向势力，或许会把这个曾经的幸运之国牢牢捆绑，让它停留在过去，从而无法在现在或未来很长时间里成为符合它地理身份的一个群体中的一份子。

正如我在悉尼的一个朋友某天晚上告诉我的，这是一个宜居的好地方——宜居的好地方，不错，但还不是一个伟大的国家。还不是。

第 **4** 章

遥遥惊雷

我脚踏狂风
搅动风暴

拜伦
《曼弗雷德》（*Manfred*），1817年

气旋翠西

起初似乎并没有什么好担心的。达尔文市是澳大利亚一个粗犷的边陲小城，一个大碗喝酒、民风彪悍的地方，随时要面临各种风波。多年来，它闯过了风风雨雨，其中既有自然孕育的，也有人为制造的。战争时期，日本投向达尔文的炸弹比投向珍珠港的还多，之后还进行了几十次突袭，这也造就了当地人引以为豪的强大韧性，直到今天依然能在这个澳大利亚的偏远"尖角"上清晰地感受到。除此以外，还有这里永远潮湿郁热的天气。在夏天的雨季——当地人惯称为"湿季"——达尔文市常常遭到猛烈的热带风暴的侵袭。

1974年，圣诞周伊始，人们便注意到阿拉弗拉海（Arafura Sea）上又聚起一团风暴，但没人觉得这有什么特别。仲夏的天气，风暴是常有的事。此时正值达尔文港电缆站开通100周年。自100年前这座电缆站首次把澳大利亚与爪哇以及世界其他地方联接起来，就常有猛烈的热带飓风从北面的海上席卷而来，击打着简陋的政府棚屋，而棚屋里住着最初的百来个移民。现在，棚屋变成了铁皮顶的简易民房，成了如今4万达尔文市民的家园，却依然受着风暴的袭击。老达尔文人能描述出这里旋风的独特声音——几千块波形铁制成的屋顶被大风掀飞后在道路上摩擦的尖锐刺啦声，玻璃碎裂的哐啷声，大风没完没了的吼声，噼里啪啦的雨声，还有仿佛低音奏鸣曲的大海愤怒的拍击声。

这一次倒不太可能出现这种情况。1974年的圣诞节，虽然与往年一样湿热，但还算平静。海上的风暴看起来尚不成气候，而且在往南走，离达尔文市有相当距离。它应该会往南穿过约瑟夫·波拿巴湾（joseph bonaparte gulf），最后在金伯利（kimberleys）强势登陆。西边的郊区可能会下下雨，还会来几场闪电，但这没什么大不了的：每年的这个时节，达尔文市总会刮风下雨、电闪雷鸣的。每个季度都会有十几次气旋预警，每次ABC（澳大利亚广播公司）都会拉响警报，播报员也会照例提醒大家拴好易松动的物品，在浴缸里存一些备用水。每个人都听到了，但没几个人当一回事。人们都说，ABC又在喊"狼来了"。

气象局一路追踪着风暴，看着它慢慢掠至巴瑟斯特岛（bathurst island）西边，往南去了。达尔文市的市民们大多放宽了心——毕竟这会儿是圣诞周，要去教堂，要准备礼物，要装饰圣诞树，还要哄孩子。

但仍有极少数人怀疑会出事。这主要是因为城里的空气感觉有些不同。一个店主形容空气很"紧张"；鸣鸟也都出奇安静。另外，据喜欢在城外的高草地里安营扎寨（现在仍然如此）的原住民拉若基亚族（Larrakia）说，平常总是见到的绿蚂蚁都没影儿了。"要出大事了。"一个名叫艾达·毕晓普（Ida Bishop）的女人对她的老板——一名捕虾船队的经理说。这种安静的气氛让人有不祥的预感。云太高了，形状也奇怪，还泛着紫色、绿色以及其他根本不该出现的怪异颜色。有人说看到海上5英里的高空中悬着一团黑丝绒般的乌云，不停地翻滚，遮天蔽日。

这时，海上的风暴转了方向。出人意料地，它转了一个90度的急弯，一边向东走，一边像绷紧的括约肌似的缩小范围。更让官员们惊慌的是，它越来越精准地朝达尔文的市中心扑了过来。

这次的风暴被命名为"气旋翠西"，是澳大利亚有史以来最可怕、破坏力最强的一次灾难。气象局的预报员确认了旋风的轨迹后，ABC广播台马上拉响了警报。素来以声音浑厚沉稳、善于鼓舞人心闻名的首席播音员唐·桑德斯（Don Sanders）被请来为即将到来的危险预警。这或许挽救了一些生命，但没能挽救这座城市。

午夜刚过，热带气旋登陆，便像巨人的大手一样捣毁了一栋又一栋建筑。共计有一万户房屋被毁（达全城的80%），它们几乎在顷刻之间被夷为平地，成了一堆断裂的木头和粉碎的水泥。圣诞前被精心装饰的房子一幢接着一幢，都经历了同样的过程：首先，屋顶被掀飞，脱离了梁柱，被卷入雨雾交织的夜里；接着，窗户碎了，碎玻璃割伤了人；然后墙壁被一面接一面地吹走。人们后来会说起，他们当时在黑暗中从一个房间惊慌地奔逃到另一个房间，凭感觉找到浴室的门然后冲进去，本以为最小的房间最牢靠，却没想到外墙早已不见，只剩下屋外漆黑的夜、恐怖的狂风、飘泼的大雨和怒吼的海洋。

达尔文市垮了。一切都崩溃了：电话没了信号，电也停掉了，天线都刮断了；飞机像谷糠一样被抛来抛去，蹂躏得都看不出形状了；船只在港口里脱了锚，要么沉了，要么漂到离泊位很远的地方，用不了了。不少能在灾难中帮上忙的人物，这时却远在他乡享受圣诞假期。几个广播站里都只有几名基本工作人员，而且停水又断电。不过其中一个广播站，也就是ABC在达尔文的分站有一台发电机，于是成功向内地昆士兰的兄弟广播站发出了一条信息。灾后的头三天里，这一点微弱的联系就是达尔文市和外界唯一的通讯。

圣诞节当天下午晚些时候，消息才终于传到外面。直到这时，澳大利亚的其他人才发现他们的北部区首府已经被一场可怕的风暴夷为了平地。堪培拉的部长们，以及悉尼、墨尔本、布里斯班的官员们刚刚享用完火鸡肉馅饼午餐，尚有些昏昏沉沉，仿佛骤然传来一道晴天霹雳，才知道几千英里之外已经满目疮痍。

首批救灾人员赶到现场以后，都不约而同地做了一个类比：广岛或长崎。当然，这样类比还是太夸张了些。两者造成的死亡人数并没有可比性，气旋翠西导致71人死亡，不到日本原子弹爆炸死难者的千分之一。但达尔文市所遭受的物理破坏是彻底的，灾后的照片也确实和人们熟悉的广岛、长崎经历原子弹爆炸后的照片很像。上百平方英里的土地上全是碎石和断木，道路不过是这些"垃圾堆"里的一点空道。人们漫无目的地游荡着，目光呆滞，失魂落魄。数百条饥肠辘辘、备受惊吓的狗在废墟上搜寻着食物。它们的叫声把第一批救灾员吓了一跳，更增加了不祥的气氛。灾后很有可能会爆发伤寒和霍乱。警察不得不持枪（主要是从附近牧羊场找来的猎枪）对付趁乱打劫的匪徒。

最后，几乎全城的人都被转移出去了。4.7万人中有4.1万无家可归，缺乏水源、食物、药品、通讯方式和容身之所。政府安排飞机接送他们，一开始速度很慢，因为达尔文机场受损，每90分钟只能供一架飞机起降。之后5天里，共有超过3.5万人乘汽车或飞机离开了达尔文市。到当年年底，几乎整个城市都空了。离开的人中，超过一半都再也没回来过。

现在的达尔文市完全是重建的，光鲜亮丽，富有现代气息。高层建筑大多都是公寓楼，而非当年多见的银行和保险公司大楼。而且，现在的每样建筑都少不了"防旋风"的标签，因为这些生活在澳大利亚北端的人们从20世纪70年代的那场灾难中至少学到了一点，那就是太平洋的天气可能会非常暴烈。

此外，人们还逐渐认识到，太平洋的气旋是地球其他地方恶劣天气的先兆。随着地球由西向东自转，其上方由风、气压和水分形成的漩涡也随之自西向东运动。太平洋的气旋就是它们运动的指示标，甚至是它们的发动机。无论从民间轶事还是从统计数据来看，气旋风暴①似乎都在随着地球和海洋变暖、气候变化、海平面上升而变得越来越猛烈。对于世界来说，这至少不是什么好兆头，甚至可能是灾难。

时间和历史总是能把悲剧变为统计数字，这可以理解。说起风暴、地震、火山爆发，统计数字总是喜欢说个"最"字，由此把一场当代的悲剧上升到历史骄傲的高度。当年达尔文市那些被迫长时间躲在浴缸中一边防范饥饿的丧家犬袭击，一边设法保证自己人身安全的市民，或许感受不到这种历史骄傲，但事实是，他们确实遭遇了有史以来杀伤力最强的一场微型风暴。

从风暴波及范围来看，气旋翠西的规模确实很小：风眼直径只有24英里，而2005年袭击新奥尔良的卡特里娜飓风的风眼直径达400英里。和这样的"大怪物"相比，翠西确实是小巫见大巫。要是和1979年横扫热带太平洋的超强台风泰培相比，翠西就更是微不足道——泰培的直径达到破纪录的1380英里，光是风眼的大小就跟整个翠西差不多，能把翠西轻松吞入内部。

① 在南半球以顺时针旋转的旋风，在北半球以逆时针旋转的台风，还有美洲形态类似的飓风，都属于同等级强烈风暴；次级风暴包括龙卷风和水龙卷。

海燕

近些年来，太平洋的风暴明显越来越猛烈。1974年的气旋翠西算是拉开变化的序幕，而2013年11月袭击菲律宾的台风海燕则说明了风暴到底能有多强。两场风暴相隔40年，其间呈现出两个变化趋势：风暴越来越大，破坏力越来越强；而人们对登陆地点的预测精准度也越来越高。风暴增强，受到威胁的生命越来越多；科技发展，能挽救的生命也越来越多。

台风海燕能充分说明这种趋势。最初发现它的是远在夏威夷的观测员。2013年11月1日星期五，珍珠港一栋不起眼的大楼里，联合台风预警中心的四名执勤人员来到办公室上晚班，首先注意到了不寻常的现象。他们对遥远的西太平洋（当地已经是第二天，即星期六的下午）做例行的卫星扫描，卫星图像在监视器上滚动着，大部分海面风平浪静，只有一小团尚不成形状，连名字都还没起的热带风暴。它正漫无目的地游荡着，往西向菲律宾的棉兰老岛（Mindanao）靠近。这一在大洋中央新冒出的云团看起来有些不善。

这个气旋雏形（如果能这样称呼的话）一定是当天白天快速形成的，因为上一班值班人员看了卫星6小时前传回的图像，没有报告任何异常。而现在，很明显，云团已经聚集起来，看起来正在形成一个明确的形状。它这时位于密克罗尼西亚波纳佩岛东南方250英里处，正在快速地改变模样。实时图像显示，这正是人们所熟悉的暗藏危险的旋风模式。它的出现如此突然，云层下的气压又在急速降低，几位气象分析员感到有些不寻常，开始关注它。

他们马上发了一条信息给马路对面太平洋舰队总部的行动室——在那一带活动的美国海军可能需要知道这场风暴，它将极大地影响前往那片海域的所有船只。但这只是一则例行通知，没有警报，也没提高级别——还没到时候。

到11月3日，东京市郊的日本气象厅已经给这时不停旋转的云团完成编号：31W热带低压。第二天，气旋的威力大增，升格到了台风等级，获得了预先设定的名字"海燕"——在海员的认知中，这种鸟往往和恶劣的天气相伴。这时，这团快速聚集的风暴似乎正向西移动，径直奔向菲律宾群岛。菲律宾的气象机构按照自己的命名规则，做了一个容易引起混乱的决定——不采用国际命名，而是称呼它为"风暴尤兰达"。

情势越来越危急。美国和日本的气象预报员，以及后来的中国预报员，都在密切关注着巨大的气象雷达，明白一场格外凶猛的大风暴即将来袭。他们给菲律宾南部的民防机构发送了预警，精准的预测让后者得以提前几天进行准备，迎战这场大风暴。即使在今天看来，这场风暴的强度在海上都可说数一数二，陆地上更是从未有过。预测称，风暴将在菲律宾南部海岸登陆，于是官方下达了疏散令，民众开始陆续撤离。

预测十分准确，几乎精准到了分钟。11月8日上午9点左右，台风海燕正面侵袭菲律宾东部，几乎同时袭击了萨马岛和莱特岛。到登陆的时候，它已经发展成了菲律宾史上遭遇的最强台风之一。当台风的北风眼壁扫过基万镇（Guiuan）时，仅剩的几个还能工作的风速计记录的风速达到了每小时196英里。

提前预警和精准预测无疑减少了人员伤亡。尽管如此，以规模和后果来衡量，台风海燕所造成的物理和人身伤害仍然很可怕：6500人死亡，2.7万人受伤，还有超过1000人失踪；有些城市和40年前的达尔文市一样，被整个夷为平地，每栋建筑就像遭遇了地震或原爆一样，成了残砖瓦砾。该地区最大的城市塔克洛班（Tacloban）在被风暴的巨大力量毁得面目全非后，又遭到风暴带来的13英尺高的巨浪袭击，在海水中淹成沼泽。

人们还注意到了一个巧合。2013年世界上最凶残的风暴台风海燕的登陆地点，恰好是1944年史上最惨烈海战发生的地方：莱特湾。美国海军将领道格拉斯·麦克阿瑟（Douglas MacArthur）被当地人视为大英雄，附近有两个村庄后来都以他的名字命名。一个叫帕洛（Palo）的小镇上有一群青铜雕像，就立在事件发生的海滩边，重现了他和下属们蹚过及踝深的海水，重新接管菲律宾的场景。他那句著名的誓言："我会回来的"，也被清晰地刻在雕像上。这三个地方——帕洛和那两个叫作麦克阿瑟的村庄，都被暴虐的台风摧毁了。

风暴之眼

虽然这些风暴在当时造成了令人痛心的悲剧，但它们也在近年来有关世界气候的研究中起到了重要作用。特别是风暴以及类似的气候现象为人们提供了很多线索，让人们越来越充分地认识到近年来地球大气环境的剧烈变化，并确证了一件人们一直怀疑但从未证实的事情：无论地球气候具体怎么改变，太平洋都是大部分变化的诞生地和发源地。

酿成惨重灾情的翠西和海燕绝不只是单纯的自然灾难事件。它们一首一尾，标出了近几十年来的一段时间档案，其中记录了太平洋气候日趋恶劣的变化。对于某些人来说，它们诉说着更宏大、更深远的故事——一个让很多人越发有紧迫感的故事。

例如，2013年3月，在台风海燕袭击菲律宾整整6个月前，塞缪尔·洛克利尔三世（Samuel Locklear Ⅲ）发现了近年来太平洋台风在频率和强度上的一个规律，然后做出了一个在很多人看来有些古怪的预测。他最初的观察实际上并没有什么特别。"现在的气候形态要比过去更恶劣，"他在波士顿的一次会议上宣称，"西太平洋上已经出现了二十七八次超级台风，以往这类台风大概每年出现十七次。"

他从这种变化趋势中得出颇让人意外的结论，他相信，西太平洋地区最大的安全威胁来自气候的变化。他和他的气象分析员们，已经从一次次台风中清楚地看到了这种变化。

"最有可能出现的是地球变暖引起气候剧变……这会破坏现在的环境安全。恐怕这比我们经常讨论的种种其他威胁更有可能发生。"一股惊诧的电波传遍了华盛顿，然而，无论是在白宫还是在五角大楼，都没有人挑战这一观点。显然，他的发言有着公认的权威性[①]。

塞缪尔对越来越多的风暴表示了忧虑，但这并不意味着其他海洋中的风

---

① 后来是俄克拉荷马的共和党参议员詹姆斯·因霍夫（James Inhofe）对此提出了直接的反对意见。他说了一句有名的宣言：只有上帝才有改变世界气候的权威。

暴威胁性较低。卡特里娜、卡米尔、安德鲁、艾克、桑迪、雨果、威尔玛、丽塔，还有1935年的劳动节飓风、1928年的奥基乔比飓风，所有这些都是破坏性先后创下历史新高的大西洋上的大风暴。

但"破坏力"和"威胁性"并不是真正衡量风暴强度的标准，人们常用的"经济损失"也不是。在美国，对大西洋飓风的描述常常借助于最终为它们付出的代价。据称，2005年保险公司在奥尔良及周边地区赔付了一千零八十亿美元，使得卡特里娜被视为美国历史上毋庸置疑的最惨烈的一次风暴。但经济代价很难说是一个客观指标：袭击美国城市的风暴造成的经济损失惨重，是因为它们毁坏的东西很昂贵。袭击菲律宾东部边远城镇的风暴的破坏力可能是一样的，只是按美元来衡量，就远没有那么贵了。当然，以人员伤亡来衡量结果又不同了。但是这个标准同样也不客观，因为袭击拥挤的贫民窟显然会比在大海中央掀翻一艘航船、淹没几座岛礁造成的伤亡大得多。

我们虽然已有衡量风暴强度的标准，但其实也不完善。大多数人都以风速作为分级标准，因为在风暴中，风造成的破坏是最大的。风速也能显示风暴作为一个整体的总能量（气体快速旋转时的动能）大小。但批评者们合理地指出了它草率的一面——忽视了风暴中的降雨量、风暴形成的速度、风暴在海中掀起的巨浪等。他们坚持道，单单考虑风速的区分方法作用有限，除了播报电视新闻没有多大的作用。

或许，最理想、最客观的描述风暴的方法要简单得多——虽然不太适合电视播报。那就是根据风眼处的最低气压来区分。气压越低，风暴就越强。等压线越多、排列越密集，下方的天气就越恶劣。

这种衡量指标，叫作风暴的"中心最低气压"。以前，在还没有卫星和风暴巡视机的时候，这个数据不太容易获得。即使在今天也要技巧性地找准机会，把下投式探空仪投入风眼中。但有了这个数据，风暴间的比较就容易多了，例如，现在可以对比两个海洋的威力了，也很容易对比今年和前几年，甚至这几十年和上几十年的风暴了。简而言之，它最有用的一点，就是可供气候学家发现、明确真正的气候变化趋势。

借助这个指标，科学家们得以确定，那些看起来威力最大、造成的损失也最惨重的风暴，事实上也确如人们所料，气压更低、等压线更密。依据同样的指标，海洋的威力也可以相互对比。最近的数据显示，大多数大西洋的飓风，按照风眼处的最低气压计算，在强度、能量和破坏力上，都远远比不上现在时常肆虐于浩瀚太平洋的那些巨型风暴（比如翠西和海燕）。

大型风暴

世界气象组织定下了一个关键数据，把评估风暴强度的基准线定为925百帕。百帕以前也叫作毫巴（mbar）。风眼压力小于925百帕的风暴都需要记录，说明其强度已足以进入史册。[①]单单只用这一个标准来评估太平洋，就能马上看出这个水体远超其他任何水体，是真正猛烈的热带风暴的发源地。

这些数据说明了很多问题。在大西洋中，从1924年至今，只有19次飓风的风眼压力小于925百帕，能被列为风暴。五场飓风（1935年劳动节飓风、艾伦飓风、吉尔伯特飓风、丽塔飓风和威尔玛飓风）当中，只有一场达到超高强度，风眼压力小于900百帕，卡米尔和卡特里娜飓风都没能低于这个数字。而近年袭击纽约和新泽西的桑迪飓风，甚至没有突破世界气象组织设定的门槛，其稳定中心的气压只有相对温和的940百帕。

而在西北太平洋，风眼气压极低的猛烈风暴则要常见得多，几乎已经成了惯例。从1950年以来，赤道以北的太平洋已经有过59次完全成形的台风。1975年以后，南太平洋西部和澳大利亚外海也已有过25次同等级的旋风。在大西洋，压力低于925百帕的风暴差不多每五年发生一次。而在西太平洋则要频繁得多，几乎一年一次。

太平洋出现风眼气压极低的大型风暴的可能性，要比世界其他地方高5

---

① 正常的海平面气压为1013.25百帕，或者按照过去的计量方法，海平面气压可让真空管内的水银柱上升29.92英寸。一般来说，西伯利亚地区的气压最高，可以达到1050百帕。海平面的最低气压则出现于各个热带风暴的风眼中。

倍，而且风暴的强度也要大得多。在太平洋西北部的59场风暴中，有37场的风眼气压低于900百帕。台风泰培是其中最低的一个，气压低到了难以置信的870百帕。同时，由于它的暴风圈直径足有1380英里，因而独一无二地获得了热带风暴中有史以来气压最低和范围最广双项"殊荣"。如果它发生在美国，那么可以从美墨边境一直覆盖到美加边境，从西部的优胜美地一直横跨到密西西比河，风眼在丹佛正上方[1]。

如今太平洋的风暴之所以这么多这么强，与这片海洋巨大的面积脱不了关系。太平洋的面积如此之大，所以巨量的海水从阳光中吸收了几乎无法想象的热量，而这正是一切的关键：如果说世界气象变化的源头是太平洋，那么太平洋所有极端气象的终极来源，就是它所聚集的大量太阳辐射的热量。这些热量改变了长期气象，也就是我们所说的气候，而气候又决定了短期气象，也就是天气变化。

厄尔尼诺

无论什么季节，太平洋总是被太阳炙烤着。由于地球的倾斜，也就是地球自转轴倾斜23.5度[2]，太平洋北部在北半球的夏天受着炙烤，南部在南半球的夏天受着炙烤，而南北回归线之间的热带海域则终年如夏。

这些热能到达地表时，会因为接触的是固体还是液体而受到不同的"处理"。当强烈的阳光照射在坚硬的陆地上时，岩石会很快升温，但是由于固体的物理性质，太阳下山后，岩石也会同样迅速地释放这些能量，把它们返回大气中，岩石内部仅存一点余温。因此对于沙漠中的旅行者来说，夜晚的岩石能给人幸福的凉爽。

----

① 泰培的形成历时两周，基本都在大海上，所以造成的伤亡相对较轻，但仍然引起了一些间接事故，最引人注目的是，东京附近的军事基地的一堵墙被风吹垮，导致储油区的油管移位，使得燃料从山上流了下来，进入营房被电暖气点燃，最终火灾导致13名美国海军陆战队队员丧生。

② 此倾斜角影响了阳光直射地表的角度，使地球最终形成四季变化。——编者注

而当同样的热量照射到海面上时，情况就不同了。一开始，海水的升温很慢，等到长时间吸收热量后，海水会储存这些热量。由于液体具有流动性，海水还会把捕捉到的热量向四周传递，而且是三维方向的传递。在洋流和海风的影响下，海水一面把这些热量从东到西、从南到北线性传递，一面通过所谓的温盐环流把热量向下方纵深传递。由于太平洋是目前世界上最宽、最长、最深的海洋，它所能容纳的热量是不可想象的。

这些无可计量的热能广泛地储存在世界各个海洋中。而太平洋作为占地表三分之一面积的大洋，无疑储存了其中相当一部分。这些储存的热量又继而暖化了大气，尤其是太阳光照最强烈的南北回归线之间和赤道一带。

在这片明确划分出来的区域中，大量的热量使得海水蒸发，变成温暖上升的气体，在空中凝聚成不停翻滚的巨大云团。随着暖空气上升，云层下方的气压自然就会降低，较重的冷空气就从南边和北边涌过来，进入低气压区。由于地球自西向东自转，这些冷空气大致也向西移动，导致北方的空气去了西南，南边的空气去了西北。科学界习惯上根据风刮来的方向来给风命名（洋流则是根据其去向命名），这种持续向海面运动的冷气流就成了著名的信风（又称贸易风）：北半球吹东北信风，南半球吹东南信风。

这一地区中进行着很多活动，是世界气候变化开始的地方。这里既是信风吹拂的地方，也是潮湿、闷热、（还有以前最让帆船商人恼火的）平静的赤道无风带所在之地，即所谓的热带辐合带（intertropical convergence zone）。这里是所有旋风、飓风、台风诞生之所，是所有季风形成之地。

这部分太平洋属热带海域（目前来说也是划分最大的一部分，因为太平洋是范围最大的大洋），发生着一系列奇特的大气和海洋现象，现在看来似乎正是世界气候循环中飓风的预兆及其形成的关键。人们对这些现象已经有了长期的认识，也曾进行过较准确的预测，并将它们总称为厄尔尼诺现象。但是，它们现在似乎越来越频繁，而且越来越没有规律。近年来，随着地球气候不断变化（无论是否人为），海洋也无可否认地在变暖，厄尔尼诺现象的发生可能与此存在某种关联。

　　长期以来，这种海洋现象的最初表现是渔业突然出现异常。人们对此做了详细的记录。早在16世纪末，秘鲁北部［从秘鲁与厄瓜多尔边境的通贝斯（Tumbes）到靠近秘鲁首都利马的钦博特（chimbote）］的渔民出港捕鱼时，都会仔细记录当地鱼类数量的变化，因为他们的生计依赖于海洋的情况。

　　钦博特曾被称为"世界鳀鱼之都"，因为距离它仅仅20英里的冷水海域，盛产大量体型小巧、风味浓郁的银色鳀鱼。很少有鱼类经历过秘鲁鳀这样的大发展：自秘鲁殖民时代早期，一个个渔场如雨后春笋般挤满了海岸边所有的港口，数千渔民在海中作业，最终使鳀鱼成为了世界上捕捞量最大的野生鱼类。1971年共捕捞了1300万吨鳀鱼，其中大部分被碾制成鱼粉，运往世界各地，成为农田肥料和牲畜饲料。

　　但钦博特的渔民们发现，鳀鱼的数量存在波动。有一个大致的规律：每隔五六年，常常是在十一二月的时候，鳀鱼会几乎消失不见。前一天还能见到银光闪闪的鱼群四处游弋，后一天就只剩了蓝色的海洋寂寂无声。还有一件事：平时，外海凉凉的海水会在晚上送来水雾，让钦博特等海边的沙漠小城倍感舒适，而这时海水莫名其妙变暖了，雾也消失了，天空神奇地万里无云。

　　渔民们捕不到鱼难免沮丧，对着空空的渔网痛骂。鱼的消失也会间接地向上影响整个食物链。鲣鸟、鸬鹚、鹈鹕等以鳀鱼为食的水鸟要么饿死，要么离开巢穴飞行很远去觅食，导致留在巢中的雏鸟饿死。乌贼、海龟，甚至小型的海生哺乳动物也会死亡，要么是因为忍受不了变暖的海水，要么是因为鳀鱼缺失造成的食物链突然断裂。更可怕的是，大量的动物尸体会浮到海面上来，形成腐尸堆，发出阵阵恶臭。这些臭气有很强的酸性，甚至能腐蚀渔船的船体。

　　鳀鱼的消失是经济上的灾难，而之后引发的一连串死亡和缺位则让整个事件变得更加诡异不祥。由于这种现象总是发生在圣诞时期，渔民们给它取了一个带有黑色幽默的名字：厄尔尼诺（El Niño），意为"圣婴"。

沃克环流

厄尔尼诺这个词于19世纪末首次出现在英语中，但并不是指渔民们的这种不幸，而被用来描述海下的洋流变化。洪保德海流（Humboldt current）是太平洋环流的一部分，能推动南极的海水沿着南美洲的海岸北上，然后沿赤道向西运动。这股寒流有时会受到神秘的阻碍：一股突如其来的暖流会从赤道下来把它代替，或把它挤至远离海岸。洪保德海流中携带的营养物质因此无法向上运动，鳀鱼没了食物，便游去了其他地方。于是，鳀鱼从秘鲁消失，秘鲁渔民们只能望洋兴叹。

早先，厄尔尼诺仅仅是指这种洋流变化，导致海水的异常升温。直到20世纪中叶，海洋学家和气候学家们意识到还有一个规模更大、更加重要、影响着整个太平洋的气候现象，秘鲁附近的这种洋流变化其实只是其中一个表现。

有很多人参与到了对这一现象的研究之中。其中之一是英属印度官员吉尔伯特·沃克（Gilbert Walker）。1924年，他灵光乍现，揭示了气象学上的一大隐秘，帮助太平洋获得了世界天气变化肇始者的名头。

吉尔伯特·沃克爵士于1958年去世，在他讣告的结尾中，人们称赞他"谦逊、柔和、思想开明、兴趣广泛，是一个完美的绅士"。他是一个老派的博学之士。首先，他毕业于剑桥数学系，并在1889年数学学位考试中取得第一名，这意味着他的学习成就是英国那一年顶尖的。他还有很多其他的身份：长笛设计师、回力镖和古代凯尔特飞矛飞行轨迹的热心研究者、鸟翼空气动力学的权威、滑冰和滑翔运动的积极倡导者、统计学非常规应用的奇才、研究云团形成的公认专家。

他热爱印度，于是被任命为印度各天文台的总指挥后，他花了20年的时间试图找出预测雨季的数学方法（但没能成功）。他之所以执着于此事，是因为1890年的雨季失约造成了大饥荒。很可能正是由于研究受挫，他才沮丧地离开了印度。不过，对雨季的研究促使他在后来的退休岁月中获得另一项毫不相干却更具有全球性意义的大发现。

沃克有个习惯，喜欢收集恒河沙数般浩繁的气象数据。他收集了当时英帝国各个领地几十年来的天气记录，并进行了详尽的分析，从而能毫无争议地指出秘鲁海岸出现的厄尔尼诺现象（这时世界各地的科学家都已经知道渔民们所说的这种现象）实际上只是一个缩影，其背后是一系列巨大的、影响整个太平洋的气候规律。这些规律实际上是一些成对的镜像，也就是说，在大洋的一边和另一边、一个季节和另一个季节、一个时间段和另一个时间段中总是出现全然相反的气候表现。

某一处的海水变暖会导致另一处的海水降温。在一段时间里，秘鲁海域由于厄尔尼诺使海水升温导致鱼类减少，那么在之后的一段时间里，当地海水又会降温，鱼类重归丰富，这被称为（仍然遵循圣诞节主题的取名习惯）拉尼娜现象（La Niña，反圣婴）。大洋一边发了洪水，另一边就会出现干旱。天气的变化和人们的应对方式都具有周期性。有的时间段里旋风很多，有的时间段则很少。有些年份里印度的雨季完全没有出现，结果农田被烤焦，作物枯萎；在另一些年份，夏天的雨量却又十分充沛。荒年后接着丰年，沙尘漫天的夏天后接着五谷丰登的秋天，富饶和荒芜总是相伴而生，和平与动荡常常接踵而至。太平洋之中是这样，太平洋沿岸也是这样，甚至全球都是这样。

在长笛、鸟类飞行、滑冰技巧等文艺复兴式的爱好之余，沃克爵士认识到，一切开始于科学界未曾察觉的自然现象。沃克宣称，造成太平洋中这些规律性而又戏剧性的气候变化的原因，一定是高空大气层中反复运作的某种机制。在他看来，不论它到底什么，这种不可见的运动模式就像是大气中的跷跷板，在太平洋的正中不偏不倚地立着一个支点，支撑着一根横木在两侧晃动。

这个支点似乎就在国际日界线和赤道相交的地方，在当时的吉尔伯特群岛和菲尼克斯群岛（Phoenix islands）之间一片石灰岩岛礁之中。支点一侧的上升意味着另一侧的下降，一侧的高气压意味着另一侧的低气压。这边热，另一边就会冷；这边潮湿难耐，另一边就极端干燥。它有着完美的逻辑，而之后多年的测量数据证明，沃克是完全正确的。

为了纪念他，他所发现的这种太平洋两侧的大气规律后来被命名为沃克环流。正是这一机制作为动力源，造成了热带太平洋广泛出现的高压与低压、热与冷、湿与干、风暴与平静交替的现象。沃克自己把它命名为"南方涛动"（Southern Oscillation）。

厄尔尼诺和南方涛动，按照英文缩写统称ENSO，是现在公认的地球上最重要的气候现象。如果太平洋真是世界气候变化的发动机，那么ENSO就是给这个发动机提供动力的涡轮，沃克环流则是让涡轮转动的力量根源。

沃克环流的基本结构是太平洋四周长期存在的特定压力区。东太平洋通常有着较高的大气压力，相对地，西太平洋一般拥有大范围的低气压区，特别是大海中央的印度尼西亚和菲律宾群岛。海洋学家和气象学家给这片地区取了一个有些矛盾的名字，叫作"海中大陆"。于是，太平洋上的空气遵循物理规律，从高气压处向低气压处运动，也就是说，从东边向西边运动。海面上顺着这个方向不断吹拂的信风，无疑就是这种运动最为人们熟悉的一种直观体现。

随着风向西吹，它下方温暖的热带海水也被推向这个方向。或许听起来有些不可思议，但海水会自发地慢慢堆在一起形成巨浪，缓缓涌到海面，到达西太平洋。有的时候，西太平洋的海水能比东太平洋的海水足足高出两英尺。这些温暖的海水部分会汽化蒸发，于是西边的海域上空就形成了翠西和海燕这样的旋风和台风；部分则会潜入海洋深处，冷却下来，最终被深处的大洋环流送回东边。正常情况下，这种模式一遍遍地重复：海洋上方有沃克环流，下方海水因此迁移，西太平洋上风暴爆发，干冷的空气和涌升的冷水（以及水中的鳀鱼）返回东太平洋。最终，恢复平静和稳定。

但有时候，由于一些仍然无法解释的原因，沃克环流会有变化。信风会减弱或者摇摆不定，甚至还会转向反方向，然后就会出现厄尔尼诺现象，于是整个系统都随之发生剧烈的变化。有的时候，也会反过来发生同样剧烈的变化，于是就出现了相反的拉尼娜现象，让天气发生截然不同的变化。近年来，对厄尔尼诺和拉尼娜现象的追踪和测量数据已经成了世界范围内天气预报和气候建模的主要元素。不夸张地说，在计算全球气候变迁数据的时候，所有人都关注着太平洋的气候变化以及南方涛动的情况。因为只要太平洋涛动，世界也会随之震荡。

现在，对于南方涛动的测量是通过紧密追踪太平洋的气压和海水温度。气压测量有两个关键地点：一个是塔希提岛，一个是达尔文市。如果塔希提岛的气压相对正常值大幅下降，同时达尔文市的气压相对正常值大幅上升，那么就要发生厄尔尼诺现象。美国和英国的气象机构还喜欢测量狭窄的赤道沿线的海水温度，这也对厄尔尼诺现象的发生有多重的重要影响。如果该区域东边（最靠近南美洲海岸线的地方）的海水温度升高半摄氏度，并且（根据英国气候研究员的规定）保持这个温度整整九个月，就会发生厄尔尼诺现象。

地球模拟器

日本政府投入了数百万美元研究厄尔尼诺，不无道理。日本在历史上一直饱受太平洋风暴肆虐之苦。台风、地震、海啸和火山爆发带来了频繁的毁灭，也铸成了日本坚忍、互助的国民精神。对海啸等灾害的预测无疑有助于提振国家经济和国民信心。近年来，日本对火山爆发的预测能力有所提高，但可能仍逊于对地震的预测能力。为了平衡，日本正大力改进对全球天气的远期预测，特别是积极研究能否预测厄尔尼诺——及随之形成的大量台风——的发生时间。

这项任务交给了据说是世界上各方面最大、最快、计算力最强、效率最高的超级计算机之一。这台计算机有一个大气的名字，叫作"地球模拟器2号"。它设置在东京西边横滨的郊区，日本海洋—地球科技研究所（JAMSTEC）的办公室里。

运算速度曾经刷新世界纪录的地球模拟器，虽然已被其他的新型超快速计算机夺走了世界第一的殊荣，但它仍然是日本独立制造的一台非常厉害的设备，而且一直在不断改进升级。目前，它的运算速度达到了122 tera FLOPS

（即每秒122万亿次浮点运算）。最近的一次实时测试显示，这台装置能对世界天气做出细节极为丰富的复杂分析，能一天多次地生成全球大气的三维地图，能以水平方向三英里一段、垂直方向超过100个断面的精度展示气象细节。而这一切，只需要它在房间里，伴着电机的嗡鸣、空调的转动、成千上万个发光二极管的闪烁就能完成。一切看上去都普普通通，只有紧盯着显示终端的操作员们才暗示出一丝紧张的气氛。

地球模拟器造价高昂，日本又坐落于地质上极不稳定的地震带，使得这台超级计算机的守护者们把它当作名画《蒙娜丽莎》或希望之星[1]一样细心呵护着。它有专门的大楼，底部有平衡环和橡胶脚，顶上有防雷击的金属网天花板，还有屏蔽磁场干扰的特制金属盾。

在这样的精心呵护下，日本这台地球模拟器得以安安静静地处理数据。和世界上其他类似实验室里的研究者一样，它的操作员们也一直试图探明，人们究竟能否提前宣告厄尔尼诺或拉尼娜现象正在酝酿或即将发生。换句话说，它们能像其他的天气现象一样被预测吗？

几年前，研究厄尔尼诺的日本团队已经证明，出现ENSO变暖之前，澳大利亚北边、新几内亚巴布亚岛附近水域常会出现一系列连珠炮似的小型强风暴。这些风暴很小，简直可以说只是一阵阵西风，以往总是被人们当作随机事件而忽视，没有和大洋另一头的变化联系起来。但是现在，科学家们认为两者之间是有关联的。但究竟是它们的出现预示着厄尔尼诺的发生，还是说它们是厄尔尼诺造成的结果，气象学界仍然众说纷纭，莫衷一是。

迷雾仍在弥漫

目前为止，尚没有人找到预测ENSO的方法，而随着全球气候越来越成为世界各地关切的焦点，这也成了一个重大的研究议题，因为厄尔尼诺的危害

---

① 全球最大的蓝钻石。——译者注

无所不至。

厄尔尼诺对局部地区的重大影响，在几个世纪前就已经被人们注意到，并且不断重演：东太平洋的暖流阻止携带营养物质的冷水上涌，秘鲁水域的鳀鱼消失，其他海洋动物死亡，尸体腐烂产生的有毒气体从海中释放出来，渔船的油漆被酸性泡沫腐蚀。

在全球范围，还会有其他一系列现象接连发生，很可能都是由于这片世界最大的海洋出现异变而导致的连锁效应。这里也要再强调一下这片海域的广大——正是由于这广大的水域吸收了太阳的热量，才最终导演出这气象大剧。

在厄尔尼诺期间[①]，南美西海岸可能会出现大洪水（暖流引起水分蒸发，湿润的空气上升越过安第斯山脉，然后湿气下降，化为降雨或降雪）。这段期间，巴西北部会出现干旱，而里约附近会有严重的暴雨。在ENSO暖期，旋风和台风的形成地会比平时更靠近太平洋中心，于是风暴越过大面积的温暖水域向西运动时要花更长的时间，因此变得更强、更快、气压更低，最终登陆时就更具威力和破坏性。

1982—1983年的厄尔尼诺堪称史上最强之一，它引发的一连串事件令人们记忆犹新。信风减弱了，东太平洋的海平面开始上升（在厄瓜多尔海岸涨了一英尺之高），水温也大幅升高。秘鲁海岸的海狗和海狮开始死亡；南美东部的沙漠出现强降雨，蚱蜢成群飞走，大量蛤蟆跳过屋顶，蚊蝇肆虐，疟疾爆发；爪哇出现干旱和森林大火；加利福尼亚海岸遭遇可怕的风暴，美国南方腹地遭遇洪灾，东北的滑雪胜地则报告天气变暖，生意寡淡。据美国政府估计，1983年厄尔尼诺造成的经济损失总计达到80亿美元，而对于每一个在厄瓜多尔因疟疾而丧生，或在苏拉威西乡村因大火而殒命的人来说，它所带来的伤害更是无法计量的。

这是一次极端的事件。但即使是比较温和的厄尔尼诺事件，其影响也可能会非常广泛、难以预料。夏威夷可能会遭遇干旱，导致糖类作物产量剧减

---

① 一些气象学家现在把厄尔尼诺称为 ENSO 暖期，而把传统仍然在说的拉尼娜称为 ENSO 冷期。这样命名能相对减少歧义和混淆，因此可能在今后几年变得更加普及。

（另外，在2009年都乐食品公司撤出之前，菠萝产量也会减少）；森林大火可能横扫整个婆罗洲；印度依赖雨季生长的作物会枯萎歉收；加利福尼亚附近的海狮和海象会死亡；俄勒冈和英属哥伦比亚会出现一些意外的鱼类和乌贼。1877年一次估计比较温和的厄尔尼诺曾导致东亚长达两年的干旱，数百万人死于饥荒。极地的喷射气流也会在厄尔尼诺事件中被往南推得更远，使加拿大的冬天更加严寒，美国南方各州遭受更多降雨、气温下降，并使佛罗里达橙子的产季缩短。北欧变得更冷更干，肯尼亚更潮湿，而博茨瓦纳更干燥。其造成的影响广泛多样，带来的破坏罄竹难书（有的时候还看似很矛盾），引发的问题波及全球。

全球变暖也一直是个大问题，和一切都有着千丝万缕的联系。有人试图利用统计数据寻找这之中的规律和联系，而事件发生的规模各不相同，让他们非常头疼。例如，厄尔尼诺涛动的机制极为复杂，每次出现的间隔时间又较短。其中最广为人知的现象——沃克环流和ENSO的间隔就很短，只有三到五年的周期。

情况还要比这复杂得多。其他一些更加难以理解的大气和海洋现象也同样迅速，例如引起各地海水在冷暖水域交界区（称为温跃层）波动的开尔文波（Kelvin wave）和罗斯贝波（Rossby wave），还有所谓的哈德里环流圈（Hadley cell）和更北方出现的类似的费雷尔环流圈（Ferrel cell）。费雷尔环流圈出现在大气中而不是海洋里，会带来大量降雨，并在科里奥利力[①]的巨大影响下发生旋转。

所有这些有了命名的现象都相对比较迅速、时间短暂。在整个太平洋的运动过程中，还有一个主要部分也是如此，而且很可能是所有现象中最迅速的一个，叫作季节内振荡[②]。它像是将反常的大气行为向外传递的一道波，正常情况下，它会每隔30—60天就给热带西太平洋"送"去炎热的风暴和瓢泼

---

① 科里奥利力是维多利亚时代的法国学者古斯塔夫－加斯帕·科里奥利（Gustave-Gaspard Coriolis）所发现的，于是以他的名字命名。向西的科里奥利力主导着整个地球。

② madden-julian oscillation，原文直译为人名命名的"麦儒振荡"，但国内很少这样说，多称季节内振荡。——译者注

的大雨。

但全球变暖要比这些现象缓慢得多。大多数数学模型显示，直到21世纪末，热带太平洋的中心温度才会上升3摄氏度①。同时，根据政府间气候变化专门委员会（intergovernmental panel on climate change）的数据，海平面将会上升1—3英尺。本世纪未来的几十年中，这两种长期的变化将会如何影响预计中的厄尔尼诺暖期？又或后者将如何反过来影响前者？若能知道这一点，至少会有所帮助，因为全球气候变化几乎都是由厄尔尼诺现象造成的，还有很多各式各样的现象也都是它的结果或原因。

虽然计算机拼命计算，但依然很难有所定论。最近一项获得了足够数据支持，可以称得上是发现的观察是：沃克发现的沃克环流在近60年来在稳步减弱。同时，随着它的减弱，它最明显的表现——信风也在减弱，而且减弱比例和太平洋海面温度上升的比例完全同步。再加上沃克环流的减弱会触发厄尔尼诺暖期的开始，那么，直白点说，如果继续保持这个趋势，世界就会陷入长期的厄尔尼诺气候。

那么不难推断，西太平洋和整个北美大陆都会遭遇更加极端的气候灾害（且不说秘鲁渔业会彻底崩溃）。这一切将会给人类行为、城市选址、作物种植带来长远的改变。但一切都说不准。虽然有了新型计算机，再加上对太平洋气候的不懈研究，现在做全球气候的预测已经不再像以前那样完全是乱枪打鸟，但太平洋深处仍然是一团迷雾，巨大的复杂性让人类难以把握。

不过，人们正慢慢建立起某种共识：所有的一切都和热量相关，和来自太阳的辐射相关，和地球处理这些热量和辐射的方式相关。现在不少气候学家开始相信，太平洋吸收了大量的太阳热量，实际上是地球生物的救主。通过吸收具有破坏性的太阳热量以及过量的碳排放，从而阻止它们把生物赖以生存的陆地变为焦土，太平洋拯救了地球上的生物。作为地球上最大的一个

---

① 2008年的变暖速度大幅下降，让素来相信气候变化只是庸人自扰的人们欢欣鼓舞。而气象统计学家承认全球变暖的步调确实有所停滞，但他们坚持这只是一种周期性现象，最终气温上升趋势还是会恢复，而且只要化石燃料的燃烧仍然不加节制，气温的上升就会一直持续。

水体，它自身的温度在缓慢而稳定地上升，以一己之力扛起了全世界的热量重担。

这么多的热量吸收下来，自然会给局部造成很大的影响。正如塞缪尔所担心的，以后的台风会越来越猛烈，破坏性会越来越强，加强版翠西、升级版海燕会越来越多。海岛们会以更快的速度被淹没，疏散灾民的需求也会变得更加紧急。或许美国的喀斯喀特山脉和塞拉山脉等地会出现越来越大的降雪，或许秘鲁海岸会再也捕不到鳀鱼，或许马来西亚沙捞越（Sarawak）的森林会被大火彻底吞噬。

局部来看或许会有很多惨剧发生，但全球视角下却不尽然。地质记录显示，我们的地球已经挺过了一次又一次疯狂和劫难的循环，并一次又一次重回平衡。或许这一次，它也能够自愈，世界和它的生灵将能挺过难关并最终回归平衡。很多气候学家开始相信，当那一天到来时，太平洋将会成为一个独一无二的存在：一个对地球的未来至关重要的巨大安全阀。

太平洋的浩瀚使它蕴藏危险，会让地球暂时温度失衡、陷入危机，但在那之后，太平洋又会像一个巨大的陀螺仪一样，遏制住所有的疯狂，带回曾经的理性，重建平和、安宁和有序。

太平洋守护着世界的太平。这种想法或许没有多少科学根据，但却充满了诗意，是很多人的信念。在世界前景不甚明朗的今天，即使只是这样一个朴素的想法，也无疑能带给人极大的安慰。

5

第 章

乘风驭浪

"他就是运动之神墨丘利,
有着棕褐色皮肤的墨丘利。
他脚穿飞行鞋,在大海上乘风驭浪,
一往无前。"

杰克·伦敦(Jack London)
《贵族运动:在南太平洋上冲浪》
(发表于《女性家庭良友》杂志),1907年

海边杂技

　　太平洋是个庞大的水世界，在大多数有人类定居的海岸线上，温暖的海水呈现出深蓝色的诱人色泽。太平洋就其本质而言，是时刻不停地运动着的。几百年来，居住在大洋深处热带岛屿上的原住民们，极大限度地借助了海水的运动规律来获取所能想象到的最纯粹的快乐。他们爬上长木板乘着拍岸海浪顺势滑向大海，等海上传来大浪，就用脚尖紧紧抓住木板前缘站立，借势冲上大浪的浪尖，再顺着陡峭的碧色浪坡滑下，一路俯冲回岸边。

　　这种一开始被称为"骑浪"的休闲娱乐方式似乎只在太平洋上出现。其他大洋的海滨居民们只会去海里游泳、潜水或驾船出海探险，其他海上活动很少涉足。

　　19世纪末期，欧洲旅行者进入太平洋，主要目的地是夏威夷群岛。他们中的许多人见识到了这个陌生而又新奇的海上娱乐项目，除了极少数人对之心生恐惧之外，大部分感到很惊奇。一些对此着迷的人带上粗陋的自制木板，在加利福尼亚、澳大利亚和南非的海滩上，试图模仿当地人的行为，参与到这项娱乐活动中去。

　　在接下来半个世纪的时间里，骑浪、滑浪只不过是一种让人匪夷所思的活动，只有极少数精英参与到这项神秘而又快活的休闲活动中。但到1959年春天，一切都改变了。一部普普通通却很欢快的好莱坞电影《盖吉特》（*Gidget*），让全世界都对这种新奇的海边杂技有了充分的认识。

　　这部小制作电影根据少女凯茜·科纳尔（Kathy Kohner）的真实经历和她父亲撰写的小说改编而成。制片方对这部电影缺乏信心，因而哥伦比亚电影公司没有在美国任何一个大城市安排上映此片，而仅在郊区推出。此片选在

20世纪50年代最后一个夏天来临前上映。

正常情况下，这部电影很有可能没什么人观看，即使有人观看也是看后就忘。可是见识广博的《纽约时报》影评人霍华德·汤普森（Howard Thompson）在好奇心的驱使下去看了这部电影。1959年4月23日星期四，《纽约时报》在页首位置刊登了一篇汤姆逊的评论文章，对这部电影进行了正面的评价，具有典型的汤普森快人快语风格。而当时《纽约时报》是美国东海岸大多数人每天都看的报纸。

汤普森居然非常喜欢这部电影——这让所有参与制作这部电影的工作人员感到吃惊，也如释重负。当天《纽约时报》上的文章基调普遍严肃持重，汤普森的那篇文章却充满了激情，他宣称在他看来，《盖吉特》这部电影让"任何人看完都想马上出发前往长岛海湾度假"。他认为这部电影会促使人们了解时下新鲜的生活方式，他极力主张读者们逃离闷热难耐的城市，出发去海边度假，而以他的观点来看，这是"迎接海滩度假季最理想的方式"。

这部让汤普森激动万分的电影从题材上来看再普通不过了，无法与《公民凯恩》之类的电影相提并论。为了弥补这方面的不足，影片画面色彩饱和，采用了"星涅马斯科普"式宽银幕（Ginema Scope）拍摄手法。电影轻松愉快，略带些许性感元素，剧情简单，勉强称得上是一部爱情片，体现出强烈的20世纪50年代价值观。演员全都外表出众，年龄基本上不超过30岁。女主角小巧可爱、朝气蓬勃，由不到20岁的电影新人桑德拉·迪（Sandra Dee）出演。

《盖吉特》艺术价值有限，但这一点并不重要，因为在今天的史学家们看来，这部影片的影响力远远超出了严格意义上的电影领域。他们一致认为在将冲浪运动——太平洋上最令人赞叹和最悠久的休闲娱乐方式——推入美国主流社会方面，这部电影应是当仁不让的功臣。

于是数百万观众从影片中看到身材娇小的少女盖吉特在学习冲浪技巧时，所展现出的决心、勇气和冒险精神。他们看见盖吉特俯卧在跟她体型相仿的冲浪板上划向大海，然后跪在冲浪板光滑平整的表面上。接着，观众们跟着电影里的盖吉特学习冲浪的技巧：如何找到新卷浪，迎浪而上；如何在冲浪板上站起来——可能像所有初学者一样左右摇晃、犹豫迟疑、险些摔倒；如何在一瞬间保持直立和平衡；如何像老鹰展翅般伸开双臂，学会斜身和转板，快意地迎接并冲进自身后涌来的大浪。有时候，身材娇小的女主角驾驭冲浪板随着涌动的海浪滑向浪尖，越过即将溃散的卷浪边缘[①]；当女主角骑着浪坡而下，似乎已与海浪融为一体时，她便以越来越快的速度滑向岸边，观众从她优美的身姿中感受到了冲浪所带来的极致的快乐；最后，她兴奋地冲入了浪头飞溅的白沫之中。

电影讲到这里当然还没有结束。盖吉特起来调整呼吸，转身，兴致高昂地再次划向大海。她和其他志同道合的冲浪爱好者一起悠闲地漂浮在清凉的海面上，但他们全神贯注地注视着近处的海平线，期待着下一波能让他们表现得更好的海浪席卷而来。电影可以拍出几十次的下一次，正如现实中人们也总会盼来下一次的冲浪机会——他们总能迎来更强大、更吸引人的海浪，以更快的速度骑上海浪滑行。

正如人们在这部小电影里看到的那样，身材小巧轻盈的勇敢少女快乐而单纯地爱上了优雅闲适的冲浪运动。电影上映数周后，从几千名观众发展到几百万名观众，受影片影响纷纷爱上了冲浪，他们效仿盖吉特跃上浪尖、滑下浪坡，接纳了一种似乎并不复杂，而且充满了乐趣的运动——而其中最大的快乐在于，海水和海浪永远是自由的，一直都在，任何时候都能亲近它们。

最高贵的运动

如果托尔·海尔达尔[②]是正确的，而他刻意乘坐不易操控的仿古木筏"康

[①] 当近岸海水深度不到相邻波峰之间距离的七分之一时，海浪就会溃散。海浪底部的拉力会减缓海浪的行进速度，海浪上部却仍然加速前进，于是奔涌的浪头随着不断卷高又坠落的过程而溃散。最终海浪破碎成一堆白色的碎浪，英文称作"surf"，源自盎格鲁－撒克逊语中的"suff"，意思是涌向海岸的海水。

[②] 托尔·海尔达尔（Thor Heyerdahl, 1914—2002），挪威人类学者、海洋生物学者、探险家，因乘坐仿古木筏"康提基"号（Kon-Tiki）完成从秘鲁到南太平洋图阿莫图岛的 4300 海里航行而名动一时。——编者注

提基"号完成的著名航海之旅①也具有严肃的科学意义，我们也许可以相信冲浪起源于秘鲁，并从那里向西传至太平洋。

可以肯定的是，秘鲁确实创造了与冲浪板相似的海漂工具。万查科是一个美丽的海边小镇，镇上那些专事捕捞凤尾鱼的渔民们会在每个雾色迷雾的清晨出海去检查他们事先撒布的渔网，他们并非划船前往，而是跨坐在一种名叫柯巴立托·德·托托拉（caballitos do totora）的小巧优雅的单人筏上，摇动竹桨通过起伏的海浪。在昏暗的光线下，这种单人筏看起来很像体型稍大一些的老式冲浪板——单人筏纯靠手工将数百捆芦苇紧紧地系在一起制作而成，具有重量轻、浮力强等优点，但想要操控自如也具有相当的难度。万查科当地的人常说，他们制作这种小筏子已经有三千多年的历史了。如果这是事实，那这些芦苇筏肯定属于印加文化的产物，和曾经漂行在古尼罗河上的纸莎草船有着惊人的相似之处，也几乎拥有同样悠久的历史。

海尔达尔认为太平洋岛民的祖先是从东边迁移过来的看法，最终被证实是错误的，而与之相似，秘鲁人声称自己发明了冲浪的说法同样也遭到了反驳。基因学家和语言学家们各自提出相关的理论，证明波利尼西亚人实质上是居住在今天中国台湾地区的一支部落的后裔，他们的祖先向西绕过巴布亚新几内亚的俾斯麦半岛来到现今居住的岛屿；而无论是在基因上还是在文化上，均没有证据可以显示出秘鲁印加人和波利尼西亚人有所关联——秘鲁印加人是来自北极圈北部、跨过白令陆桥进入美洲的印第安人的后裔。

秘鲁那些以捕捞凤尾鱼为生的贫穷渔民们都坚持一种看法，那就是冲浪源于自己的家乡，他们长期以此自居，如今觉得很没面子。不管怎样，凤尾鱼渔民正逐渐消失，因为捕捞凤尾鱼在经济上收益不大，随着时间的流逝，愿意继续从事这个行业的人急剧减少，他们的技能已后继无人。如今在万查

---

① 海尔达尔想要证明南美洲水手曾经随洋流漂泊到波利尼西亚定居，如果这是事实，那么毋庸置疑，太平洋群岛文化应源自印加文化。后来的研究表明，波利尼西亚人擅长不靠船只在大海上航行，长期以来能在相隔甚远的太平洋岛屿之间往来。不过，之后的 DNA 研究结果推翻了海尔达尔的理论，证实波利尼西人是从西边的亚洲迁移过来的。海尔达尔 1947 年的冒险经历尽管勇气可嘉，但在如今看来只是吸引人眼球的噱头。

科，人们常常在寒冷的清晨看到一个上了年纪的渔民出海检查完渔网后返回岸边的情景，他弯腰驼背操纵着柯巴立托，芦苇筏跌跌撞撞地在波浪中缓慢前行，老人的勇气虽然令人佩服，却也让人感到莫名的心酸。三三两两的年轻人从老人身旁飞速掠过，他们踩着与自己身高体重契合的聚氨酯冲浪板在海浪中左右、上下穿梭着，想要在学校开课前玩个够，其驾驭海浪的风姿是旁边老旧的柯巴立托永远比不上，也不可能比得上的。

不，不是秘鲁人。根据当代各方面的研究成果显示，冲浪板和冲浪技术完全是波利尼西亚人的发明，冲浪这项运动起源于塔希提岛和波利尼西亚南部的群岛区域——甚至可能远至新西兰地区。书面记录是不全面的，所有肯定的说法都经不起推敲。"冲浪"是泛波利尼西亚语"he'e nalu"的字面意思，据说原本是一种儿童娱乐方式，远在4000年前就已经存在了。新移民乘坐大型独木舟，也就是他们用以探索大洋深处未知区域的重要工具进入太平洋群岛时，随身携带的东西除了食物、厨具和迁居外乡所必需的其他物件，还有自己的一身本领，其中就包括了冲浪技能。

当冲浪传到夏威夷，这项运动就立刻盛行起来，当地人迅速为之着迷。夏威夷群岛的纬度、天气和地形都十分适合冲浪运动的发展，冲浪很快就成了当地主要的娱乐休闲方式。夏威夷群岛长年吹拂东北信风，风速稳定，每小时约15节，在掠过处于下风岸旁的悬崖和暗礁时，也在海上带起了一阵阵无休无止的海浪，这里正是最适合冲浪的圣地。夏威夷群岛处于火山频繁活动的区域，是火山喷发的岩浆形成的火山岛，岩浆喷涌形成岛屿的同时，也重塑了周边的地形，影响了诸如堡礁的规模，岸旁的海水深度，岩石、海岬和暗礁的分布等，而这一切则决定了夏威夷的海浪性质：时而壮观，时而轻柔，时而让人心生征服之豪情，时而吞噬生命不留一丝生机。有时浪涌绵延不绝、此起彼伏；有时巨浪滔天、短而急促，犹如体型庞大的恶魔，一艘又一艘的船舶被撕裂、被吞没。有时浪高如墙，墙顶浪头绕卷而下，落浪碎裂成沫；有时海平面下涌动出高耸的空心水柱，柱顶翻滚着数百万吨浑浊的碧色海水。在风暴季节（尤其是一二月间），一波又一波的大浪不停歇地咆哮着扑向海岸边的暗礁和岩石，发出巨大的响声，迸溅出白色的泡沫。此处正是太平洋的缩影。

在外来文化侵入夏威夷群岛之前，当地人生性虔诚，他们认为野性十足、翻腾咆哮的大海是神的领地，如果天气适宜，神祇也会允许受其护佑的人们在大海上捕鱼谋生，并尽情享受大海带来的无穷乐趣。然而实际上，涉及冲浪的整个过程是相当繁琐的，并有着严格的管理程序。

古代的夏威夷尊崇礼仪，社会内部有着严格的阶级差别，一套针对冲浪的错综复杂的等级制度很快就建立了起来。夏威夷人在选择与砍伐适合制作冲浪板的树木时，都会执行严格的宗教仪式，一旦树木被砍伐后运走，他们就会将红色酷母鱼（kumu fish）献给心目中的神祇；接下来就是冲浪板的制作，完成后会祈求神祇为冲浪板赐福，之后再进行存储，而这一切的过程都会奉行一定的仪式，甚至包括在板上抹上椰子油和包上树皮布这种琐碎的细节，都要尊奉精确的指令。当驾驭冲浪板自海面滑向岸边时，他们是采取站立的姿势还是俯卧在板上，冲浪时是否穿着衣服，冲浪时是保持沉默还是大声吟唱外加发出狂喜的尖叫声，所有这些冲浪小细节都必须沿袭夏威夷社会由来已久的规范和惯例。社会等级决定何种类型和何种阶层的冲浪者采用何种冲浪方式，以及使用何种类型和尺寸的冲浪板；他们也会使用类似种族隔离的方式规定海滩的使用权限，例如，有供普通冲浪者使用的海滩，而最适合冲浪的海滩则专属于手握统治大权的贵族阶级。

那些贵族体型庞大、浑身肥肉，肚子里塞满了当地主食——大块大块的俗称三指饼的芋泥饼，他们习惯在冲浪时全身上下几乎不着片缕衣衫，使用尺寸最长的名为欧罗（olo）的冲浪板。19世纪英国维多利亚时期具有传奇色彩的探险家伊莎贝拉·博德（Isabella Bird）曾在穿越夏威夷群岛地区时说："我看见一些肥胖的、头发花白的男人，他们在海面上快乐地冲浪，朝气蓬勃，仿似青春少年。"

这些冲浪长板竟然长达20英尺、宽两英尺，尽管取材于重量很轻、通常用于制造独木舟的刺桐木，但其仍然和一个标准身材的男人的体重差不多重。

夏威夷的贵族们尽管体重超标，但却如同牛一般地壮实，他们的体型类似相扑运动员，身材并不像那些因为常年无节制地豪饮啤酒而形成的肥胖体型。他们踩着这些超长的冲浪板，在海浪中轻松自如地上下穿行，其速度之快犹如出膛的子弹。冲浪长板上没有龙骨，所以冲浪者无法控制方向，这让冲浪过程更加刺激和惊险。如今，原本仅具仪式性的欧罗被视为夏威夷民族的珍贵遗存而为当代人所仿制。类似历史悠久的夏威夷衬衫，市场上也有人买卖欧罗，即使价格高达五位数，真心喜爱的人也会心甘情愿地接受。

根据一名研究冲浪运动的历史学家的描述，冲浪是普及性非常高的运动，包括"农民、士兵、编织工、巫医、渔夫、孩童、老人、酋长和当地统治者"在内的几乎所有夏威夷人都会冲浪。相较于贵族所使用的冲浪长板，他们的冲浪板操控性更好，虽然外形不太体面。平民所用的就是所谓的阿拉亚（alaia）冲浪板，长度仅10英尺，取材于面包树，现代人所用的冲浪板的尺寸和样式大多仿效此板。小孩使用小小的、被称作拍泼（paipo）的圆头冲浪板，长度通常仅比小孩身高长一点点，当地小孩冲浪技能十分纯熟，在海面上任意游走，身手敏捷，速度极快。

1907年盛夏的一天，传奇冒险小说家杰克·伦敦在夏威夷的怀基基海滩第一次遇见了一群当地的冲浪儿，他们正玩得兴高采烈。当时伦敦正自顾自地在靠近岸边的浅海处游泳，心里一片恬然宁静，突然一大群少年踩着冲浪板急速从他身边一一掠过。他大为惊讶，上岸后他说服其中一个少年把拍泼借给他试试。他试了很多次，可惜最后的表现都不太好。"在冲浪好手面前，我们为了表现自己，都会直接跃身跳上冲浪板。可是一旦离开岸边，双脚就如同内河轮船上的船尾明轮一样剧烈颤动起来，这些淘气鬼趁此机会一个个从我身边快速滑过，让我丢尽了面子。"

杰克·伦敦对人类的主要贡献当然是他留下的文字：《白牙》（*White Fang*）、《野性的呼唤》（*The Call of the Wild*）以及几十篇短篇小说，短篇中最出色的就是《生火》（*To Build a Fire*）。不过，当他自己在冲浪中体会到了快乐的力量之后，接下来他不断地向社会宣扬冲浪的好处，他认为冲浪不仅能带给人们勇士般的荣光，还能促进对美德的追求。他对冲浪运动的看法直到一个多世纪后的今天，还在社会上发挥着强大的影响力。伦敦凭借自己的文字和热情率先发力，并在如今已几乎被人们所遗忘的两位杰出人物的协助下，让夏威夷本土运动中最高贵的项目——濒临灭绝的冲浪运动重新焕发了生机和活力。

迷恋与迷失

当杰克·伦敦乘坐45英尺长的双桅帆船"蛇鲨"号（Snark）到达夏威夷时，冲浪运动正由于两种力量的夹攻而处境艰难。首先是19世纪时夏威夷地区被外来人口带入的疾病所侵袭，人口锐减，较18世纪库克第一次发现夏威夷时减少近九成；对于幸存下来的岛民们来说，海滨嬉戏早已不是他们生活中应该考虑之事。其次，岛民们的穿着依其传统近乎赤裸，他们心满意足地过着自己应有的生活，但严厉的新教谴责在大庭广众之下裸露身体的任何行为，传教士们强迫他们穿上包裹全身的素色长袍，要求他们停止跳草裙舞和举行其原本信奉的原始信仰仪式，即使在海水中沐浴也要穿上粗麻布以保持庄重的仪态。冲浪被挤入了阴暗的角落。杰克·伦敦不得不与百年来的顽固观念作战，夏威夷传教之父、那个自认为将基督文明传入蛮荒地带的人——海勒姆·宾厄姆①曾在多年前公开表达过这种观念。

宾厄姆第一次抵达夏威夷时，乘坐的船是由教会赞助的，当那条船被划着独木舟、踩着冲浪板，甚至直接游过来的岛民们团团围住时，他脱口而出："这些是人吗？"这句话流传甚广，影响极差。"这些围着我们叽叽喳喳地说个不停的野蛮人几乎全身赤裸，看上去穷困潦倒，毫无尊严可言，实在是令人震惊。我们中的一些人当场落泪，转过头去不忍目睹此种场景。"

但杰克·伦敦却亲眼见识了那些仍然在享受海上冲浪运动的卡纳卡

---

① 早期进入夏威夷传教的一共有三人，他是最早的一个，他的孙子海勒姆·宾厄姆三世自称在秘鲁安第斯山脉发现了印加帝国建造的马丘比丘要塞遗址。

（kanoka）在随性肆意中释放出来的欢畅痛快（卡纳卡意即"当地原住民"，这个词不仅指夏威夷群岛岛民，还泛指整个波利尼西亚地区的居民）。正如洛杉矶一家报纸所报道的，伦敦也看到了在雨后的彩虹下，整个夏威夷海面上洋溢着快乐和激动。所以他立誓要学会冲浪。"直到我的双脚也长出翅膀，让我也能在海上滑行自如，'蛇鲨'号才会离开火奴鲁鲁。"他下定了决心，一定要打败那些踩着拍波轻而易举超过他的淘气鬼，而且，在他取得几次胜利之后，他就会用文字记录下来。

两位杰出人物协助他完成了任务。

第一位是他的冲浪老师：亚历山大·休姆·福特（Alexander Hume Ford），这个有钱的浪荡子是火奴鲁鲁社交界的发起人和大红人，他的父亲是来自美国南部的种植园主，在随父亲去往亚洲的途中偶然闯入了夏威夷社会之中，发现了冲浪这项运动，进而发现自己竟然十分擅长这项运动，于是就留在了夏威夷。他在39岁时成了十足的冲浪迷。福特的任务就是公关，对于这点他毫不掩饰。他想要将夏威夷推广出去，而冲浪就是他借助的工具。杰克·伦敦的妻子查米安提到福特时说："他发誓会让岛上的这个娱乐休闲方式成为世界上最受欢迎的运动之一。"

福特看上去并不属于爱好冲浪的那一类人，他没有被太阳晒成古铜色，也不是什么大块头。他又瘦又小，戴了副眼镜，有点儿学究气，下巴颏上留着小小的一撮山羊胡子，嘴唇上方蓄着两大撇八字须，肤色苍白，身上长期有被太阳晒伤的痕迹。正是他向杰克·伦敦传授了冲浪的技巧（当伦敦将相关细节记载入书，他继而也就教会了生活在夏威夷群岛之外的千百万伦敦读者如何冲浪）。但是在战前那些肆意挥霍的岁月里，他自身关于冲浪的学习经历触及到了这项运动至关重要的方面：跨越种族界线。

其原因在于，直到1906年左右，冲浪几乎还只是一项仅限于波利尼西亚地区的运动，冲浪技巧也被看作仅为当时的太平洋民族所独有的特长，西方人是完全无法学会的。马克·吐温在1866年到访夏威夷时也曾表达过类似的看法，他声称"除了当地原住民没人能学会冲浪"。尽管福特也是非常典型的白种人，身材瘦小，文质彬彬，但他确确实实通过自己的努力掌握了冲浪的技巧。他每天在海面上待4个小时，就为了等待站上冲浪板一路滑向岸边的机会。他是在第二位杰出人物的帮助下完成这项壮举的，后者最终促使伦敦走上捍卫冲浪之路，成为冲浪运动史上第一位伟大的斗士。

他就是乔治·弗里思（George Freeth），拥有一半的夏威夷血统，祖父是一名爱尔兰①船主。弗里思水性很好，在怀基基海滩当救生员，大多数人都认为他才是冲浪运动的真正开创者。首先，他特别擅长一件事，那就是站立冲浪。19世纪末冲浪渐趋衰落，站立冲浪的技艺几乎失传，其原因在于当时夏威夷群岛的人们因宗教而渐渐对冲浪失去了兴趣，只有极少数人仍然还会冲浪，而这些人也仅是懒洋洋地俯卧在冲浪板上加速往回滑行而已。将脊背稍稍弓起、站立冲浪的性感身姿在一个世纪前曾经让到访夏威夷的第一批外国游客大开眼界，并为之着迷，后来却几乎绝迹——直到弗里思让这项令人赞叹的技巧东山再起。伦敦写道："我看见他泰然自若地立在板上，乘风破浪而来，皮肤被太阳晒成了古铜色，犹如一位年轻的神降临人间。"弗里思确实年轻，年仅19岁，却是夏威夷群岛上最出色的冲浪高手。

弗里思教会了福特如何冲浪，福特又教会了杰克·伦敦，而杰克·伦敦成了第一个试图让全世界学会冲浪的人。三人之间的传帮带生动地体现出了一点，那就是冲浪已然跨越了种族的界限，因为弗里思肤色棕褐，且有一半的夏威夷血统；而福特则是白种人，出身名门；杰克·伦敦更进一步，他如同漫画里的典型白种人——以至于直到今天仍然有很多人认为他是那种把种族歧视挂在嘴边的人。当一名黑人选手夺得了拳王称号时，他认为这件事是对他所属阶层的一种侮辱，继而奋笔写下了"西方人必须被拯救"，旨在要求一名已经退役的重量级拳手再次出山，打败这名黑人。

福特最终让伦敦彻底迷恋上了冲浪，之后伦敦用笔记录下了整个教学过

---

① 一直以来，爱尔兰都坚持认为乔治·弗里思是爱尔兰人，可其他国家并不承认。2008年拍摄了影片《波浪骑士》（Waveriders），进一步施压以便让外界认可此事，可最终的结果却是让大多数观众注意到了爱尔兰西海岸，特别是斯莱戈县马拉莫尔的风光。这部电影让爱尔兰一举成名，成为世界上最适合冲浪的地方之一。

程。"啊，我第一次感受到海浪将我紧紧抓住并将我向上抛送，实在是太美妙了。我带速滑行了大约150英尺，海浪拍向沙滩，浪花四溅，我随着消失的浪涌放缓了速度。从那时起，我就彻底迷失了自己。"

水上行走

《女性家庭良友》杂志（*Woman's Home Companion*）是一本在当时发行量惊人的月刊，它同意刊登杰克·伦敦从"蛇鲨"号上发回来的所有报道，而他的这篇题为《贵族运动：在南太平洋上冲浪》的文章出现在这本杂志1907年10月号上，文章一经刊出，立即引起了很大的轰动效应。当与《女性家庭良友》同样拥有大量读者的英国杂志《帕尔马尔杂志》（*Pall Moll Magazine*）将杰克·伦敦的文章稍作改动，并另以《冲浪者的快乐》（*Joys of the Surf Riders*）为题刊出后，也受到广大读者的追棒，其受欢迎的程度堪与当政的爱德华七世一较高下。最终，伦敦经过长时间的筹划后出版了《蛇鲨号的航程》（*The Cruise of the Snark*）一书，书中对冲浪运动进行了更加详尽的阐释，以一本书的篇幅向读者介绍一项几乎不为人所知的体育运动，并促使他们热爱这项运动，这在历史上是前所未有的。到如今可能每一位读者都对这项运动有所了解，然而当时他唯恐人们对他所持有的种族立场有疑虑，遂放言道："对西方人来说，这是多么棒的运动项目啊。"

弗里思就是本章引言中杰克·伦敦所提到的"有着棕褐色皮肤的墨丘利"，伦敦从他英姿勃发的冲浪形象中获得灵感，从而思绪万千，一如既往地用生花妙笔创作了《女性家庭良友》上刊登的那篇文章。弗里思对文中的各种褒扬心花怒放，于是请求伦敦为他写一封推荐信，以协助他尝试在美国本土推销他最拿手的冲浪技巧。杰克·伦敦欣然应允，弗里思立即买了一张单程票，启程奔赴加利福尼亚——他想要在未来的冲浪沃土播撒下一粒种子。

1907年的洛杉矶只是一个中等城市，人口大约为27.5万人，其中四分之三是新移民。物产丰富的洛杉矶是一个相当奇特的地方，有修了一半就停工的豪宅，也建有新移民居住的普普通通的房子，各式各样的宗教信仰并存，当然也不乏为之服务的各类教堂。城里建有疗养院和精神病院，郊外绵延着大片大片看不着边际的柑橘林；彼时石油工业急剧发展，井架和钻井平台鳞次栉比；到处是小型的工厂和商店，电影工业正处于起步阶段；一处接一处的空旷海滩上只看见被暴风肆虐到近乎荒芜的沙丘。当地居民是不会到海边游玩的，他们情愿到内陆去找找乐子，当时最流行的娱乐方式就是透过有轨电车的车窗向外射杀野兔。波涛汹涌的大海能将人撕成碎片，令人心生畏惧，几乎没人对大海产生半点兴趣，更别提发明一点娱乐项目了。而且想要去往海边的沙丘地带不是一件容易的事，海滩上也没有能让人待得住的地方，无论何种海滩文化，在这里都不具备发展的基础条件。

但是洛杉矶遍地黄金，当地的有钱人——经营有轨电车线路的亨利·亨廷顿（Henry Huntington），开了家大型烟草公司①从而挣了大钱的阿博特·金尼（Abbott Kinney）——决定联手发展海滩文化。于是他们制订计划，将海岸线划分成不同的相互竞争的部分进行开发，为新兴的有闲阶级提供新的休闲娱乐方式。

上文提到的那片未经开发的荒芜海滩长达20英里，海滩人迹罕至，仍保持着原始的面貌，每到傍晚即沐浴在太平洋的落日余晖中。海滩北靠圣塔莫尼卡山脉，南边与帕洛斯弗迪斯半岛的悬崖峭壁相邻，远古时代从峭壁上剥离下来的片岩林立遍布在滩头。金尼拿下了海滩的北段，在离圣塔莫尼卡小城两英里的地方，花费巨资建起了奇特的网状运河带。总共6条运河，河面点上煤气灯，河中排满了贡多拉，又在紧邻大海的地方，沿着海岸线修建了呈拱桥形状的一段段建筑，上面建有一个个淡水蓄水池。金尼大概是凭借想象而非商业触觉，沿着运河开设了许多古色古香的小店，以他极为欣赏的意大利威尼斯为此地冠名。后来运河被填平后修了公路，但威尼斯海滩却保

---

① 斯威特卡普瑞（Sweet Caporal）是金尼手下最有名的品牌，他在纽约切尔西的工厂每周产量高达一千八百万，直到1892年由一盏煤气吊灯引发的大火烧毁了庞大的厂房和所有的存货。巨富金尼患上了哮喘，为了生活在空气更清新的地方，最终离开纽约前往加州南部。

留了下来。

亨利·亨廷顿的叔叔是横贯北美大陆的铁路出资人之一。在铺设洛杉矶城内的铁路线项目上，他与这位叔叔还是非常友好的竞争关系。亨廷顿的海滩项目比金尼的规模小很多，位置也偏南。不过，他相当有预见性，将自己的太平洋电气铁路公司经营的红色有轨电车的终点站延至海滩，把乘客从城里吸引到了海边。为了给客人们提供一个落脚、消磨闲暇时间的地方，他着手建造一家超大型酒店，酒店配有一个海水跳水池，一个摩洛哥风格的宴会厅以及数不清的餐厅。他为自己购买的这一段之前几乎不为人所知的海滩取名为瑞丹多海滩，酒店就叫瑞丹多酒店（Redondo Hotel）。

城里人来了，并且人数稳定增长。他们有的会去亨廷顿的瑞丹多酒店，坐在大大的摩尔风格的拱形窗边放松一下；有的会到金尼开发的威尼斯海滩，找一家时尚的仿意式风格的浓缩咖啡屋，坐在靠窗的座位上度过闲适的时光。无一例外，他们的眼神都转向西边，凝望着太平洋的海面，着迷于那无休无止地咆哮着的桀骜不驯的蓝色大海。

直到1907年夏末的一天，离威尼斯海滩不远的海面上，在起伏的海浪中出现了一个男人的身影，他正在做一件任何一个神志清醒的洛杉矶人认为不可能的事：在水上行走。

或者至少看上去他是在行走，最后海浪将他送到了岸边，直接将他送到了沙滩上，观者无不为之瞠目结舌：一个健壮的男人轻盈地从一块8英尺长的板子上走下来，而似乎就是这块板子一路承载着站立的他从惊涛骇浪中翩然而至。他向围观的人们欢快地挥手致意，拾起他的红杉板，走回海中，跳上板子，俯卧着向外划水奔着天际线而去，去往海浪的尽头，接着站立起来，似乎脚下踏着一片浪花，以极快的速度和令人难以想象的优雅身姿再次向岸边滑来；回到陆地后，他又返回海中再来一次。

这个人就是弗里思，怀基基海滩上那个有着棕褐色皮肤的墨丘利。那天他故意在众人面前上演了一场精彩的冲浪秀，而碰巧的是，当地一名记者正好目睹了这个场景。1907年7月22日，亨利·亨廷顿看到了这名记者受此触动而撰写的报道，作为天生的商业奇才，他立即想到了为酒店促销、吸引游客从市中心乘坐火车到瑞丹多海滩游玩的最佳方案。

到年底的时候，弗里思成了太平洋电气铁路公司的正式员工，担任了一项令人称羡的职务。每逢周末的一天，他会在海上冲浪两次，时间是在下午两点和四点。冲浪的时候，他会穿上绿色羊毛背心和绿色羊毛短裤，划水划到冲浪线后，等待瑞丹多酒店的扩音器播放通知，当听到通知，他就会抓住一次浪涌的机会，在冲浪板上站立起来，然后毫不费力地飞越浪峰回到海滩。

对于美国本土的冲浪者来说，弗里思是公认的冲浪运动之父，不过到如今几乎没人还记得他。他性格安静，有耐心，性格拘谨，不露锋芒——从照片上看，他浑身散发着忧郁的气质，一点也不像杰克·伦敦在他广受欢迎的第一篇以冲浪为主题的文章里形容的那样——他在那篇文章里将弗里思比喻为有着棕褐色皮肤的墨丘利。他向当地的年轻人传授冲浪技巧，在更多的人面前展示冲浪运动。他找了一份救生员的工作，驾驶摩托车去偏远的地区实施救援，发明了可用来救生的桨叶式冲浪板，在海中可迅速抵达体力不支者和溺水者的身旁。

他独自一人过着简朴的生活，没什么朋友，终生未婚。1918到1919年间流感肆虐，他因感染流感而去世，年仅35岁，去世时身边没有亲人和朋友。瑞丹多海滩有一条用木板铺成的人行道，人们在这条道上矗立了一座弗里思的半身铜像以示对他的纪念，碑文写着：美国第一位冲浪者（碑文曾经被偷，后失而复得）。然而在这片海滩之外，几乎没人记得他的名字。可能他在爱尔兰的名气还要大一些。

伟大使者

接下来出场的这个人将把这项美国沿海地区的新运动推向极致。他很有感召力，品德高尚，与之相比，弗里思则严肃审慎，其貌不扬。而且，这个人的皮肤是真正的棕褐色，因为他是地地道道的夏威夷人，尽管他有一个典型的西方人名字。他就是杜克·卡哈那莫库（Duke Kahanamoku），是游泳和冲浪高手。对于冲浪界来说，即便他不算教父，那也是第一个真正意义上的偶像，对于美国和美国之外的国家来说，他是冲浪运动的最伟大的使者。

他的父亲是火奴鲁鲁警察局的一名文员，也叫杜克，英文中杜克是公爵的意思，他取这个名字是为了向英国海军军官、维多利亚女王之子爱丁堡公爵①致敬。这位父亲一共有9个儿子，他将自己的名字传给了长子。小杜克迅速成名，他完全符合一位公爵的形象，身材颀长挺拔，气质高贵，着实迷人。他面容英俊，永远彬彬有礼，倾慕者多不胜数。他从学校辍学后，天天黏在海滩活动，常常在海里游泳、玩沙滩排球和水球，他将冲浪技术推升到了一个新的高度，既有难度而又不失优雅。

卡哈那莫库第一次周游世界是因为他的游泳本领。他在1912年斯德哥尔摩奥运会上获得一金一银，1920年又在安特卫普奥运会上获得两枚金牌，1924年在巴黎奥运会上再夺得一枚银牌［这次奥运会上，他的弟弟山姆获得了铜牌，约翰尼·威斯默勒（Johnny Weissmuller）获得金牌，威斯默勒退役后当了演员，是人猿泰山的扮演者］。虽然游泳给予了卡哈那莫库周游世界的机会，但他在游历的过程中却让人们见识到了他的冲浪技术。

例如，从斯德哥尔摩返国途中，他在大西洋城、洛克威海滩、希捷区、科尼岛上的曼哈顿的海边都曾进行过冲浪表演。他也在加州和长滩进行了类似的表演——在某种程度上，这两个地方属于跟风，对此，北边不远处海滩上弗里思功不可没——之后，他越过太平洋回到了夏威夷，从出发到返回绕了地球一圈。

两年后，他在澳大利亚展示了自己的高超技艺。这位世界著名的奥运会游泳冠军、世界上百米游泳速度最快的选手在几千名悉尼游泳迷前露了一

---

① 维多利亚女王授予其子阿尔弗雷德王子爱丁堡公爵的爵位。公爵的一生堪称多姿多彩：他在跨越太平洋去往夏威夷的途中，在悉尼遇上刺客，背部中枪（该名刺客行刺未遂被逮，之后被执行绞刑），其后在他结婚25周年的庆典上，他的一个儿子举枪自杀。特里斯坦－达库尼亚群岛曾经是英帝国在南大西洋上的殖民地，如今该地仍然残留不少殖民时期的遗迹，其行政中心爱丁堡的命名即出自上面这位英国皇室贵族中最喜欢四处游历的爱丁堡公爵。

手。由于准备不足，他匆忙之间找到了当地一家木材厂，让厂家从兰伯氏松上劈下了厚厚的一块板材，他亲自将这块板材刨平做成了冲浪板。之后在淡水海滩，他在观众们面前展示了如何能够连续几个小时轻松自如地踩着冲浪板在大海上前行的。他仿制昔日夏威夷贵族们所使用的"欧罗"，设计了16英尺长的大型冲浪板。这块大型的冲浪板在冲浪界等同于航空母舰的飞行甲板，其尺寸足够容纳两人一起冲浪，为此他邀请了一位名叫伊莎贝尔·莱瑟姆（Isabel Letham）的15岁女学生站在自己身前，带着她在浪涛之上变向、转动、加速前行、旋转。这一切令澳大利亚的观众们眼花缭乱，惊叹不已。莱瑟姆长大后在加州北部当了一名游泳教练，到了很大岁数的时候仍然享受着冲浪的乐趣，直到95岁去世。人们普遍认为她是澳大利亚从事冲浪运动的第一位女性。

极致的创新

第一次世界大战结束的时候，冲浪才真正成为一项被大家所认可的正统运动项目。随着这项运动在全世界流传开来——传播的速度很慢，最初只是一项仅限于局部地区的运动——最终也拥有了属于自己的规则和标准，开始举办比赛和锦标赛。澳大利亚是第一个举办冲浪运动常规赛事的国家。赛事的主办方是冲浪救生协会，设计比赛的初衷是：如果海面上有游泳者陷入困境，救援人员以冲浪板作为工具需要多长时间才能抵达这名游泳者的身边——冲浪运动发源于夏威夷，后来以极快的速度在加州盛行开来，这样的比赛成为展示冲浪运动公益用途的绝佳机会。

1928年在加州南部举办了第一次正式的赛事——那时候，年轻人有了点闲钱，同时也有了找乐子的好心情，著名的爵士年代即由此发端，这些年轻人曾一度痴迷于四个轮子的汽车，为了找到一处最适合冲浪的地点，他们可以开车寻遍整条海岸线。在早期，瑞丹多海滩和威尼斯海滩曾是理想的冲浪地点，但是如今被冠以"冲浪圣殿"称号的却是一处名叫科罗纳戴尔马尔

（Corona del Mal）的海滩，这处海滩位于洛杉矶南部，在去往圣地亚哥和墨西哥的路上。伴随着盛大的烟火表演，太平洋海岸冲浪锦标赛正式开始——那天水上项目的高潮就是"在汹涌的海面上举办的最激动人心的冲浪比赛"，比赛之后，评选最佳冲浪手成为一项复杂的任务。

裁判工作从来都不轻松，直至今日仍旧是一项艰巨的任务。风向和水流瞬息万变，获胜取决于速度还是难度、仪态还是勇气，大家意见相左、莫衷一是。多年之后，冲浪的评判标准才渐趋成熟。但当时在科罗纳戴尔马尔，比赛主办方还是出台了相关的准则，包括比赛规则和一套评分系统。主办方的宣传工作启动后，世界各地的冲浪爱好者陆续抵达了比赛场地，他们来自秘鲁、法国和巴斯克地区，正是由于这一群人的出现，几年之后，美国太平洋海岸将成为世界上最重要的冲浪爱好者集聚地和冲浪运动的总部，运动规则和最终裁判标准均将由此地诞生。随着冲浪运动广为大众所喜爱，它成为一桩十分赚钱的生意。

最初赚钱的都是一些服务性行业——卖热狗的小摊子和兜售啤酒、防晒油和沙滩装的小贩。当与冲浪相关的正经商业站住脚之后，严酷的商业竞争接踵而至，由此导致的结果就是冲浪运动臣服于技术的魅力之下，冲浪者可运用某些技术改良速度和姿势，最终赢得比赛的概率也大大提高。

伴随着20世纪的脚步，无论商业抑或技术均从未放松对冲浪运动的掌控。20世纪30年代开始，冲浪的核心技术得到了突破性的进展，但这一切还仅限于材料的范畴。怎样才能使冲浪板重量更轻、材质更结实和更柔韧呢？是的，木材可以浮在水面上，所以在材质上具有先天的优势，但它是唯一适合的材料吗？1935年，《科普》杂志（*Popular Science*）绘制了几张示意图，教授读者如何制作一块完美的冲浪板。这块冲浪板全是由木材制作完成的，长11英尺，最宽的地方仅两英尺，板芯是轻质木材，板缘是云杉木，合板钉和嵌线是红杉木。

板子成形后再进行一些细微的改良：将板头和板尾设计成不同的形状，这里加上一支尾鳍，那里添上一个龙骨，再将底部加工成凹凸不平的表面以达到防滑的效果；板子自尾部至前部逐渐削窄，顶部再加上相应的物件。一些板子表面的嵌饰十分精致，外饰价格昂贵的红木，内部掏空。随后材料研究取得了突破性的进展，树脂、玻璃纤维和电木出现了。传统的木材被各式树脂外壳所取代，性能得到了进一步的提升，板头覆上一层轻质纤维起到保护的作用，当人们在夏日午后冲浪时，板头再不会因为频繁撞击海滩而出现裂缝和擦痕了。

女孩用的冲浪板（Gril boards）——这个词今天已经被彻底弃用——也在市面上出现了，在马利布这个小城生意十分火爆，女孩冲浪运动自此开始真正起步。女孩用的冲浪板尺寸较小，但也正因如此让冲浪者的动作更加灵巧，速度也更快。女孩们不再是男孩们冲浪板前面的装饰物了，她们年纪轻轻，却拥有极高的冲浪技术，海面上的飒爽英姿让马利布这座城市激荡着青春的活力，吸引着异性的目光。男人们声称，和这些非常优秀的女性冲浪者们同场竞技，让他们的冲浪风格也有所改变，水上技术得到提升，催生了装备升级改造的需求。

20世纪50年代，潮流瞬息万变，这种时代特征也毫无例外地反映到了冲浪运动之中。有一阵子，每个人都追求羽绒般轻盈的板子，随着科技的进步，一些冲浪板的重量减至20磅左右，可最终的结果却是当遭遇到海上大浪袭击时，由于重量太轻，冲浪板犹如麦壳一样被海浪抛得四处打转，显然这会将冲浪者置于危险之中。随后又兴起了一股爱好重板子的热潮，这无疑是对轻量级板子反思之后的改进性措施，重板子稳定性更好、体积更大，在猛烈的浪涛中对海面的附着力更强，这些爱好冲浪的加利福尼亚人逐渐转而使用重板子。

不断追求极致的体验是美国人性格中典型的一面，于是相关技术变得十分重要。长达几百年的时间里，夏威夷人对这种悠然愉悦的休闲方式感到相当满足，然而美国人却认为不够好——这种观点对冲浪运动是好是坏，直至今日仍然存在着很多争议。

在霍比·奥尔塔（Hobie Alter）看来，提升技术不成问题。这位年轻的加利福尼亚小伙子性格安静、稳重，来自富有的柑橘农场主家庭，在他心目中，发展和创新就是一切。他十几岁就接触冲浪行业，第一份工作是"塑形"。他受父亲资助，在曼哈顿海滩边开了一家小型店铺，将厄瓜多尔进口的长条型轻质木材雕琢成合适的造型，以满足附近冲浪爱好者的需求。小店离半个世纪前乔治·弗里思炫技的海滩不远，在其南面仅一英里左右，店铺外立了一块招牌：霍比冲浪板。小店前的海滩上挤满了冲浪的人，这位年仅21岁的年轻人生意做得很好。

1957年的某天，有名销售人员来到小店，带来了一小块聚氨酯，这是石油行业新近偶然发明的东西。这种东西首次出现在德国的化工厂里，它太不可思议了，重量轻、材质与木材十分相似，被泡制成形后，再经切割、粉碎后可以被压制成任何形状——奥尔塔立马意识到，这将是未来冲浪板的材料。奥尔塔和手下一名操作塑封机的员工一起开始进行聚氨酯起泡试验。这位名叫乔治·克拉克（George Clark）的工程师以前当过兵，也在油田干过，但都半途而废。他接触冲浪时间很晚，却陷得很深，他可以连续几天不洗澡，只因其大部分时间都泡在海里，并由此得到"脏兮兮的克拉克"的绰号。

克拉克曾经说过："你做梦都不会想到，我们的工作环境真的是又脏又乱，每天都生活在难闻的气味中。"早期的时候，他们需要将一种黑乎乎的、看上去油腻腻的东西（甲苯异氰酸酯）和一种多羟基化合物以及发泡剂混合在一起；几秒钟之内，混合物就会形成泡沫并扩大，其体积会膨胀到一个可怕的程度，直至其液体的25倍，然后凝结变硬。奥尔塔和克拉克——冲浪界通常将这两位称为"霍比"和"脏兮兮"——花费两年的时间找到将泡沫塑料用于制作冲浪板的最佳办法，以及将泡沫塑料压制成形的办法，同时保证材质内部不会产生气泡以及整体不会发生变形，他们在极短的时间内几乎垄断了整个行业。他们的努力有了结果，1959年的冬天，公司开始生产聚氨酯冲浪板，并在《洛杉矶时报》上刊登了一则小小的广告，由此财富不断。

当初，《盖吉特》让全世界爱上了冲浪运动，而才过去了不到8个月，奥尔塔和克拉克的新材料冲浪板就问世了。很快，五人歌唱组合"海滩男孩"

成立，颂扬冲浪的各种歌曲和以冲浪为主题各种音乐诞生了，更多以冲浪为主题的电影也陆续面世，当然最著名的就是布鲁斯·布朗（Bruce Brown）于20世纪60年代拍摄的冲浪纪录片《无尽的夏日》（*The Endless Summer*）。自20世纪20年代起，冲浪潮流一直以来在努力挣脱束缚，而如今终于获得了释放。冲浪业应运而生，钱源源不断地流进来，地盘争夺战此起彼伏，几百万人参与到这个美国地区所特有的运动中来。与棒球或美式橄榄球不一样，冲浪的运动场遍布整个北美海岸，温暖的海水、汹涌的海浪和白色的沙滩是冲浪爱好者取之不尽、用之不竭的宝库。

2014年早春，霍比·奥尔塔去世，享年80岁，而那时我正在夏威夷。夏威夷公共电台从早到晚都在播放长篇悼词，其中全是极尽颂誉之词——奥尔塔也是滑雪板和"霍比猫"的发明人，"霍比猫"练习艇因价格低廉而广受欢迎，而奥尔塔本人也因这多项发明为大多数人所敬重。我驾车顺着瓦胡岛北部海岸线前行，经过普普科亚南部的海滩，也就是世界上最知名的冲浪圣地之一——万岁管道（Banzai Pipeline）时，不经意间打开了收音机，收听到了这则悲伤的消息。

在这个温暖的下午，海浪从远方扑面而来，汹涌而有力，三处珊瑚礁上铺设的管子随着浪涌不停地翻滚着，在强劲的东北信风吹拂下，海浪从右边卷涌向海滩——据冲浪界的绝顶高手们说，这是他们最钟爱的波浪形态。于是人们抬头就会看见海面上遍布着星星点点的小黑影，男男女女一个个漂浮在水上，目不转睛地注视着大海的深处，静候海浪袭来的瞬间。我下了车，车没熄火，因为我想在车外也能听听有关霍比的悼词——广播里传来"传奇""文化的塑造者"等词，这些词都是用来形容这个"从未穿过硬底鞋，也从未离开过太平洋海岸公路的西边去其他地方工作"的男人。

我面前的这片广阔的海滩上随处可见他的遗产。烙上他标记的冲浪板无处不在。各种颜色的板子一排排地立在沙滩上，玩得筋疲力尽的年轻人兴高采烈地用手臂夹着板子往沙滩上走，他们已经在海上消磨了数小时，不停地骑浪、漂浮、冲浪；海面上也能见到冲浪板的影踪，有的随主人漂浮在海上，而有的则跟随主人下降、旋转、上升，在浪峰边缘游走，或者随主人穿行在被海水涌动向前的"万岁管道"间。他们的精彩表演让在炽烈阳光下观看和等待的人如痴如醉，心驰神往。冲浪是波利尼西亚地区的古老传统，这项原本诞生于太平洋地区的运动项目现如今拥有大量的爱好者，影响遍及世界各地，而这一切都应归功于霍比·奥尔塔等发明家，是他们的贡献让冲浪运动深入民间。

"空洞的星期一"

乔治·克拉克的遗赠更加神秘。聚氨酯冲浪板在市场上获得成功后不久，克拉克就与奥尔塔分道扬镳，成立了自己的公司，取名为"克拉克泡沫"（Clark Foam），公司生产聚氨酯冲浪板模坯，以便根据客户的不同需求加工成他们想要的形状。事实证明他是一位非常厉害的商人，千禧年之交时，他的公司已然成为行业领袖，占据美国冲浪板市场百分之九十、全球冲浪板市场百分之六十的份额（到2005年，全世界能够称得上冲浪爱好者的人足足有2000万）。克拉克和他的公司实力强大，可他本人的名声却不太好，以冷漠著称，甚或更糟。他很少和媒体交流，住所远离海滩，过着近乎僧侣般与世隔绝的生活。外人都知道他报复心很强，竞争手段狠辣，和冲浪这项快活又放松的运动太不相称了，可他却凭借自己能力和专业技术在冲浪行业中长期占据霸主地位。和霍比·奥尔塔不同，乔治·克拉克不是受人爱戴的人物。

尤其值得一提的是2005年12月5日，他突然宣布关闭克拉克泡沫公司，毁掉了所有的模坯和成形的母模，将长期以来同行觊觎的、已取得专利的所有化学公式锁进保险箱——用实际行动表示，他拒绝将他从商40年来积累的大量知识和技术向外界公布。

这让冲浪业大为震惊。在旁人看来，似乎克拉克没有理由关闭公司。有人说，这是长期掌权后出现的疯狂行为。还有人说，这显然是小人的卑鄙行径。克拉克本人则向各位代理商发送了一封长长的电报，电报条理混乱，几乎毫无逻辑可言，声称由于有人认为公司生产过程中使用的硬化剂存在致癌物质，他将面临法律诉讼。但是从未有人对他提起过诉讼，也没发现有人对他的公司提请过任何与化学物质相关的投诉。

从那时起，冲浪者就将那一天称为"空洞的（'blank'为多义词，也有模坯的意思）星期一"，有一张那天的照片保存至今。杰夫·迪万（Jeff Divine）是最有名的冲浪运动摄影师，那天他没有按惯例去拍摄阳光照耀下的大海和大海上涌动的蓝色海浪，而是走进了阴云密布的内陆工业区，在那里，他发现并捕捉到了一个悲伤的时刻，这一时刻直至今日仍然触动人心：一个男人孤独地站在一个混凝土回收场中，在一团团锈迹斑斑的钢筋和垒成山的水泥粉尘中，目不转睛地看着一堆破破烂烂的冲浪板模坯，这些模坯都是下属遵照克拉克的命令丢弃在那里的。

听闻克拉克的决定之后，整个行业慌乱无措，对未来深感不安。为什么那时如此多的冲浪板制造商都依赖一家供货商，直到现在这都是一个谜。几个月后，才有其他厂家掌握了制作模坯的诀窍，开始生产新的模坯，产品源源不断地流向市场，冲浪业才逐渐恢复正常。克拉克从未对自己的决定进行过合理的解释。八十多岁的他将家搬到了俄勒冈州的一处大农场里，过着隐居的生活，不过在冲浪界，人们始终对他的行为感到困惑不解，一直以来，谣言纷纷攘攘，他也始终是人们谈论的重点。

不可避免地，人们肯定会认为伴随着一个行业的发展和壮大，伴随着这个行业从位卑言轻的无名小卒成长为拥有巨大财富和无上权力的庞然大物，必然会发生不少类似上述这样令人遗憾的故事。今天，我们不再使用体育运动、休闲项目或夏威夷的古老传统这些词来界定冲浪，代之而起的是行业这个词。现在有企业巨头专门生产与冲浪相关的产品、迎合冲浪爱好者的需求；电视节目、杂志、广告、赞助商以及一个庞大产业必须拥有的其他所有力量已经污染了这项原本如此干净纯粹的冲浪运动。我想，对于冲浪运动的发展现状，乔治·弗里思、杜克·卡哈那莫库、亚历山大·休姆·福特，甚至杰克·伦敦应该都很难认可，恐怕也不太赞成。

巴塔哥尼亚

对冲浪运动的发展感到失望的应该还包括凯茜·科纳尔。这位身高5英尺、体重95磅的15岁女孩售卖自制花生酱三明治赚取零花钱，只为去马里布海滩上租用冲浪板出海冲浪，她的冲浪技术很好，是她父亲所写小说《盖吉特》里的女主角原型。而《盖吉特》这部小说不久之后就被搬上银幕，导演保罗·温科丝（Paul Wendkos）也是马里布人，因执导过几部战争片而小有名气，饰演女主角的桑德拉·迪表现十分出色，让盖吉特这个人物比小说中更加惹人喜爱。

他们都明白一点，那就是属于真正冲浪爱好者的世界和目前的冲浪行业之间关系不大。

冲浪爱好者具有脱俗超然的气质特征，他们闲散安逸、无拘无束、与世无争，他们的世界里只有阳光、大海和沙滩，废寝忘食地追求着纯粹的快乐，在人们意想不到的地方留下自己的足迹。

最值得一提的就是冲浪业。几个公司创始人——他们的公司大多数都位于美国西海岸，而且距太平洋的冲浪地点很近，员工们甚至可以在业余时间下海冲浪——决定雇用热爱冲浪的员工，他们愿意改变公司惯常的工作方式，去满足员工的特殊需求，反之，他们也希望自己的员工能以良好的工作表现来回报公司。

这个主意是伊冯·乔伊纳德（Yvon Chouinard）首先提出的，他公开宣称自己是一名环保主义者和鸟类研究者，也是攀岩爱好者和冲浪爱好者。由于发现美国产的岩钉和鞋底钉极度缺货，1957年他决定自学铁匠手艺，自己锻造攀岩装备。10年后，他再次发现美国产冲锋衣质量不达标，无法满足自己和其他荒野爱好者的需求，于是在1970年成立了巴塔哥尼亚公司（Patagonia），专门生产户外服装。他宣称自己在经商的过程中会尽可能地恪守职业道德。他向我详细说明了他对冲浪的热爱是如何影响他的商业行为和他的公司经营理念的：

　　过去，人们无法准确预测天气和海浪，冲浪爱好者不可能制定准点准时的计划，例如，下周四下午三点钟出海冲浪。因此，认真的冲浪玩家们在选择生活方式和职业时都会首先考虑到自己的爱好，以便天气允许时可以随时冲浪。冲浪真正流行起来是在20世纪50年代中期到60年代中期，我认为这一时期也是国际上化石燃料大量出产的时期，一加仑的汽油仅需25美分，20美金就能买到一辆二手车，车价油价如此便宜，当时随便一个十来岁的青少年都能搞定一辆车。露营是免费的，兼职工作很好找，当时的美国遍地黄金，很适合存在于社会边缘的反主流文化群体生存。

　　巴塔哥尼亚公司的经营哲学基于一条原则，那就是我可能会称之为"让我的员工去冲浪"的原则。我这样说是因为公司奉行弹性工作制度。公司不想营造与其他公司类似的严肃的工作氛围，所以我们雇用善于自我激励、独立性强的员工：冲浪和攀岩爱好者。我们让他们自己去决定什么时候工作以及采取何种方式工作。迄今为止这种方法取得了很好的效果。

　　有好几家西海岸的公司效仿乔伊纳德的做法，如实施弹性工作制度、允许员工穿着休闲服上班、尽可能地营造一个让户外爱好者真正倾心的工作环境等。而这些管理手段则启发了诸如谷歌、脸书、推特和苹果等大公司去认真思考，甚至借鉴了巴塔哥尼亚公司的部分管理技巧。

　　尽管到目前为止，这样的管理手段主要还是为太平洋沿岸的公司所用，但如今，可能仍有其他地区的公司在逐渐采纳巴塔哥尼亚公司的做法。这类管理手段的诞生在一定程度上是和冲浪这项夏威夷地区的贵族运动分不开的，这项原本专属于波利尼西亚人的了不起的海上运动项目如今有了一个恰当的说法——太平洋赠予外部世界的伟大礼物。

第 6 章

收音机革命

"这不是评论家的时代，而是工程师的时代。火花间隙开关比笔杆更有力量。"

兰斯洛特·霍格本（Lancelot Hogben）
《公民科学》（*Science for the Citizen*），
1938年

电子时代

1955年的晚夏，加拿大的天气异常炎热——报纸上说，热得连安大略省树上的苹果都被烤干了。室内闷热难耐，那些下班回家想听听晚间新闻，了解一下本地长曲棍球队战绩的上班族发现，为了舒服一点，他们必须把窗户打开，或是坐在门廊或草坪上，然后调高收音机的音量，以免路过的汽车声盖过收音机的声音。

但是，应该只有极少数温尼伯（Winnipeg）、埃德蒙顿（Edmonton）、多伦多、蒙特利尔和温哥华人从市中心的电器店门前经过时，会注意到那个月新上市的一种外形有如褐绿色塑料小盒子的东西，尤其是温哥华，当时已经有相当多的日本侨民在那里生活，他们对这种新玩意事先有所耳闻。所有看见了这个商品的人马上就知道自己找到了在夏日晚间的草坪上听收音机的解决方法。

这是一个跟手掌差不多大的收音机，不附带任何连接线。当8月8日它第一次对外发售的时候，市面上大多数收音机跟家具没两样，基本上都是胡桃木贴面的大家伙，需要经常除尘和擦拭，多半还有充当盆栽植物底座的作用。然而这个小盒子不一样，它不像家具，而用电池驱动，不需要和墙上的插座连接。它重量很轻，不需要时间预热，事实上也不用预热；你一打开它，声音马上就出来了，而且你可以把它放在你想要放置的任何地方——当然可以远离8月间闷热难耐的起居室了。你可以在树阴下收听，在洒水器喷射出的细密水雾旁的凉爽地带收听。小小的塑料外壳看上去整齐干净，你可以把它放在院子里的桌子上或草坪中，也可以放在走廊的桌子上，或者如果你愿意，你可以拿着它来来去去地做事，去冰箱拿啤酒的时候也可以带着。

这个漂亮的小东西非常时尚，深具时代风格。它的大部分体积被扬声器（格子网面上分布着许多细小的孔眼）占据，旁边有两个小小的红黑相间的手轮，一个是开关，一个可以调节音量。在正面右下角的地方，有一个旋钮和一个外饰刻纹的旋转盘，你可以通过旋转它们来切换电台，从加拿大广播公司的一个电台切换到另一个。旋转盘上用日文刻有"东京通信工业株式会社"的字样，这些字除了日本移民之外，极少有其他人认识。

在这个小东西的正面还压印了几个凸出的塑胶字：内置晶体管。晶体管是这个电子器物里跳动着的心脏，说得简单直白一点，也就是收音机的核心部件，虽然是最近才创造出来的词，但却在很短的时间内颇为人们所熟知。

调音手轮上方一块不起眼的长方形空格中，印着另外几个字母：SONY，这个名字注定会成为世界上最著名的商标之一。

索尼公司未来将会成长为一家庞大的跨国集团公司，它的许多创造发明亦将会改变亿万人的生活方式。而那时索尼公司的触须就已经延伸至太平洋彼岸了，正如某些人所说的那样，日本电子时代已经正式开启了。

第一笔交易

一般人或许会认为，索尼公司将第一批收音机产品外销到加拿大而非美国，与刚刚过去才10年的第二次世界大战有很大的关系。但事实的真相却再寻常不过了。一位名叫阿尔伯特·科恩（Albert Cohen）的加拿大商人在日本街头闲逛，想找点做生意的门路，他偶然看到了一张日本报纸上刊登的一则寻找新款收音机分销商的广告，之后就联系了厂家，安排了一次会面。双方谈妥条件、达成交易之后，握手互道祝贺，随后他拖着装了50台收音机的行李箱回到公司总部所在地温尼伯。因此，索尼公司的第一个海外滩头阵地远离亚洲和无边无际的蓝色太平洋，建在了谷仓遍布、到处都是大片绿色植物的北美大草原之中，这有着重要的意义：显示出太平洋地区未来将具有令人难以想象的、几近无限的经济和文化影响力的早期迹象。

1955年夏天，和阿尔伯特·科恩达成第一笔交易的日本人名叫盛田昭夫，他是索尼集团最为人所熟知的公众人物。1955年时盛田在事业上发展得相当好，即将成为日本电子行业的闪亮新星。他出身于世族家庭（是名古屋一个富有的清酒酿造世家的继承人），阅历丰富且深谙世故。他获得过物理方面的学位，但严格说来，他不算是一位工程师。日本在"二战"遭遇到彻底失败，国内一片废墟，索尼的创立——实际上支撑日本复兴的所有事物的开创，都是深深地扎根于工程技术界之中，掌握在工程技术人员沾满油污的双手之中。

庆幸的是，与盛田共同创立索尼公司的井深大虽然名气远不如前者，但却是一位真正的工程师，是工程师里的杰出代表。盛田与井深大第一次见面是在1944年，那时井深大已经36岁了，块头高出23岁的盛田一大截；眼睛近视，走路迟缓，说话做事直来直去。井深大喜欢鼓捣点小发明，作为制造家和发明家已经小有名气了。早在1933年，他还在读大学的时候，他就发明了一种让闪烁的霓虹灯光看上去像流水一样的技术，也就是所谓的"动态霓虹灯"，并因此获得过奖项（巴黎世界博览会的金奖），其诀窍在于将高频电源接到霓虹灯管的一端并改变其输出，这项技术至今仍然被大量应用在广告灯牌中。

井深大迷恋一切机械类的东西。他是一名业余无线电操作员，不但亲手制作过留声机，还为当地的体育场制作了一对大得惊人的喇叭。他喜欢收藏八音盒、自动钢琴和风琴，为了自娱自乐，还自己动手做了一个遥控式氦气球。他从孩提时代起就酷爱火车模型，当过日本微型火车协会的会长。人们发现他大多数时候都是跪在榻榻米上，忙着连接微型火车的轨道或是拧紧火车头上的螺丝。

朋友

这是1944年的夏天，日本军队正在做最后的垂死挣扎，试图扭转战争颓势，而正是在这样的时代背景下井深大遇见了盛田。

当时，美国的B-29轰炸机对日本的城市进行了不间断的致命轰炸，城市毁损严重，日本军需省想设计一种新型防空导弹对其进行反攻甚至击落。他们求助于东京一家名为日本仪器测量株式会社（JIMCO）的海军雷达制造商，命令拥有物理学学位的盛田担任联络员。

井深大时任JIMCO的总经理。盛田第一次与井深大会面，就被他的发明才能深深地吸引住了。这时离水平思考这个词的诞生还有很多年，但井深显然是一名真正意义上的水平思考者。例如，为了解决新型无线电发射器的振幅问题，他从附近的大学雇用了十几名年轻的音乐系女学生，利用她们极强的音准，协助他调整无线电的音叉，使其达到最准确的频率。盛田心想：这是多么巧妙的办法！真是太富有想象力了！井深虽然外表有点不修边幅，性格大大咧咧，说话带着东京工人的口音，但他却是一位实力非凡的创造者。

日本军需省打算用来对付美国轰炸机的热追踪导弹从未完成设计，就算制造出来也于事无补，因为8个月后战争就结束了。可是盛田和井深萌生的合作意向却付诸了实践，两人迅速成为一对形影不离的朋友，友谊持续终身。井深在创造发明方面的才干很快就有了崭露头角的机会。

初创

战争刚刚结束之后的日本笼罩在一片愁云惨雾之中。全体日本人——尤其是首都东京的居民——陷入了一种至今无人清楚的状况之中，人们从心理学专业手册中挑选了一个词来描述这种疲倦和绝望参半的状况，这个词就是"虚脱"。

几乎近半数的日本人无家可归，每五人中就有一人患有肺结核。东京一片废墟，到处都是被炸毁的建筑物、破损的水管和污水管道，学校千疮百孔，公共交通全部停摆：所有的公交车都被炸毁，有轨电车线路和电车看不到一点存在过的痕迹。日本人在美军的占领下每天过着低人一等的生活，到处都找不到工作和挣钱的生计；人们没钱吃饭，乞丐随处可见，民生凋敝。社会道德败坏——至少看似如此，整个社会充斥着悔恨、自责和不满的情绪，不时还会感受到一种深切的、无名的痛苦，后来又出现了帮派冲突、卖淫、偷盗、黑市交易等各种乱象。

但是，随着日本跌跌撞撞迈进1946年，奇妙的事情发生了：虽然日本人民并不自知，但他们逐渐做好了在逆境中前进的准备，并开始在许多领域中展现出才能，而太平洋正是他们的舞台。

在投降之后的最初几个月时间里，全日本兴起一股自力救济、积极复原、随机应变的风潮。几周之前还在生产军需物资的工厂改造了原有的生产线，不再为陆军和海军将领们服务，转而为那些疲乏不堪的平民和衣衫褴褛的返乡士兵制造必需用品。于是炮弹筒成了炭炉，端端正正地直立在地面上，帮助成千上万的日本家庭度过战后第一个苦寒的冬天。大口径黄铜炮弹壳改造成了米箱，而那些尺寸较小的亮闪闪的炮弹壳则用作了茶叶盒。一家探照灯反射镜制造商转而生产平滑玻璃片，以修补东京街道上在战争中被震碎的成千上万扇窗户；而另一家战斗机引擎活塞生产商开始为乡村生产水泵，为乡下人服务。一家名为本田宗一郎的活塞环制造商在战时原是生产用于无线电信号发生器的小型发动机的，战后这家厂商将小型发动机绑在东京的自行车上，生产出了"巴嗒巴嗒"的摩托车，之后，这款车得到了不断的改进，在20世纪50年代发展成为"梦想"牌摩托车，至今仍享有盛誉。而当时这款摩托车很受用户欢迎，在商业上获得了极大的成功，如今的汽车巨头本田株式会社由此而诞生。

和本田一样，井深和盛田在不久的将来创建的公司也会迎来巨大的成功。这件事由井深本人率先提出，地点是在火车上。听到天皇通过广播向全日本民众宣布日本投降的消息之后，井深立刻就告诉日本仪器测量株式会社的同事，他会马上返回东京。他预言日本的崛起将依赖于工程师以及他们对技术的热忱，这在如今看来几乎是神一般精准的预测。他还认为这样的变化只会发生在这个国家的首都。

在他打包行李的同时，他激励同事们跟他一起去东京开创事业。有6个人这样做了，樋口晃是其中之一，他在后来提到此事时说，他做这个决定"只花了两秒，毫不犹豫离开了公司。似乎我们之间有着某种心灵感应。从此之后我就追随在井深身边，从未离开过"。

樋口晃最终成为了索尼的人事总经理，他在很多方面与井深大很像，也是一位让人难忘的人物。例如，他是一名杰出的登山者，晚年的时候在办公室里摆放了一个插满小旗的地球仪，这些小旗标示着他曾经征服过的一百多座山峰。他一直在索尼工作到八十多岁，85岁的生日是在加利福尼亚塞拉山脉太浩湖附近的雪道坡顶度过的。

井深大、樋口晃和其他5位同事很快便动身前往东京创业。他们用微薄的租金在一幢几近废弃的百货公司大楼的三楼租下一个小房间，购置了桌子和工作台。起初他们一致同意将这家公司取名为东京通信研究所，随后两度更名，直到最后才确定为东京通信工业株式会社——即"Tokyo Tsushin Kogyo"，大家通常称之为"Totsuko"（东通工）。

尽管公司没有业务，也不知道将来公司能从事、生产甚至梦想什么，但是接下来井深大还是手写了一份正式的"成立意旨书"。这份意旨书长达十页，是井深在横格纸上竖写而成的，上面也有一些涂抹和勾划，看上去就像是小学生作文。如今这份计划书被保存在位于东京的索尼档案馆里，在一个特制的玻璃展示柜里展出。它现在仍然被当作范本，里面描述的公司目标可能是世界上任何一家公司都渴望达成的梦想。

根据一份同样被精心保存下来的该意旨书英译本，井深笔下的公司目标是："建立一家强调自由之精神和开放之态度的理想化工厂，让满怀挚诚的工程师们能在此充分发挥自己的技术特长。"

他许诺：我们将"根除任何不公平的逐利行为"，"企业的壮大不单单是体量的扩大"。他更进一步宣称："我们将慎重挑选雇员……不只是为雇员们提供正式的职位，而是看重他们的能力、表现和品格，使每一名员工充分施展出他们的能力和才华。"

"我们将在所有员工中合理分配公司的利润，以切实可行的方式帮助员工们过上稳定的生活。作为回报，所有的员工也应当在工作中竭尽全力。"

最后，他表示他的新公司也会对国家的发展有所助益。意旨书里郑重其事地说明，公司将协助"重建日本，通过开展充满活力的文化和技术活动将国家文化提升至新的层面"。

不过意旨书里冠冕堂皇的言辞掩盖了公司早期所面临的困难，事实上从公司之后的发展来看，与其说这些言过其实，不如说它具有格兰迪森式的绅士风格（格兰迪森是简·奥斯汀笔下的经典人物）。不管是井深本人还是他的合伙人，对于公司未来生产何种产品都没有什么具体的想法。第一项发明是一个简陋的电饭锅，外观就只是一个底部垫了铝板的木桶。使用者把米和水倒进去并插上电源后，具有导电性的米水混合物便启动锅内加热装置，直到湿米煮成不具导电性的干饭后，电路中断，开关跳回原位。这在理论上来说是一个非常巧妙的构思——除了一点，那就是每年收获的稻米成色不一，想要每次都把饭煮得恰到好处几乎是不可能的，要么过熟，要么过生。有时候米饭还是湿的，像粥一样，电饭锅的开关就自己跳断了；而有时候米饭虽煮熟了，却硬得像子弹一样。因此，东通工第一次向市场进军的努力就是一次彻底的失败，几百个电饭锅无人问津，多年以来一直被搁置在办公室的货架上与灰尘做伴。

但是不久之后，公司就找到了立足之点。井深断然否决了员工漫无目的四处寻找的其他生意（如在轰炸废墟上建迷你高尔夫球场、出售甜味的味噌汤等），之后工程师们只好坚持实现自己的核心价值：研发电子产品。盛田昭夫于1946年末加入了新朋友的公司（东通工），没过多久，该公司便扭转商业模式，所有员工都把全部心思放在了一项特殊且广泛的电子业需求上：修理收音机。

当时日本家家户户都有收音机，只是一些在战时的大轰炸中被炸毁了，还有一些被人人闻之色变的日本宪兵队砸坏了（宪兵队曾经在战时开展行动，阻止平民收听美国短波广播）。如今，战争结束了，日本家庭想聆听欢快的音乐，还想收听通过美方审查的新闻（官方声明、消息等），收音机显然就是传播这些讯息的最佳媒介。于是井深和他的团队开始做上了真正的生意（现在公司已经扩充到二十余人，办公场地还在原来的旧百货大楼里，不过不再是小小的一间，而是租下了整层楼）。有一天，《朝日新闻》的一名记者顺道对公司进行了采访。深谙公关技巧的井深大看到报道文章后，一定非常高兴，因为报道介绍了他的收音机维修服务，文中还提到这项维修服务"绝对不存在任何商业目的"。很快，人们纷纷拿着自家坏掉的收音机涌向公司大门。

录音机

公司的发明创造力稳步提升，技术质量亦是如此。公司首先做出了一个电压表，这个电压表外观很普通，但设计和制作非常巧妙，以至于引起了美国驻日军需官的注意，军需官将样品寄回美国，以此款产品在制作中展现出来的高超技艺作为衡量技术是否达标的基准。日本产品突然之间就扬名海外。井深因此感到非常骄傲，接着他发明了第一个功能完善、构造复杂、让公司享誉全球的电子器件：录音机。

录音机的研发和制造费用都很高，但最终的销售量很可观。它之所以能够顺利完成制造，原因在于盛田昭夫和他身后那个历史悠久、富有和谨守传统的家族，决定为这家年轻的公司投入重金。这是东通工得到的第一笔投资，金额高达19万日元，在当时已成为传奇。当时盛田家族企业已传到了第十四代子孙手中，这个家族企业几百年来一直以农业为主营业务（农业曾是日本的国民生计之所在），规模庞大，堪称农业王朝，从事的业务范围包括：耕种、采收、储存稻米和大豆，以及酿造清酒、味增和酱油这类更加精细的业务。然而具有卓越先见之明的家族长辈们已经看到截然不同的情景，再加上他们一直以来都对井深大的发明天分充满信心，当他们察觉到萌动的商机之后，就指示儿子辈中家族企业的第一顺位继承人[①]以合作伙伴身份加入井深大

---

① 盛田昭夫在执掌索尼期间与自己的家族企业一直保持着联系，他每年都会回乡下主持盛田株式会社董事年会。为取悦当地村民，他还让人对家族的祖屋和当地的佛教寺庙进行了全面的整修。

的公司。盛田昭夫就此南下东京，太平洋世界的面貌将会因此彻底改变。

人的声音、音乐声和日常生活中的声音全都可以植入一条薄薄的棕色带子中，再通过扩音器播放出来——这太不可思议了，井深为之着迷。他第一次看见磁带录音机是在东京某重要广播电台的美国审查官办公室里，这是德国人在10年前发明的。那时他还不了解录音机的工作原理，只能猜测磁带材质是塑料的，可能带有某种磁性，或许德国人采用了某种方式让磁铁吸附声音并传播到磁带上去。不过，不管它是如何制作的，无论磁带本身有什么魔法，井深大迅速想象到这个东西能够拥有的多种用途：用在教育、培训，甚至那时日本民众非常需要的纯娱乐活动上。他发誓，无论成本有多高，无论是否能够即时获利，他一定要让东通工制造和销售这样的机器。

历经一番周折，盛田家族从名古屋派到东京负责东通工投资项目的会计主管才签字认可。这名主管是一个很严苛的人，为了达到目的，盛田和井深很不地道地将他带到了一家黑市餐馆，把他灌醉后才让他签字。资金一到位，团队成员就开始着手解决技术上的难题。

最大的问题是如何取得磁带。公司预见到录音机拥有者有购买更多磁带的需要，所以从一开始就决定自行生产磁带，这种估计是完全正确的。然而当时在日本根本买不到美国制磁带所用的塑料带子，只能找到具有一定延展性的玻璃纸（赛璐酚），所以并没有什么用处。其他能够找到的可以磁化的材料只有纸。他们找到大阪一家专业的造纸厂，在那里订购了几千张牛皮纸，要求厂家在工艺能够达到的范围内将牛皮纸表面尽量做得平滑，然后让人把它们切割成无数个窄条。

随后，这些窄窄的纸条被黏合在一起，放置在工厂的地板上，长达数百英尺，上面加了重物以防纸条被风吹散。公司全部36名员工（以前做电压表生意的时候扩充了将近一倍）如今全部跪在地上，像寺庙藏经阁里抄写经书的和尚一样，低着头，拿着用浣熊肚皮上的细毛做成的毛刷，小心翼翼地涂抹着用氧化铁和艺妓化妆白粉调制而成的磁性糊剂。这生意做得跟家庭手工作坊似的，加热氧化铁用的是平底煎锅，白色扑面粉是从一家化妆品公司批发来的。

他们将涂上了磁性糊剂的纸条放置一晚上晾干，第二天早上先将一块磁铁连接到扩音器上，再让磁铁碾过纸条以测试效果，所谓的"发声纸"就此诞生了。虽然在前几次的测试中，纸条容易碎裂和擦伤，效果不太理想，但随着切割和涂抹的技术愈加完善，制作糊剂的水平愈加提高，磁条的质量也在不断地提升。接下来，质量过关的磁性纸条就被缠绕到了卷轴上，放在一台用马达和磁体草草制作而成的笨重机器上，最后加装一只外接的麦克风和一个内置的扩音器。

这样，东通工的G型磁带录音机样品就诞生了，这是一个重达百磅的大块头，用钢、铜和玻璃制成，再加上用浣熊毛刷涂抹过磁剂的纸制磁带。录音机的功能相当可靠，可以录放麦克风捕捉到的任何声音。于是公司煞费苦心地手工打造出了50台录音机，每台标价16万日元（这个价格是当时日本国民年薪的两倍多），并祈求能够得到市场青睐。盛田公司那位严厉的会计主管再次从乡下来到东京，这回他放聪明了，没被灌醉，紧张地观察着市场对新产品的反应，以及东家的投资是否安全。

如果这笔投资能够安全过关，那么更多靠的是运气，而不是公司对市场的准确判断。初期销售进度奇慢无比，虽然每一位看过或听过这个机器的人都对它印象深刻。第一台录音机是卖给一家拉面馆的，这家面馆想要搭建一种类似卡拉OK那样的东西，这种原始的卡拉OK吸引了很多人来吃面，可是其他很少有人愿意买这又重又贵的东西。

公司接下来开始进行后来以之成名，也是几百年来日本人一直在做的事：缩小物品体积。日本工匠素来擅长制作恰到好处的嵌套漆盒、紧密收合的折叠纸扇、可以合拢到基本不占地方的屏风等，而现在这些传统工艺品的制作概念第一次被嫁接到了日本电子行业里。公司最初制造出来的50台录音机只卖出去了极少数几台——被政府和法院购买，用于听音笔录。而这第一批磁带录音机之后在工程师们的奇思妙想下不断地被改进，变得更灵巧、更方便，体积也缩小很多。第二款录音机被称为H型，代表"家用"（H是英文单词

"home"的首字母）。这一款重量仅为30磅，售价8000日元。接着是M型，M型专为当时刚起步的电影市场设计。最后推出的P型堪称真正意义上的成功产品，也是真正受消费者喜欢的产品。它价格低廉，设计精巧，不禁引发人们惊叹：到底是如何做到的？这款轻巧的便携式磁带录音机配有一根肩带，外观既别致又时尚，每年的销售量达6000台。

电子革命

公司有了稳定的销售额，再加上公司内部已有能力设计出体积更小的新型产品，同时转换了生产线以满足广大消费者的迫切需求之后，这家小型企业终于负担得起更大的办公空间，雇用更多的员工了。到20世纪40年代末期，东通工拥有接近500名员工，在东京西郊一片旧营区拥有宽敞的办公区，60年后的今天，依然在此办公。

将产品缩小似乎一直是公司研发的关键。将越来越多的产品功能塞进越来越小的尺寸中是一件不可思议的事情，而掌握了这项"神秘"技术的工程师们是我讲述的这个故事里的灵魂人物。后来他们又从40年代末期的一项美国发明当中获得助益，能将小型产品缩至迷你，再缩至微型。一场真正的电子革命由此正式开始。

那项发明就是晶体管。这种小巧、简单、能轻易做成电子放大器的元件，是目前公认的当代最伟大的发明之一。它是如今所有电脑必不可少的组件，是太平洋沿岸的科技公司——如微软和苹果公司等，或者更宽泛一些，可以说是硅谷（这个名字出现于1974年，因为硅是晶体管的核心材料）——崛起的关键，并且是日本战后经济腾飞的助力剂。晶体管是1947年12月23日发明的，这一点无人置疑。三名在默里山（位于新泽西州郊区，由一名从曼哈顿默里山移居此地的汽水生产商创建）贝尔实验室工作的电子工程师制造出了世界上第一个正常运转的晶体管，他们也因此荣获1956年诺贝尔物理学奖。晶体管是大西洋沿岸国家最后几样轰动全球的科技发明之一，其后科技领域的主要发明活动逐渐向西方那面积更大的海洋转移。

巴丁（John Bardeen）、布拉顿（Walter Brattain）和肖克利（William Shockley）[1]博士花费数年时间进行密集实验，终于运用含有锗半导体的小银片和体积更小的纯金片电极，完成了晶体管魔术。他们一完成这改变世界的神奇壮举，真空管（从前用来转换和放大电子信号的阀门，有容易碎裂、会发烫、笨重、启动慢等诸多缺点）就正式退出了历史舞台，被半导体和新兴晶体管所取代。当基本组件为晶体管的电路能够被集成到单张硅片上去，以及成千个甚至成百万个晶体管可被嵌入一片与指甲盖差不多大小的半导体上之后，当代高科技世界——或至少这个世界的大部分面貌，开始体现出了今天仍旧具有的特性。

井深大立刻迷上了晶体管知识。日本报纸点点滴滴报道了晶体管发明的消息，最初大多数日本人只想到可将小小的晶体管用在助听器上，但日本人很少使用助听器。当1952年井深第一次到美国时，他感慨道美国是一个"出色的国家，大楼灯火通明，街上挤满了汽车"。他的第一站并不是默里山。这次长途出差的主要目的是：了解一下当时仍然是公司主要业务（事实上也是唯一的业务）的磁带录音机在美国的使用情况。

他努力访查之后，发现许多录音机的新用途。每次他发电报回东京要求公司采取相应行动的时候，盛田总是会遵从他的提议。其中一项提议就是制造立体声录音机。于是几天之内，盛田手下的工程师们就解决了一些技术上细枝末节的小问题，之后盛田本人展现了他传奇式的营销头脑。他非常聪明，主动与日本放送协会（NHK）联系，向其提供设备，让对方应允东通工新研制成功的立体声设备播送30分钟的节目。1952年12月4日，在NHK节目主持人郑重地说出"这个节目由东京通信工业株式会社和NHK共同推出"之后，立

---

① 在电子行业之外，只有肖克利的名字为人所熟知，主要原因在于他对优生学所谓的益处（针对此论题今天仍存在着很多争论）有着超乎寻常的热忱。他也曾为战时的美国政府服务，冷血地评估过美军如果入侵日本本土会产生的伤亡人数。他得出的正式结论是：大约有1000万日本人和80万美国人会因此丧命。据说这个结论影响了美国政府派兵入侵的决定，最终取了向日本本土投掷两枚原子弹的方式结束战争。

体声试验节目正式开始。此举大获成功。许多人听完之后，反响非常热烈，其中一位听众写信说："我家猫原本在暖桌上睡觉，被节目的音响效果吓得跳下桌子，冲出了房间。"相关报道以电报的方式发给了在美国的井深，井深看完后显然高兴极了。

碰巧这时井深在美国的行程也接近尾声。他住在纽约的塔夫脱酒店，一天晚上，附近的罗克西剧院（Roxy Theatre）传出的响亮音乐声吵得他无法入眠。他躺在床上，突然将萦绕在脑海中的两个不相关的想法联系了起来。这个夜晚从此成为东通工发展史上的传奇时刻。

"太疯狂了"

第一个是他最近得知，发明晶体管的贝尔实验室的母公司——美国西部电气公司，刚刚对外宣布一则消息，打算授权给其他公司，大批量生产晶体管。第二个是，井深明白他新聘的四十多名员工全是头脑绝顶聪明的科学家，但他们最近除了仍然在进一步完善磁带录音机的功用，鼓捣一些细小的技术问题，并没有太多其他事让他们去探索和思考。于是，他在没有征得国内总公司任何人同意的前提下，把自己在美国剩下的时间全用在了申请必备生产执照上，潇洒地把总公司可能拒绝投资所需的两万五千美元的想法甩到一旁。

他搭乘西北航空公司的DC-6航班从美国东岸向西跨越太平洋飞行的途中，分别在明尼阿波利斯、埃德蒙顿、安克雷奇和谢米亚岛（这个太平洋孤岛是美国空军设在阿留申群岛的前哨基地）等地的机场短暂停留、伸展双腿休息时，一定更加深入地思考过整件事情。两天后，当他最终抵达东京羽田机场后，便向召集的高级职员宣布："我们即将生产晶体管，而且会利用晶体管生产小型收音机——尺寸小到可以让每个人带着到处走，还可以促进尚未通电的地区接触文明。"

在场的高级职员们闻之大为震惊，无人接话。一位经理用几个字总结了大家的反应："太疯狂、太冒险了。"或许那些已经获得认可的一流公司，如日立、东芝、三菱等有能力生产晶体管。这些公司已经同贝尔实验室签订了生产晶体管的许可协议，它们也拥有相应的资源。但东通工只是一家刚入行的小公司。

整个计划无论是在财政上，还是在官僚体制上都存在问题：要让公司拿出2.5万美元购买许可证就已经很困难了，还要从极度缺乏资金的日本汇出去，这几乎是不可能完成的任务。除此之外还有技术上的问题，不过井深对此有着先见之明，凭着足够坚定的决心解决了这个问题，当然其中也少不了才华横溢的年轻地球物理学家兼火山学家岩间和夫的帮助。岩间和夫之后加入了公司，成为这个故事三大主角里最后一位出场人物。他原先任职于日本政府辖下一所重要的地震观测站，和东通工的其他人一样，对半导体几乎一无所知。

但事实证明岩间学习新东西的速度超乎常人。1954年夏天，他和井深两人飞往美国进一步了解晶体管技术，他们的食宿费来自磁带录音机的销售收入。索尼档案馆里迄今还保存着他们在美国停留三月的收获：4个厚厚的文件夹里装满了数百张薄薄的蓝色半透明单页纸，这些都是岩间和夫寄回日本的航空信件，在美国出差的三个月里每一天都没落下，常常一封信写上好几页纸。

信的内容十分详尽，上面密密麻麻仿佛罗塞塔石碑，写满了杂乱的数字、晦涩难懂的公式、汉字、平假名和片假名拼出的日文，间杂着几个英语单词和词组，还有用细线描绘的坩埚图、振荡器图和电路图。在图的衬托下，信上的字看起来像新近发明的某种属于未来新世界的奇妙艺术形式。有几封信中分别提到"区域匀平法制取单晶""纯石蜡""去纤纸（无硫）"等字眼。所有的信件放在一起就是一部小型晶体管知识百科全书，囊括了当时美国对晶体管的所有研究成果的精华。到1954年，晶体管研究工作全部西移至日本，助力经济腾飞，最终催生跨太平洋经济大变革。

面子

东通工还面临着其他挑战。直到20世纪50年代早期，日本国民仍然抱有一种文化上的自卑感，普遍缺乏自信。多年的辛勤劳作和奉献改善了大多数日本城市的面貌，但战败的羞耻和屈辱，始终对社会的发展构成不小的阻力。盛田去德国时注意到这个国家以惊人的速度重建在战争中被摧毁的城市，他回忆起杜塞尔多夫某家店主为他端了一份上头插着迷你纸伞的冰淇淋，好心地提醒他这把伞是日本制造。于是他自问：难道我们就只是擅长做这个？外面的人对我们的看法只是这样？

然而日本当时的情况比这复杂得多。我敢肯定不是我一个人这样认为：大多数东亚研究的科学项目，容易受到亚洲人"面子"观念的影响而频受挫折、止步不前。这个基本处世观念强调维护个人尊严，在西北太平洋地区许多国家的社交生活中发挥着至关重要的作用。担心自己或（更严重的）他人丢失颜面的心态，可能阻碍某些科学的进步，这在很大程度上是因为会妨碍科学实验的开展和验证——科学实验免不了面对失败，甚至是人人皆知的失败。振作起来重新开始，略微调整实验中的某些细节，进行大量尝试直到找到成功的办法——这就是科学进步的精髓所在。然而，亚洲部分地区的科学家可能不易接受这种观念。

但这并不是说日本社会中不存在失败——实际上，远非如此。例如，观察寿司主厨严格指点手下学徒制作厚蛋烧（一种用鸡蛋加醋和酱油煎制而成的蛋卷，是寿司全宴上的关键组成）时，就能看出日本人愿意通过反复、无数的失败尝试，努力追求完美的过程。如果徒弟没有制作出让师傅满意的厚蛋烧，师傅会嗤之以鼻，将其扔进垃圾桶。虽然失败似乎每天都在发生，但徒弟并不会因为失败而感到耻辱，因为总有人希望他有朝一日能够掌握这项关键技能，最终正式踏入那属于极少数成功者的领域，进而不断精益求精，成为一位获得认可的寿司大厨。失败只是迈向成功的必经之路，不仅是在寿司制作领域，在其他领域也是如此。

但科学研究与寿司制作截然不同。制作日本料理是一门受人敬重的古老技艺，师傅会以循循善诱和严格指导的方式，带领徒弟努力迈向成功之路。而科学家在探索未知的过程中必须独自上路，身边没有师傅指导，必须抱着好奇心和自信心督促自己一路向前。对于任何科学家来说，这都会是一项令人望而生畏的挑战，前路无比艰辛。对于那些可能背负着"面子"观念、不愿意在公众面前承认失败的（日本）科学家来说，更是如此。

那些伟大的经验主义者——从培根、伽利略到沃森、克里克，都曾有过失败的经历，但他们之所以伟大，其中一点在于他们从未放弃对科学真理的追寻。早期的东亚科学家们很可能并不具备这种特质，尤其是那些与西方启蒙运动同时期的科学家们。西方启蒙运动时期，欧洲的科学家们取得了巨大的成就，而同时期东方的科学家们却建树平平——尽管东方曾在之前几百年的时间里取得斐然的科学成果。其原因让人困惑，多年来也引发无数论辩。所谓的李约瑟难题[①]，简而言之就是：为什么中国古代在科学上取得了如此多成就，却在15世纪之后至近代，进步缓慢下来呢？这个难题从未获得满意的答案。

东通工在初创阶段，显然也存在面子观念问题。该公司晶体管研究团队的一名研究人员曾提到"贝尔实验室的意见犹如圣旨"——这暗示着他的日本同事们如果想要采取一种与默里山的美国人不同的研究方法，那就注定不会成功，会彻底地失败，最终颜面扫地；就算面子保住，也可能辜负贝尔实验室里慷慨授权者的美意，让那些美国人脸上无光。尊重他人、长辈和上级是日本的重要传统观念：自己丢脸固然不是愉快的事，驳他人颜面更是无法原谅的可耻行为。所以，最初磁带录音机厂房楼上的东通工实验室里，研究人员普遍碍于面子问题不敢放手做事，每个人都很紧张。在1953年末的那几个星期以及1954年初头几个月的时间里，他们能做的事不多，更别提什么拿得出手的成绩。

---

① 李约瑟（Joseph Needham，1900—1995），剑桥大学的生物化学家、科学技术史专家，大半生时间都在研究中国科学的起源。其所著《中国科学技术史》影响深远。

晶体管

这种裹足不前的心态为井深及其领导团队带来严峻的考验，必须绞尽脑汁激励实验室里的科学家们全力以赴。距离成功买下西部电气公司的晶体管生产许可证已经过了几个月的时间了，科学家们始终无法取得进展，似乎不能创造出超越美国晶体管样品的东西。

尤其是他们似乎并无能力迈出关键的一步，克服技术上的风险，研制出具有商业价值和独特功能、可让迷你收音机顺利运转的高频晶体管。这时公司会计也面临着一个难题：磁带录音机的销售收入或许仍然可观，但资金的消耗速度却难以控制（公司需要给所有这些科学家和工程师支付薪水，但由于各种复杂的原因，几乎没有取得任何收益）。

接下来的几个月，井深和岩间持续拍电报回日本，加紧督促公司的科学家们研发收音机晶体管。其中一封电报内容是"采购重型扩散炉"，另一封则是"添置可切割锗晶体的金刚石刀具"。研究团队慢慢打破根深蒂固的传统思维模式，逐渐打通了成功之路。畏首畏尾的情绪在不停的尝试中消失不见，从犹豫不决变得坚定果决，拖后腿的面子问题被彻底摒弃。科学家们开始取得进步，真正意义上的日本晶体管透过重重迷雾初步显露雏形。

第一个日本晶体管于1954年夏末研制成功，那时井深和岩间还在美国。这其实只是贝尔实验室晶体管一个质量还不错的仿制品，所谓的点接触式晶体管，产品简陋，尺寸不小。当时所有人都在一旁紧张地观察，他们注意到检测振荡器上的指针来回摇摆，才确定这个小元件确实有放大电子输出功率的功用。等到岩间回国的时候，研究团队已经制造出了更为复杂精致的结型晶体管——晶体管的锗晶体切割得非常完美（用于切割的机器是一个下雨天在东京郊外找到的，老旧不堪、锈迹斑斑），能让振荡器的指针摇摆得更剧烈。这家小公司终于走上了让发明趋至完美的道路。

如今晶体管制造技术已完全程式化，即使我们不完全明白整套制作流程，也经常能从媒体看到穿着防护服的工人在明亮干净的房间里将微小的电路蚀刻到微半导体薄片上的画面。但在20世纪50年代的时候，这个过程仍属于极端复杂的技术。东通工运用贝尔实验室曾经尝试又决定放弃的步骤，即所谓的磷掺杂技术，最终取得众人期盼已久的突破。

1955年6月，在岩间远走美国6个月后，东通工建了第一条晶体管的生产线。在最初的几个星期，生产成功率差不多只有百分之五；井深乐观地认为，只要生产出一个能用的晶体管，就能在生产的同时对生产技术进行改良。于是公司下达了生产指令，工厂开始运转，吐出成百上千个尺寸极小、射频、高能、以生长晶体制造、采用磷掺杂技术的日本晶体管。

接下来，公司要做的就是制造可安装这些晶体管的收音机，为收音机创建一个品牌，然后去推广和营销，进而改变几百万人的生活。这就是井深大的使命，也是他立志和岩间和夫、盛田昭夫共同完成的壮举。

当然过程并非一帆风顺，出现了一些小问题。1954年10月，美国印第安纳波利斯一家名为丽晶（Regency）的公司推出了有史以来第一台晶体管收音机，产品型号是TR-1。公司的广告词摄人眼球："看它！听它！买它！"这款收音机在纽约和洛杉矶的珠宝店出售，它外形流畅雅致，售价为49.95美元。TR-1在刚开始的时候卖得很好，但收听效果不如人意，信号接收不好，时常出现杂音，电池也用得太快，致使收音机派不上多大的用场。

东通工的第一台晶体管收音机是在1955年春天下线的，产品型号为TR-52。这款收音机是一个长方体，和一个大烟盒差不多大小。扬声器网罩是白色塑料材质的，上面大约有400个形似小窗的正方形小孔，有人评论说像极了两年前在纽约建成的、由勒·柯布西耶（Le Corbusier）和奥斯卡·尼梅耶（Oscar Niemeyer）设计的联合国总部，这款收音机因此得了个绰号：联合国大厦。TR-52收音机产量为100台，但从未推向市场，原因是网罩在炎热的夏天容易变形脱落。这或者本来可能是让公司颜面尽失的一件大事。

然而，美国宝路华钟表公司看见这款样机后，非常喜欢其设计理念（根据我的推测，这事应该发生在天气凉快的时候）。宝路华当时也了解到丽晶公司生产的晶体管收音机性能不佳的消息，随即主动和盛田接洽，向东通工订购了10万台晶体管收音机——这是一个惊人的数目。

然而，让日本国内所有员工吃惊的是，盛田犹豫不决，这让他们大为气馁。盛田最后拒绝了宝路华的订单，原因是这家美国公司宣称要把这些收音机冠上宝路华的品牌标识在美国销售，盛田生性骄傲，对于这样的要求他根本就不会、也不可能同意，尤其是在接到订单的前几日，他和同事们才刚决定将公司改名为索尼。

索尼

使用"索尼"这个名字完全是针对美国市场的考量。盛田发现美国几乎没人能正确读出公司的全称——东京通信工业株式会社，也几乎没人会读公司的缩写——东通工。他在公司备忘录上写道，公司需要一个容易发音的简单名称，如有可能，最好简化成像"福特"（FORD）那样让人容易记住的四个英文字母。

在为公司取名的时候，东通工的负责人并未对此开展深入的探究，他们想找一个现成的词，或者随便造一个词——比如"柯达"（Kodak）这个名字似乎就很不错，而它就是乔治·伊斯曼（George Eastman）在50年前心血来潮发明的。他们原本考虑用两个字母的词，这在日语中很常见，但是英语中两个字母的词主要是介词。他们也曾考虑用三个字母组合的名称（NBC、CBS、NHK），认为或许采用公司现有名称的缩写TTK就行。不过接下来他们开始思考用四个字母的组合词。盛田一直觉得"FORD"这个词很不错，是完美的品牌名称——于是他和井深仔细翻阅各种词典。公司历史中并未提及他们手边是否有一本拉丁词典；但不知为何，最后他们偶然发现了一个拉丁词"sonus"，这个词在拉丁语中是声音的意思，而公司技术人员努力创造的最终产品也是一种声音产品。他们喜欢这个词，虽然有5个字母，但却近乎完美。

1928年，艾尔·乔森（AL Jolson）曾经唱过一首歌，歌词里有这样两句："爬上我的膝盖，宝贝（sonny）[1]，尽管你只有三岁，宝贝"。从那时起，"sonny"这个词就受到众人的喜爱，特别是在美国。第二次世界大战结束后的美国驻日占领军会扔几片箭牌口香糖给当地小朋友，顺便喊着"给你，小家伙！""sonny"这个词十分讨喜且容易发音，因此很受欢迎。要把它变成像"FORD"那样四个字母的词，只需要在发音和拼写上作小小的改动。于是，在1955年的时候，索尼（Sony）诞生了。它代表一个名词，一家公司，和商业史上的一段传奇。

宝路华公司自始至终都很固执，拒绝在晶体管收音机上冠以索尼的名称。"谁听说过索尼？"宝路华的总裁问。盛田昭夫礼貌地回应："50年前的人们也会问——谁听说过宝路华？"交流没有起到任何效果，美国人丝毫不受动摇。接下来盛田放弃了这份10万台收音机的珍贵订单，彬彬有礼地离开了对方办公室。如果日本的第一台晶体管收音机会在美国出售，那一定要印上索尼的标识——索尼公司会竭尽全力凭自己的力量销售出去。眼下公司的未来隐藏着巨大的风险。

之后，一连串奇怪而又互相关联的事依次发生。因TR-52型收音机外壳的塑料网罩在高温下影响容易变形脱落，索尼不再大批量生产宝路华公司所需的该款收音机，转而生产更时尚、功能更齐全的TR-55机型——1955年夏末在温尼伯初次亮相的那款收音机。在那个酷热难耐的夏天，买了此款收音机的幸运的加拿大人可以坐在自家花园的树荫下收听加拿大广播公司（CBC）的广播。后来这款索尼收音机销往美国，那与其说是公司的英明决策，不如说是靠的好运气。

没有人知道丽晶TR-1型收音机的美国制造商是否看见过索尼收音机的样品，但应该有什么事让他们或他们的支持者感到恐慌，因为这家公司突然宣布停止生产收音机，并退出市场。这个决定（甚至今天看来也仍然相当让人费解）在收音机市场上留下一大片空白，而对于这片市场，有了新名字的索

---

[1] sonny 在英语中是宝贝、小家伙的意思。——译者注

尼公司①已经做好了准备，并且乐于开发。

一则消息

为了填补市场空白，索尼生产了一款名为TR-63的机型，也就是所谓的便携式收音机。公司资料显示"便携式"（pocketable）这个词是索尼创造的，但事实上这个词第一次在英语中出现可追溯至1699年。不过，公司内部史也提到过，这款收音机并不完全像产品手册上宣传的那样方便携带，装不进大多数日本产衬衫的口袋里。据说头脑精明的盛田让公司的销售人员找人把衬衫口袋改大了点，以便顺利地向客户示范将收音机塞进口袋的动作。

这类广告的宣传效力很可能因为时间的流逝和昂贵的公关费用而大打折扣，或许人们对此也能理解。真正让这款外形雅致的小型收音机声名远扬，进而让索尼成为人们耳熟能详的品牌的事件，与一桩盗窃案有关。

1958年1月17日（星期五）的《纽约时报》在第17页刊登了这则消息。当天报纸上其他新闻都相当稀松平常：诺埃尔·科沃德（Noël Coward，英国演员）感冒了，不能继续参加舞台剧《拿小提琴的裸体男人》（*Nude with Violin*）的日场演出；温斯顿·丘吉尔当演员的女儿莎拉此前在马里布因为扰乱社会治安被罚款50美元，现在由于过度疲劳和情绪低落入院治疗；一位名叫莎利·梅·奎恩（Sally Mae Quinn）的25岁女囚因为体形纤瘦，竟然钻过只有8英寸的窗口，成为格林威治村女子监狱有史以来第一个越狱的人——警方根据窗下路面上35英尺的血迹，判断她可能逃跑的时候腿部受伤而只能跛行。

然而第17页上的头条新闻从某种程度上来说具有更重大的意义：其标题是"4000台小型收音机在皇后区被盗"。消息内容颇为轰动：在德尔莫尼科国际公司（Delmonico International，一家国际进出口公司，坐落于长岛市森尼塞

---

① 有一阵子，公司使用的是"索尼—东通工制造"的商品标识，在1958年1月，盛田不顾公司里一位名叫三井的格保守的银行家的极力反对，将公司正式更名为索尼公司。多年以后，索尼公司和新成立的东京索尼巧克力公司就商标问题打了多年官司，最后索尼公司胜诉。

德铁路货运站对面）工作的一位名叫文森特·奇利贝蒂（Vincent Ciliberti）的经理到公司上早班，惊慌失措地发现晚上有一群小偷从二楼破窗而入，偷走了"400箱绿色、红色、黑色、柠檬黄的收音机"。

这些小偷显然不屈不挠地费了九牛二虎之力，为了进入货梯，砸烂了至少4把锁。他们先将货车倒入装货区，把收音机装箱，搬到可移动重物的滑板上，拖入货车的后车厢里，随即消失在黑夜里。

每箱装有10台小型收音机，每台售价40美元，在被送入商店销售之前暂存在德尔莫尼科公司的仓库里。价值约16万美元的高科技商品，就这样在荒凉的纽约市郊被盗。纽约市的多家广播电台全天都在播送这则重要新闻。侦探们对这起据说是美国历史上最大宗的电子设备盗窃案展开调查，询问了超过50名可能了解案情的证人——当然没有一个人看到任何作案过程。

接下来，有一条重要的消息应验了"塞翁失马，焉知非福"。《纽约时报》称，德尔莫尼科"是日本制索尼收音机的唯一进口商和经销商。每台40美元的收音机尺寸都是一样的，厚1.25英寸，宽2.75英寸，高4.5英寸"。这是有史以来索尼的名字第一次出现在《纽约时报》上。

就东京方面来说，最欣慰和最关切的重点是，小偷只偷走了索尼牌收音机，剩下了他们不屑于拿走的20箱其他品牌的收音机和重达几吨的其他电子设备。因为只有索尼的产品被偷走，大多数《纽约时报》的读者留下了这样的印象：索尼收音机是其中最有价值的东西，只有这个牌子的收音机值得偷。如果小偷都认为这些收音机质量好，是值钱的东西，那很有可能事实就是如此。

这次事件真正地让市场火了起来，这款小型收音机立刻成为人们的必需品。直到今天，大多数有些年纪的美国人还记得他们拥有的第一台晶体管收音机：一个小小的塑料盒子，有颗小喇叭，或许还配有耳机。高中生偷偷把它带进学校，在上代数课的时候说不定能拿出来听会儿棒球比赛；或者晚上开着跑车出门时，也可以把它带上，然后停在悬崖顶聆听比夜景更迷人的轻音乐。

崭新行业

突然间，一门运用电子内核生产电子产品的工业出现了，其唯一目的是为大众——包括全体公众，但更多的时候是针对个人——提供一种娱乐和消遣的方式，并传达资讯。其他厂家可能继续满足着比较传统的人类需求，如保暖、照明、衣食住行等。还有的厂家制造汽车或轮船、采煤，或是生产炉子、洗衣机、剃须刀。然而这门新的工业将技术和人文巧妙地融为一体，让艺术和机器相结合；通过这种方式，行业带头人设法提升民众日常生活的水准，为他们提供欢乐和趣味，从而左右他们的情绪和感受。这一切是通过晶体管、半导体和印制电路板来实现的。

为了描述这种新的业态，消费类电子产品（consumer electronics）这个词立即被创造出来①。其所处的消费类电子行业诞生于环太平洋地带，以这样或那样的方式持续扮演改善世界上大多数地区人类生活品质的重要角色。

位于东京的索尼公司就是踏入这个行业的先驱之一，竭尽所能地满足其创造的市场需求。扩建的工厂里充满了生机和活力，新雇用的数千名工人们整日在生产线上忙碌着。越来越多的厂房矗立，有一些是在匆忙之下赶工完成的，但大多数厂房经过了仔细的设计，以求体现出引领时代潮流的精神——投资者和公司负责人坚信索尼拥有屹立不摇的前景。烟囱冒出浓烟，机器轰鸣，满载货物的卡车缓缓驶向机场——日本航空公司新开辟了北美航线，公司包下全货机运送产品，以满足圣诞节的消费需求——最初，塞满了货品的集装箱被运往西雅图、长滩和旧金山港，之后几乎每一个大型港口都有它们的身影。

最终，那些集装箱被塞进更多种类的商品，而不仅仅是一箱箱功能简单的收音机。井深大和他迅速壮大的工程师团队一起发明了麦克风和录像带、

---

① 奇怪的是，我在写作这本书的时候，并没有在《牛津英语词典》里查到这个词，里面列出了消费者社会、消费性产品、消费者研究等词条，还将消费者恐怖主义这一描述社会丑陋现象的词也囊括在内，这个词是在马尼拉警方发现有人故意在菠萝里下毒后于 1984 年在太平洋地区出现的。其中也列有耐用消费品一词，一名编辑对未列入消费类电子产品一词表示遗憾（同时也郑重承诺会进行修订）时曾提到，耐用消费品这个组合词听上去已经有点儿过时了。

计算机和录影机、游戏机和存储设备，以及上千种为改善大众日常生活品质的小装置，例如：随身听——没有录音功能的磁带播放器，对于以制造录音机而成名的索尼公司来说，这款产品最初被认为是公司不务正业的表现，结果却在世界范围内取得了成功①；特丽珑——井深自称是他最值得骄傲的发明——降低了全彩高画质电视的成本，让所有人都负担得起全彩高画质电视。

随着索尼的工程师团队源源不断地推出新产品，世人的观念开始出现了改变。战争刚刚结束的时候，亚洲国家普遍被视为仿冒、廉价、二流商品贩卖国，但是现在，随着索尼和与之类似公司的创造发明被运送到太平洋东岸，日本迅速赢得了一种昔日从未享有过的声誉，那就是——制造细致、独特、精密产品的高手。索尼早期生产的产品精密度很高（其他大多数日本公司的产品亦如此），让人很容易联想到欧洲（特别是瑞士和德国）制造的产品。

日本是一个主要仰赖自然建立传统文化的社会：在竹林流水间劳作，制作榻榻米、丝绸和陶器，擅长花艺、茶道和锤炼锋利的钢刀。事实上，他们在自然世界中无需顾及数学上的完美规则以及直线。如今，因为井深、盛田和岩间等人的出现，这个国家突然之间享有了另外一种完全不同的声誉：讲求精确，善于利用锗和钛，以及千分尺、卡钳和游标尺等精密测量仪器——但与此同时，他们始终乐于亲近充满灵性的迷人的自然世界。日本人巧妙地跨越大自然与科学世界的鸿沟，他们的生产材料既有钛，也有竹子，笔下既能画出笔直的线条，也能描绘出柔和的曲线，这一点在很大程度上反映出了太平洋地区的大致情况。

太平洋已然成为一个文化交汇融合之地，至于这种融合是永久性的还是暂时性的，还需探究某些细节才能得出结论。一方面，这个西方人称之为东方的地区是古老自然文化的集合之地，大多数自然文化源于万物有灵观，这种文化影响了组成这个地区的众多国家的方方面面，并阐释了其本质及特征；

---

① 公司在随身听上几乎没有投入任何营销预算，投资商只得采用游击战术。索尼驻纽约办事处那些年轻漂亮的女秘书们被要求带上随身听走出办公室，在中央公园边听音乐边闲逛，或去联合广场听着音乐滑旱冰，等着路人上前询问她们在做什么、听什么。随身听在市场上大获成功是营销史上的传奇。

另一方面，更看重数字、推崇务实的西方文化在美国以及那片西方人实际上更喜欢宽泛地称之为西方的地区占据着主导地位。

明星产品

就索尼而言，公司最初尝到了成功的果实，并为之欢欣鼓舞，但是作为行业的开路先锋，也必须付出难以避免的代价。早期，它凭借难以置信的攀升轨迹在公众心目中建立了如日中天的声誉，似乎毫不费力地度过了20世纪。相继辞世的公司创始人，也得到公众的尊敬与缅怀（盛田昭夫更受人们的怀念，而真正的创办人井深大却远不及他）。接下来公司的发展日趋变缓，不复从前的行业领先地位；在21世纪初，索尼公众形象连年下降，资产变卖、管理层"换血"，风险投资失利。相关负责人觉得他们辜负了所有人的期望，频频召开道歉发布会，在悲伤凝重的气氛中，这些有身份的男人们一言不发地深鞠躬，低声下气地忏悔自己的过错。他们不为自己寻找借口，不把过错推脱给他人，只是接受和忍耐——正如日本人一贯的态度。

索尼并非唯一一家遭遇困境的公司。消费类电子业的竞争变得异常激烈且残酷。日本公司——除了索尼，还有松下、三洋、夏普、东芝以及许多其他公司——曾经就征服了美国市场。它们的日本制产品在质量上无可挑剔，营销策略又别出心裁，因而慢慢蚕食了美国广播唱片公司（RCA）、米罗华公司（Magnavox，美国电视制造商）、天顶（Zenith，美国著名家电公司，后被韩国LG收购）和喜万年（Sylvania，德国欧司朗照明公司在美国使用的品牌）等公司原本占有的市场份额，这些美国公司逐渐枯萎、凋谢，最终全面崩溃。日本企业取得了这个行业的龙头地位，从西太平洋影响着这个新世界的秩序。

正如现在所发生的那样，日本人也开始"割让江山"。首先，他们在产品制造方面的竞争力正在减弱，韩国的公司如三星，开始以较低成本生产与日本产品一样完美且不断推陈出新的电器。第二，新兴日本企业并未开发太多创新型产品，这样的变化为美国公司制造了机会，苹果公司得以进入消费类电子行业就是最鲜明的例证。如果说晶体管收音机是20世纪60年代的明星产品，特丽珑是20世纪80年代的明星产品，那21世纪的明星产品就是iPod、iPad和iPhone——所有这些产品的诞生地都是在太平洋地区，只是如今转移到太平洋东岸的美国去了。

东京湾

直到20世纪80年代末期，我才第一次近距离见识到东京湾。这个地方在任何时候都会是壮观的景象，不过在那个寒冷多风的早春日子里，蓝天之下的东京湾尤其令人过目难忘。我乘上隆隆作响的日本铁道公司的火车去往富津市——富津位于东京湾的东岸、房总半岛的内侧，它外侧的古火山犹如一道屏障，阻挡海洋风暴向东京侵袭。据说如今的富津公园，是1945年日本投降后第一批美军的登陆点。那天早上，强劲的海风将海水卷上了防波堤，堤上湿滑无比，深蓝色的海水吞吐着白色的巨浪，在东京湾的入口处咆哮着、翻滚着，泡沫在浪尖飞舞。远处是人们再熟悉不过的景象，富士山那完美对称的圆锥形山体映在蓝色的天幕上，山顶斜坡上的新雪在阳光的映照下，发出炫目的白光。海风彻底吹散了城市的烟尘和雾霾，呈现出世间罕见的、安宁静谧的完美景致，富士山显得宏伟壮丽。

望远镜下的东京湾风光同样壮丽雄伟，显而易见这是世界级的贸易活动中心。在我左手边是6英里宽、进出东京湾的浦贺航道。那天进入航道的大型船只都将驶往东京湾里的某个港口（横滨、横须贺、川崎、千叶和东京等），每个港口都是当时太平洋上最繁忙的港口之一，加总在一起，则是世界上最繁忙的港口。在航道入口处，我看见一大群船舶或停下或放慢速度，等待引航站的调度通知，白色的小型穿梭艇急匆匆地来回接送越来越多的海湾引航员，以缓解航道拥堵的状况。

我站立的地方距离航道约两英里，航道的全貌清晰、完整地呈现在我的视野内。各种入境船舶——杂货船、矿砂船、油轮和液化天然气船——在大洋中航行多日，船身早已锈迹斑斑，它们载着原材料、食物和石油，沿着离我较近的航路缓缓滑归由左至右、从南到北排列的家乡港口。但是那天早上，最吸引我视线的是那些出境的船舶——因为它们几乎全是日本邮船株式会社（NYK）旗下的集装箱船，船上整齐地堆放着20英尺和40英尺长的集装箱，里面塞满了日本制造的商品，这些船的目的地差不多全是美国西岸港口。

我偶然看成到一艘甚至比上面提到的集装箱船更大型的、全身绿色钢板的船只，从横滨港的交叉航路中驶出，缓缓驶入海上航线。我猜这艘船也是驶往美国的，上面可能满载丰田汽车——其中一些汽车会在数月之内出现在美国州际公路上，而至于集装箱船上的照相机和电视，则会于更短时间内在美国的连锁店里售卖。

那天接下来的时间里，我先后看见一艘驱逐舰和一艘航空母舰从横须贺港对面的一个大型仓库后方驶出。这两艘美国军舰是美国部署在日本的庞大海军战舰集群的一部分。战争结束之后，美国海军基地遍布日本，地点包括冲绳、佐世保（位于长崎县北部）、三泽和厚木等，还有横须贺这个最大的军舰集合地。

货船在海面上轻松来去，完全不受外界局势的影响。视线往北，能看见东京的摩天大楼拔地而起；延展数英里的海面的另一边，矗立着横滨港的高塔；千叶、川崎、世田谷和市原等地烟囱林立。

时隔差不多35年，2014年我再次来到东京湾，不过这次我乘坐的是一艘客轮。我们从俄罗斯出发，历时两天沿本州岛南下。船经过曾发生核泄漏事故的福岛县时，船长表示出极度的焦虑，特意与海岸线保持了一定距离。他之后透露，船上有一名美国律师提醒他不要靠得太近，因为事后如果有任何乘客生病，恐怕都能与辐射扯上关系，尽管这是不可能的。他略带讥讽地说道："你知道律师就是这样。"

当我们行驶到大山（Mount Daisen，位于鸟取县）的斜坡旁时，上来了一名引航员，他看上去实在是太年轻了，让人怀疑是否能承担起引领我们这艘大吨位客轮的任务。船长向右转舵，朝着北边海峡驶入东京湾之际，船桥上的雷达顿时出现几百个联络信号，附近的几百艘船以不同的速度、从不同的方向驶向东京湾，包括：慢吞吞的货轮、外观像虫子的小型水翼船、即将开始惊险航程的三角帆船、油轮、矿砂船，还有一些到港的集装箱船正迎着落潮前行。

我们和其他几艘船一起排在进港的队伍中，经过浮标进入航道，然后按规定保持不超过12海里的速度向着城市行进。东京湾里同一方向设有多条独立航道，可让我们这艘船可加快速度，超过那些体型笨重、行动迟缓的大船或者体量较小、动力不足的船只。

那天早上天气炎热，空气混沌得看不见富士山的轮廓，海面波平浪静，看上去油亮亮的，而整个东京置身于热热的褐色雾霭中。与进港不同，出港航道上船只稀少。我们七弯八拐、小心翼翼地挪到回旋水域和码头前沿的两个小时里，并没看见任何离港的集装箱船，只有准备转往横滨的集装箱船开进来。

统计数据也说明，早在很多年前，东京就已经开始慢慢丧失了作为集装箱货物出口中心的地位。最新统计显示，东京在全世界集装箱货物出口港中排名第32位，位列科伦坡之后、孟买之前。除东京外，前50名里的日本港口仅剩横滨，排第42位。我在那个夏天的早上看到的所有集装箱货船都是载运进口物品的到港船，未见载运出口物品的出港集装箱货船，这也提供了一种佐证，而进口货物很可能是电视机和笔记本电脑，因为日本自2014年起成为了这些设备的净进口国，与这个国家创建并雄霸此行业仅隔了40年。

1955年8月，井深大开始推销他的微型收音机，从那时起，这一太平洋地区开始发生翻天覆地的变化，居于此地区的许多国家相继迅速崛起，陆续成为经济强国。

第 **7** 章
重重威胁

我记得《薄伽梵歌》里有这样一句话……
"现在我成了死神，世界的毁灭者。"

尤利乌斯·罗伯特·奥本海默
（**Julius Robert Oppenheimer**）
1945年6月16日当第一枚原子弹在新墨西哥州
试爆成功时如是说

原子弹引爆时释放出的巨大能量改变了一切，但没有改变我们的思维方式，而我们也由此陷入空前的灾难之中。

艾尔伯特·爱因斯坦
发给美国要人的电报文，1946年5月24日

细细的裂纹

这个元旦正值周日，当新年的钟声敲响，时间迈入了20世纪第5个十年。总体而言，世界似乎已进入一个相当稳定的时期，人们对第二次世界大战的记忆开始淡化，看不出任何纷争将至的蛛丝马迹。

这一天，美军仍旧占领着日本，日本人也仍然忙碌地进行着重建国家，但他们有个值得小小庆祝的理由：原本日本人有个习俗，那就是孩子刚出生就是一岁了，此后每年的1月1日再长一岁，这个习俗在新的一年来临之际宣告终结。这一改变意味着全国8000万日本人在新年的第一天不再年长一岁：一个40岁的人要等到他的下一次实际生日到来时才满41岁。据说那天早上曾有过短暂的一瞬间，所有的日本人突然感觉到自己变年轻了。

对于纽约人来说，也有值得高兴的事：过去3个月，纽约中央火车站的广场上一直回荡着罐头音乐，那些喜欢享受安静环境的上班族不堪其扰，纷纷提出抗议，现在音乐终于被关掉了，而且以后也不会再播放。中央火车站的乘客们恢复了理智，每日必经的交通枢纽重拾平静。有过一瞬间，据说一些纽约人如释重负，突然感觉到自己也变年轻了。

根据那天的新闻报道，英国并无重大事件发生，尚值得一提的新闻是：白金汉宫向一位名叫伊丽莎白·休姆的茶壶盖生产商及一位名叫詹姆士·杰克逊（从事的工作在工种表上被列为"纺纱工"，据说此工作与纺织业相关）的兰开夏男子颁奖，以表彰他们在手工艺领域做出的突出贡献。

在世界其他地方，各国统治者大多数还能主政一段时日：美国总统杜鲁门、英国首相艾德礼、联邦德国总理阿登纳、西班牙元首佛朗哥、阿根廷总统庇隆。除此之外，埃及、汤加和尼泊尔等国同样自得意满的国王、王后和王子们，以及日本天皇、伊朗国王和卢森堡女大公，也都在安享太平。

不过，风向在转变。世界上最重要的君主政体仍旧在英国，严格说来，当时乔治六世统治下的大英帝国依旧"健朗"。例外还是有的，步入新年的三周后，不出所料，贾瓦哈拉尔·尼赫鲁将会宣布印度共和国成立，英帝国对印度自治领的控制力将被削弱。

然而，除开这些细微的征兆，就算已成定势的世界格局开始出现了裂缝，那也仅仅只是极细的裂纹，注意到的人极少，也几乎没有人会为此费心劳神。

只有一个例外，那就是1950年元旦发生的一件事，这个至今仍然铭刻在人们记忆中的事件被赋予了双重含义：第一，它是无比重要的关键时刻；第二，它具有深远的科学意义，甚至这种影响将会永远持续下去。

新的"元年"

3个月以前，1949年9月3日，一架机头上安装了盖革计数器①的美国B–29飞机，正在西太平洋地区的日本横田和阿拉斯加艾尔森空军基地之间飞行，突然，盖章计数器的指针开始剧烈跳动。技术人员对此感到困惑不解，他们一起检查读数，立即断定某处产生的原子辐射正大量涌入到空中。

两天后，一架隶属于关岛空军基地的飞机在同一航线上飞行，捕捉到了更强的辐射信号：在高层大气中发现了裂变生成的钡、铯、钼等同位素。这意味着飞机航线的东侧某处发生了核事故，或者有人投放了核武器。

接下来的时期里，成百上千枚体积不等，通过导弹发射、飞机投掷或大炮发射，由美国、英国、法国、以色列等国制造的原子弹先后试爆成功，释放出大量有毒物质和放射性衰变产物，对地球造成了严重的污染。在1963年大气核武器试验被禁之前，全世界人民一直生活在放射性物质污染日趋严重的空气之中，而其影响有可能会延续几千年之久。

----

① 一种专门探测电离辐射强度的计数仪器。——编者注

关键在于：原子弹爆炸之后的大量释放物中有一种名为"碳14"的放射性同位素。

碳放射性同位素原本就存在于大自然中，是宇宙射线爆炸之后的产物，其数量虽然极少，但仍可以测量出来。与大气中正常的、非放射性的、占碳同位素总量99%的碳12相比，碳14的量仅占碳同位素总量的约万亿分之一（即碳14与碳12的比例约等于一比一万亿）。

植物通过光合作用吸收碳，动物通过进食植物获取碳。当动物或植物活着的时候，细胞中同时存在碳12和碳14，且比例与大气中一致。

然而，动植物一旦死亡，其细胞就会停止吸收碳——就在那一刻，两种同位素的比例开始有所变化。原因很简单：碳14是不稳定的，在动植物死亡之后就开始衰变。这种同位素的半衰期为5730年，也就是说，经过5730年后，其质量减少到一半，再经过5730年，只剩下一半的一半，以此类推。值得注意的是，在死亡的动植物体中，碳12和碳14的比例变化可以很精确地测量出来。

1946年，一名在芝加哥大学工作的化学家威拉得·利比（Willard Libby）最早发现了这一规律，他之后凭此发现获得了诺贝尔奖。基于此项发现，人们认识到，通过测量已经死亡的动物或植物体中残留的碳14含量，就有可能在某种程度上精确地推算出它们的死亡时间。于是"碳-14年代测定法"诞生了，这项技术自发明起一直为世人所用，是考古学家和地理学家们的重要工具，用于测定所发现的有机物质的年代。

但是，这种技术需要一个常量：想要在任何情况下都能准确地测算出年代，首先得找出自然产生的碳12和碳14的基线率，换句话说，基线率必须保持恒定。利比和他的同事们使用的基线率就是前面提到的一比一万亿：一个碳14原子比一万亿个碳12原子。只有这个基线率是固定不变的，年代的测量才有可信度。

然而随后，意想不到的事发生了。20世纪50年代，原子弹试爆一经正式开始，基线率数据突然发生了变化。原子弹爆炸产生了极具杀伤力的巨型蘑菇云，蘑菇云腾空而起，释放出大量化学物质的同时，也有相当数量的碳14

被排放到大气层中。这额外增加的碳14打破了原有的碳同位素比率，使基线率数据产生变化，年代测定法突然失效。

全世界的放射化学家们对这种情况实施了监测，并且随着各国展开一次又一次的核爆试验，新释放的碳的数量逐年攀升，科学家们不断研究出各种运算法则，以纠正核爆引起的碳失衡。但是，随着越来越多的原子弹试爆释放出越来越多不稳定的碳，情形很快变得复杂起来，令人措手不及；科学界非常重视精确数字，而碳-14年代测定法由于上述情形无法达到精准的程度，从而沦落至无用的地步。

为了解决这个问题，一个可以让事态恢复原状的决定出台了。因为基线率是恒定不变的，所以科学家们选定了一个日期：在这个日期之前可以用碳-14年代测定法准确地测算出年代；在选定的日期之后，用碳-14年代测定法测算的结果则长期被视为是不可靠的。

这个选定的日期就是1950年1月1日，也就是如今大家所知的标准参考年，或指数年。在此日期之前，大气未被放射性的化学物质污染；之后，原子弹试爆产生的同位素污染了大气。1950年1月1日，这个原本并未发生重大事件的寻常的星期天，对于科学家们来说，却成了一个新的元年的开始。

"今"与"距今"

从科学的角度来说，这个日期的选定是很巧妙的、符合逻辑的和准确的，很快便为各界采纳。"从前"原本是一个简单的词语，可这个词的意思却因这个日期而发生了改变。

人类创造了各种日历，但日历创造者的名单中从未出现过科学家的名字。"这些文字写于2015年"是一个事实，但这个事实与科学毫无关系，只与神话、宗教和信念有关。为了更加确切地表达"从前"这个词语的意思，西方大多数人会用BC和AD这两个首字母缩略语。他们会说，有些事发生在"耶稣降临之前多少年"，或发生在"耶稣降临之后多少年"，即"公元"，例如公元2015年。

不过，这当然会在非西方人士和非信徒中引起争议。为了抚慰他们，最近有人提出了其他较为婉转的方法。最常见的是BCE的提法，意为"基督纪元前"，对于那些非信徒来说，也可以理解为"公元纪元前"。

这不过也是一种含糊其辞的解释，仍然很不准确，从根本上来说也是以神话传说为依据的。科学家们当然对BCE的提法不感兴趣，尤其是当他们掌握了碳定年法和其他更准确的放射性定年技术之后。最终他们想到了一个主意，那就是使用首字母缩略语BP，意为"距今"。例如，威斯康星冰期（Wisonsin ice age）是在距今5万年前达到极盛阶段的。

为了让大家接受这种新的纪年法，关于"距今的'今'是什么时候"，需要有统一的认识。

20世纪60年代早期，两位放射化学家想到了答案。他们建议使用上面提到的标准参考年，让1950年1月1日成为元年1月1日。

他们的提议听起来逻辑清晰、简单易行、恰到好处，几乎没有人对此表示有异议。对转瞬即逝的"今"这个概念的合理解释，也让这个日期几乎为全世界所有科学家所接受。

"今"这个概念，它似乎被赋予了一种简洁明了的魅力，兼具科学的中立性和严谨性。

因为几乎大气中的所有碳14污染物都来自太平洋上引爆的核武器，而碳14的大量排放是科学界创造出"今"和"距今"两个概念的首要原因。在比基尼岛、埃内韦塔克环礁（Enewetak Atoll）、圣诞岛、乌美拉（Woomera）、塞米巴拉金斯克、穆鲁罗瓦环礁（Mururoa Atoll）和方阿陶法环礁（Fangataufo），这些太平洋海岛地区引爆的核弹是污染的主要来源，是问题的根源所在。

新的力量？

1月4日午餐时间，哈里·S. 杜鲁门总统向国会发表了1950年度国情咨文，其间他宣称"人类已然揭开了大自然的秘密，掌握了新的力量"，这句话隐晦地预示着太平洋即将面临的悲惨境地，它会因此而成为世界上第一个也是唯一一个遭受原子弹污染的大洋。无论是在这次国会演讲中，还是在两周之后的1月19日，当他最终决定执行他在国情咨文中并未明确定义的、决定太平洋命运的秘密行动时，杜鲁门从未提及太平洋这三个字。即使再过两周，他发布正式命令并公开决定时，也未见太平洋这三个字的出现。

他不需要这样做。当他最终决定让美国拥有热核武器时，太平洋6400万平方英里的宽广海面就是最理想的试爆地点，因为对于美国来说，这里是唯一足够辽阔、足够空旷的地方，也是唯一一处美国具备足够影响力的区域。

事实上，太平洋已经提前品尝过即将到来的"大餐"了。美国从1946年开始，就一直在热带地区的湛蓝潟湖秘密试爆简单的原子裂变弹。这些虽然也属于可怕的杀伤性武器，但性质尚算"温和"，完全无法与接下来的热核武器相比。杜鲁门在1月的第三个星期四所做出的决定，以及接下来他向原子能委员会所下达的正式命令，即将开启一种与以往截然不同的武器制造计划，这种武器具备令人难以想象的杀伤力，从理论上来说，其破坏力也是无限的。它将永远改变战争的性质，永远改变世界。它潜藏的能量如此巨大，因而试验及展示的场所只能设在太平洋空旷的中心区域。

"超强大佬"

在世人的想象中，太平洋直到20世纪40年代中期仍旧是斐迪南·麦哲伦400年前所描述的情形。它似乎一直以来就是一片真正太平的海洋，慵懒而又平静，温暖的湛蓝色海水上吹拂着轻柔的信风。虽然太平洋上也会出现狂风暴雨，海岛上各族岛民的生活也并不总是波平浪静，但是它与大家熟悉的大西洋不一样，大西洋的海水因为含盐量高而呈灰色，海面上波涛汹涌、战火频仍。而太平洋直到近期才见证到规模庞大的美日战争。但接下来，它即将发生惊天动地的变化。

1950年，美国原子能委员会计划花费3亿美元研制这些完全不同寻常的武器［它们有一个云淡风轻的绰号——"超强大佬"（Supers），也叫作热核弹、热核装置］，当杜鲁门总统批准这项预算案时，这些武器还只是物理学家们理论上的一个构想，仅存在于黑板上的演算公式中——但这样的构想却很值得总统办公室的关注。

　　几个星期之前，1949年10月6日，美国中央情报局局长、海军上将西德尼·索尔斯（Sidney Souers）告诉杜鲁门总统，一些物理学家提出一种了不起的想法：利用某些轻质气体产生核聚变，极有可能会制造出前所未有的、威力巨大的爆炸性武器。这让杜鲁门立刻产生了兴趣，部分原因在于他了解到某国在几周之前刚试爆了自研的第一枚粗制裂变式原子弹。这次试爆在美国引起了异常激烈的争论，争论主要在军方和科学界之间展开，争论的焦点在于：制造一种可以并且可能夺去几百万人（并非几千人）性命的新式武器是否道德？五角大楼的许多领军人物十分清楚当时别国已经拥有制造核武器的能力，不久之后也会制造出热核弹，他们坚持美国也要展开此项研制工作。但是许多科学家比大多数人更了解这类武器有多可怕，他们对五角大楼人士的提议感到深恶痛绝。大多数人为自己曾经提供过制造新武器的理论基础而陷入了深深的罪恶感中，甚至为此感到耻辱。裂变式原子弹的破坏力已经够厉害了，热核弹潜藏的可怕威力更加令人无法想象。

　　但就美国政府而言，1月19日当杜鲁门总统在白宫召见索尔斯上将，亲自告诉这位上将这个决定（被视为他总统任期内真正至关重要的决定之一）时，这场特别的辩论就正式结束了。杜鲁门告诉他，研发新式超级炸弹最终"会具有重大的意义……是我们应该做的"。

　　1月31日，总统履行了必要的程序，发表了正式声明，声明中他表示已经下令由原子能委员会着手进行必要的研究工作，并已经拨付了足够的预算经费。他对内阁成员们说，美国必须拥有热核武器，尽管没人愿意使用这种武器，但一旦掌握此种武器，就能在未来持有谈判的筹码。至少对杜鲁门来说，仅凭这个冷酷的理由就让他在道德辩论中最终强行胜出。

　　原子能委员会的工作如期秘密开展，推进速度很快。不到一年，设想变成了现实。制造热核弹的技术困难基本上得到了解决。3个月之后，也就是1951年5月8日，美国试爆了名为"乔治"的核聚变试验装置。然后，在1952年11月1日，命名为"常春藤迈克"的第一枚真正意义上的热核试验弹被引爆。16个月后，热核弹中最大的一枚被引爆，不过，这次试爆前出现极其严重的人为误判，造成了不可原谅的后果。

由于热核弹试验规模极为庞大，所以试爆地点全都集中在曾经一片太平的太平洋的中心区域。

一变再变

就太平洋而言，命运的转折点始于1946年，地点在太平洋中心的一处环礁之上，这处环礁与那年问世的泳衣同名，叫作"比基尼"。当时法国《世界报》为比基尼发表社论，除了表达不安的情绪之外，还以戏谑的口气称其体现了"最极致的简约主义"，并且相当有预见性地评论说：这款泳衣的推出"和发生大爆炸一样让人感到震撼"。泳衣的设计者路易斯·里尔德（Louis Réard）也说过大致差不多的话（尽管他说这话更多的用意在于市场公关，而非贬损）："比基尼就像炸弹一样，虽然小巧却极具杀伤力"。

如同这个岛屿的故事一般。

当然，太平洋也曾经有过田园牧歌般的日子，那时，所有这些岛屿属于——如果"属于"这个词用得恰当的话——那些世世代代生活在这里的人们。但是，一个接一个、一群接一群的岛屿被欧洲人偶然发现，一个接一个、一群接一群的岛屿失去了原本的质朴和纯真。日后吸引了美国核武器试验人员注意的岛屿，是18世纪时由一位名叫约翰·马歇尔（John Marshall）的英国航海家首先发现的：当时他的船队正航行在太平洋第一大岛新几内亚岛以北1000英里处，他们原本认为这里应该是一片空旷辽远的海域，却未曾想零散分布着大量的环礁岛。岛上的居民被人类学家称为密克罗尼西亚人，但实际上他们一部分是马来人，一部分是波利尼西亚人。他们在这些环礁岛

（过不了多久就将被更名为马绍尔群岛）已经平静地生活了3000年，平日里捕鱼、采摘椰子，互相之间除了偶尔会发生冲突和争斗，平时极少打扰外界。

但是接下来，他们被别人"大发现"的时代到来了。入侵者接踵而至，声称这片海域属于他们，他们就是这里的主人。在暴力的阴影笼罩之下，旧时幸福安乐的好时光一去不复返。

正如在序言中提到的那样，最早到达的是西班牙人，他们自16世纪以来就侵占了菲律宾马尼拉以东的西太平洋大片海域，不过，他们认为马绍尔群岛距离太过遥远，并未产生太多兴趣。再者，西班牙在美西战争中失利，最终只能眼看美国人将菲律宾收入囊中。因此，西班牙无法对这些更为偏远的岛屿实施管理——据估计马绍尔群岛有6000座岛屿，对于远在马德里的西班牙政府来说，在这些岛屿上行使管理权是相当不现实的。

19世纪早期，一些原本正忙于让夏威夷人改变信仰的西方传教士在去日本的途中，顺道造访了马绍尔群岛。在他们的影响下，当地人学会了说一丁点儿英语，不过，这些传教士并不是为日后到来的美国殖民者打前哨、铺路的。相反，随后赶到的是当时更爱冒险并崇尚皇权的德国人，他们于19世纪晚期抵达马绍尔群岛，这些强壮的汉堡商人在当地发现了许多可运回德国交易的物产。

德国人和西班牙人的看法不同，他们认为对当地实施殖民不仅可行，而且从商业的角度来看，可以从中获利。他们首先在环礁岛上建立了商贸站点，之后将其进一步发展成为定居点，最后，在路德会教士的帮助下，让马绍尔岛民们彻底相信，在德国皇帝的统治下他们的未来会更加光明——从此，马绍尔群岛成为德国殖民地。1899年，德国与西班牙签订了一个简单的条约，在支付给西班牙2500万比塞塔[①]之后，西班牙手中掌控的所有太平洋岛屿从此归于德国[②]。于是，自1906年起，岛民们已不是西班牙殖民下无人问津的偏远

---

① 比塞塔（Peseta），西班牙在2002年欧元流通前所使用的法定货币。——编者注

② 有意思的是，1899年的条约中并未明确提到马绍尔群岛，直到今天，还有一些人就此争论其法律地位，考虑到其中涉及到的援助和赔偿的金额，此争论的意义不仅限于历史层面。

海岛的居民了，转而成了德意志帝国太平洋领地的"属民"。管理机构位于西南1500英里处一座名为赫伯特什①的巴布亚新几内亚城市，历任总督取的是鲁迪格（Rudiger）、豪（Hahl）、斯科普尼克（Skopnik）等德文名字，他们说服岛民：想要继续享有太平，必须忘掉他们过去所知的西班牙语，而改说德语。

或许这有点儿白费功夫。仅仅8年之后的1914年，尽管当地很少有人知道在地球的另一端正在发生世界大战，但是战争对马绍尔群岛的影响是显而易见的。日军舰船骤然出现在海天交际之处，随后其军队（日本当时与遥远的英国是盟国关系）登陆上岸后，所有德国人接到撤退指令。殖民地政府由东京派员接管。1918年德国在欧洲战场被彻底击败后，国际联盟即正式"委托"日本全面接管马绍尔群岛，于是岛民成为"居住在南太平洋托管地的大日本帝国属民"。当时他们不再受巴布亚新几内亚管辖，改由设在马绍尔群岛西北1500英里处的塞班岛新殖民政府总部管辖，历任总督也换上田原、松田、日吉等东洋名字，他们说服岛民：要想继续享有太平，必须忘掉所有的西班牙语和德语，改学日语。

再往后，第二次世界大战爆发，所有的一切又再次改变。在1944年1月末的夸贾林岛战役中，这里经历了最腥风血雨的战局。美国派出了一支庞大的海军陆战队队伍，在战斗中几乎杀光了堡垒中坚守的3500名日本兵，最后仅51个日本兵幸存。那年春天，马绍尔群岛的管理权再次易主，当地人糊里糊涂地再次迎来了"新主人"，这是最近40年来的第三批殖民者。他们现在成了遥远的美利坚合众国的"属民"，理论上接受华盛顿的管辖，向罗斯福总统（很快杜鲁门接任上台）表达某种形式上的"忠诚"。他们得到的建议是：要想继续享有太平，最好忘掉他们可能已经学会的西班牙语、德语和日语，学习怎样说英语。

他们或许以为到此便结束了。事实上，这仅仅是开始。一场新的噩梦即

① 赫伯特什（Herbertshöhe），今称科科波（Kokopo），在1910年之前是德属新几内亚的首都。——编者注

将揭幕。

马绍尔

第二次世界大战结束时，美国已经成为世界上唯一拥有原子弹的国家，并且已经引爆了三枚应用重金属核裂变原理的炸弹。第一枚在新墨西哥的沙漠中试爆成功，第二枚和第三枚分别投放在广岛和长崎。后两枚原子弹是美国在战争中被彻底激怒后实施的打击武器，造成了广岛和长崎的彻底毁灭，也迅速消灭了日本的战斗能力。因而杜鲁门总统坚信，尽管这些新武器可能具有极大的杀伤力，但仍有必要成为美国军火库中最重要的武器。他命令五角大楼制造出更多的核武器，测试并进一步完善其性能，以便不断研制出更好、更具杀伤力的版本，以确保美国在核打击能力上领先世界其他国家。

美国当局首先做出决定，由美国海军（而不是陆军）负责核武器的试验工作。其理由完全是基于核武器可能拥有的大范围高强度的毁灭能力。早期核打击的成功实施（即使所打击的对象选定为城市），让美国海军的将领们忐忑不安，他们马上意识到在所有的战争器械中，暴露在海面上的舰船可能会成为核打击时代最不堪一击的存在。士兵们或许能隐蔽在地底深处的水泥碉堡中，飞机也能迅速飞离危险地带，但一艘航行在海面上的舰船（特别是如航空母舰这样体积庞大、行动迟缓的军舰）对核攻击是完全无能为力的，可能几分钟内就会被核弹炸沉。当载有核弹头的轰炸机迎面袭来，它既无法躲也无法藏。因此，美国海军的未来——事实上是所有国家海军的未来——可能面临重重危机：如果一枚核弹就能轻易击沉所有的舰船，那么主力舰本身还有存在的必要吗？它恐怕会和骑在披甲战马上的重装骑士一样被现代战争所淘汰。

不过，关键在于"是否"二字。没有人清楚一枚核弹是否真能击沉一艘庞大的海军舰船。看上去可能性很大，但没有人能够确定。所以如今杜鲁门总统下令实施的早期核试验项目，其中一条指导性原则就是需要找出真相：原子弹是否能够击毁任何主力舰（战列舰、航母、重型巡洋舰）？美国海军担心自己手中宝贵的战争资产会成为最不堪一击的目标，所以理应由海军来承担试验工作。

曼哈顿计划是美国战时为了研制出第一批核弹而开展的一项绝密计划，这项计划完成之后留下了一条运行状况良好的生产线。和战时一样，战后核试验需要的钚由华盛顿州汉福德的大厂提供；而浓缩铀则由位于田纳西州橡树岭的拥有离心机设备的大厂生产提供；至于接下来的设计工作，还有各种小玩意儿（实验人员最开始就这么称呼它们）的最终装配，则交由新墨西哥州的洛斯阿拉莫斯实验室来完成。那么哪里才是测试核弹的最佳地点呢？白宫委派一位名叫威廉·布兰迪（William Blandy）的海军上将负责寻找试爆的最佳地点，要求"在将风险控制到可接受的范围内，并将危害降至最低的情况下，保证试验的圆满完成"。

无论将来测试核弹的地点在哪里，首先这个地点所在的区域必须牢牢掌控在美国人手中。因为五角大楼关注的主要问题之一，就是想弄清楚核弹对大型战舰的打击力量究竟如何，那么将试验地点选在一处隐蔽的潟湖中，让试验用的舰船停靠在潟湖中作为打击目标，可以作为一种谨慎之举。被选中地点应该是人烟稀少的地区，正如布兰迪上将所说："当地人口稀少且居民们愿意合作是很重要的两个条件，这样我们就能耗费最少的精力和金钱将他们迁至新的地点。"

天气也得可靠，最重要的是风速和风向。爆炸后的蘑菇云柱体预计高达12英里，而空气的任何持续运动都将决定柱体产生的辐射尘会飘向何方。接下来是距离远近的问题：理想情况下，试爆点应该远离船运航道、远离好奇的目光，但又不能太偏僻，必须在携带核弹执行试爆任务的轰炸机的航程范围内，也就是附近要有可起降这类轰炸机的机场。当时军方偏爱的重型轰炸机是平均航程为3700英里的B-29超级堡垒，因此最佳试爆地点应该是离机场不超过1850英里的地方，这样就可以允许飞机飞一个来回；相距1000英里似乎是一个理想的距离。

找寻地点的工作从10月份就开始了，次年1月份才有了明确的答案。自五角大楼把太平洋和加勒比海上一些偏远小岛"打折出售"后，将试验地点建立在仿若浩渺无边的太平洋上这个想法就愈加迫切了。生物物种丰富的加拉帕戈斯群岛（即科隆群岛）曾经被短暂地列入了候选名单之中，经过认真的考虑后，有关人员打消了这个念头，因为即使是在那个资讯相对不那么发达的年代，这个举措也会引起环保主义者的抗议。试爆点最后定在了马绍尔群岛，这似乎是最适合的地方。

马绍尔群岛位于太平洋的中心点附近，远离观光者，群岛中的夸贾林岛上建有一处大型机场，适合起降B-29轰炸机。群岛由29个环礁和5个岛屿组成，其中几乎任何一处都符合选址要求，不过比较之下，有一群小岛尤为理想。夸贾林岛以北256英里处，也就是群岛西部所谓的拉利克礁链（Ralik Chain，也称作"日落链"）的北端，坐落着比基尼环礁。

比基尼

这里就是获得美国军方青睐的讽刺悲剧的上演地点。太平洋战争全面结束后，战争的喧嚣已然消逝，士兵的喊杀声，登陆艇、坦克和枪炮的声音业已远去，生活重回暌违已久、几近忘却的宁静状态，家园一片和平景象。轻吟的海水、色彩斑斓的鱼儿、白色的沙滩、绿色的鹦鹉、热舞的军舰鸟、美丽的珊瑚礁、一排排迎着终年盛行的信风摇曳的棕榈树，当这一切重新成为南太平洋的标志，在这个小小的、美丽的、静谧的、常在漫画中出现的比基尼环礁上体现得尤为明显。但是，布兰迪上将和他的团队制订的计划将这一切画上了一个句号，比基尼环礁的所有岛屿、潟湖再一次被毁灭、被糟蹋，直至被卷入地狱的漩涡之中。

将这近乎完美的乐园彻底蓄意毁灭的原因在于，马绍尔群岛人烟极其稀少，而在最近一次大战中胜出的美国几乎拥有世界上其他任何国家难以匹敌的强大实力，是一个存在感极强的所谓大国。

比基尼环礁的潟湖中鲨鱼成群，1946年，只有167名马绍尔大人和小孩生活在潟湖周围少数几个适宜居住的小岛上。与群岛上的其他所有部落一样，他们也有一个地方领导者——一位酋长、一名当地称作"iroij"的领袖，名为朱达·克塞部克（Juda Kessibuki）。但岛民们和他们那至高无上的酋长并没有机会让家园避免几近全毁的命运，因为他们的对手是布兰迪上将，他看中了这个地方并向总统和有关方面极力推荐。这位因长着突出的鹰钩鼻而绰号"长钉"（Spike）的纽约人，看起来在五角大楼和白宫有着极强的影响力，他的座右铭是："和平源自强权"（Pax Per Potestatem），这也正是他说服比基尼岛民将自己的家园交由美国人永远毁灭的主要驱动力。

1946年1月中旬，布兰迪将军正式决定选择比基尼环礁作为试验基地。这个决定很快被批准，年界中年的美国海军准将本·怀亚特（Ben Wyatt）被任命为马绍尔群岛的军事首长。2月10日，他搭乘水上飞机飞往比基尼环礁，准备向167名岛民传达决定他们命运的重要消息。他通知岛民在星期天去完教堂后与之会面，而他则会以"委婉言辞"告诉大家这个消息。

他会引用一个故事。这究竟是奉行利益至上的原则、对岛民们精心算计后使用的高明手段，还是真的相信岛民们的纯真无邪，我们可能永远不可能知道。不过，可以确定的是，一个世纪以前，维多利亚时代的传教士在这里播撒下"种子"，美国海军应该会利用岛民们对这些"种子"的热忱来达到目的。

怀特准将让岛民们在椰子树阴下聚在他身旁围成半圆形。当时拍摄的镜头显示，远处海浪有节奏地拍打着岸边，外礁上浪花四溅，天空高远辽阔、布满了细碎的云朵，海鸟在翻滚涌动的海水上悠然地盘旋。几名美国大兵漫不经心地侍立在旁，一边侧耳聆听，一边执行警戒任务，严防外来访客闯入。

讲完了那个故事，怀西特说道："为了人类的幸福，为了结束世界上一切战争，你们被选中来协助一些研制工作。"

因此每一位岛民都必须离开比基尼环礁一小段时间，海军会在别处建立一个新的家园。"为了全人类的福祉,"怀特恳请道,"你们愿意贡献出自己的岛屿吗?"

事后,一名酋长提到怀特引用的故事起了决定性的作用,可谓一出妙招:"我们除了服从,没有其他的选择。"按照当地习俗,主持部落一切事宜的是朱达酋长虽然不太情愿,但最终还是同意了。

岛民们在何时、如何默许此事的,从未有人进行过详细说明。五角大楼发言人随后称,朱达酋长非常热情,当即点头同意,认为核试验是一个很棒的主意。我们从三周后制作的公关片中了解到,当怀特准将试图让酋长在摄像机面前重复他"热情洋溢的同意之辞"时,故事的发展有些不同。影片的导演为了让朱达表现出需要达到的诚意度,重复拍摄了好多次。岛民们被再一次聚集起来,他们的表情看上去困惑又难过,朱达同意在他们面前再重复一遍排演过的发言,他呆板地说道:"我们将一路向前。我们要相信所有一切都在上天掌控之中。"

对于得逞的美国人来说,这已经足够了。岛民们最初依照美国人的要求撤离,后来还是忍不住恸哭哀号。他们遵守约定时间,于一个月内撤离了比基尼环礁。众人将随身物品打包,抛弃了他们简朴的小家和心爱的独木舟,挥别过去几代人一直居住着的平和家园和照料着的恬静花园,乘坐一艘庞大笨重的舰船,离乡背井去往远方的陌生岛屿。他们所做的一切均听命于素未谋面的白人,而事实上,他们并不了解这些人所做的事,这些事对他们来说并无多大价值。

他们被集中带到了一艘登陆艇上,并随身带足8周的粮食,在海上颠簸摇晃了125英里后,抵达了东面一处小得多的、名为朗格里克(Rongerik)的环礁上;比基尼面积达3.5平方英里,而这里仅有0.5平方英里。比基尼岛民对朗格里克一点都不陌生,划独木舟过去只需要一天一夜就能到达,他们不喜欢这个地方。这里土壤贫瘠,淡水稀少,只有可怜兮兮的几株椰子树。更重要的是,根据当地传说,这里是一群令马绍尔岛民们闻之丧胆的恶魔的老巢。但是,他们轻易相信了美国人是出于一片好心,于是尽其所能在朗格里克安顿下来。在他们想要将打乱了的生活恢复正常的同时，在他们家园上进行的核试验项目已全面展开。

美国人对他们故居的改造几乎立刻就开始了。载运岛民们的船越过地平线，滞留在外海的一支庞大的舰队便迅速地开入环礁，侵占了岛民们的家园。

布兰迪上将在华盛顿表示："很明显，因为这种革命性武器的出现，战争甚至文明本身已行至十字路口。"因此，他为此试验项目取名为"十字路口行动"，并且军方时间紧迫。绰号为"海蜂"的美国海军工程营登上环礁，建造碉堡、营房和铁塔，以安置必要人员，放置所有的摄像机、辐射传感器和望远镜；舰队运来重型材料（水泥、钢铁、推土机、挖土机以及重达几吨的屏蔽防护铅板）；几十艘五花八门的老旧船舶和俘获的舰船也被运送到这里，停靠在潟湖中某几处固定位置上，以用作试验的轰炸目标。

40000多名相关人员紧接着被指派到西太平洋（他们仅一天就能消耗20吨肉类、70000条糖棒以及其他食物），以确保试验项目按计划顺利进行。美国海军里那些人确信，或者怀疑，他们的海军很可能陷入极大的危险之中，因为显然在目前这种情况下，使用核弹击沉舰船就如同探囊取物一样轻而易举。

"宇宙之火"

"十字路口行动"是美国在接下来的50年里开展的55个核试验项目（其中绝大多数涵盖若干分头进行的试验）之一。自1945年以来，美国共引爆了1032枚核弹，远远超过世界上其他所有具备核武器能力的国家引爆的核武器的总和。在接下来的若干年间，美国将针对各种用途和客户（用于军队、外太空，甚至包括在地表挖掘大型壕沟等和平用途）开展各种投掷发射系统（空投弹、弹道导弹、炮弹、地雷）的试验工作。这些接下来开展的各种试验绝大多数是在内华达州的沙漠里进行的，其中又有大部分是在一定深度的地底下试爆的。但是最令人印象深刻的是初期在太平洋上开展的67次核试验，而这其中规模最大和最具代表性的是在比基尼环礁上进行的试爆项目①。

尽管这里仅实施了23项核试验，但每枚核弹的TNT当量均十分巨大。因为比基尼环礁上所有核武器相加在一起的破坏力巨大无比（正如我们后面将看到的，其中两项核试验发生了非常严重的问题），这23项核试验所释放出的能量占美国历史上所有核试爆所释放的能量总量的15%以上。

"十字路口行动"在这些核试验中最早登场，而且专为海军量身打造：一共有两次主要的核试爆，在第一次核试爆开展之前的几个星期，一些舰船陆续驶入潟湖，停泊在了指定位置，这些身披钢甲的家伙将成为试验中的标靶，将是太平洋核时代第一批非人类受害者。

比基尼岛西南大约4英里有一处潟湖，海军官兵收集了总共73艘舰船停靠在接近潟湖东端的湖面上。这些舰船围绕着漆成红白两色的"内华达"号战列舰呈同心圆排列，这艘超无畏级战舰曾因在"珍珠港事件"中被鱼雷和炸弹击中却逃脱了覆灭的命运而声名远扬。海军认为，让这艘建造于1914年的老牌战舰充当第一次核试的靶心，这样它就能继续为祖国服役，并且在服役期内有尊严地"牺牲而去"。

但是它却幸存下来。当轰炸机最终携带第一枚核弹从夸贾林机场起飞后（这次核试代号为"Able shot"），机上的投弹手表现得不够称职，偏离目标700英尺。它并未被击沉，经过妥善修复后又勉强在军中服役两年。

Able核试中所用的核弹无论是在设计上还是在发射方式上，几乎与一年前投在长崎的那枚核弹一般无二，也与几周前在新墨西哥州进行的美国历史上第一次核弹试爆中的那枚核弹基本相同。这是一枚钚弹，也是"胖子"②，被设定在目标上空500英尺处引爆。这次试爆虽然并未准确击中目标，但在时间计算上却十分精准，于1946年7月1日早上9时准时爆炸。

---

① 在附近的埃内韦塔克环礁上也试爆过几枚核弹。埃内韦塔克与比基尼有着相似的命运，却因种种原因从未获得应有的关注。2014 年《纽约时报》一则新闻标题写道，它是"一座曾经被核辐射污染，但如今却被人遗忘的太平洋小岛"。

② 意指与 1945 年 8 月 9 日美国在日本长崎投掷的原子弹"胖子"（Fat man）同是钚弹。——编者注

　　最后的结果证实这次爆炸并未造成太大的影响，场面也称不上壮观。一百多名记者聚集在停靠于潟湖外的舰船上①观看了此次核爆，他们倒是肃然起敬地看得津津有味。然而谁又能责备他们？毕竟，前面三次核爆只有美国军方人士和牺牲者目睹过，几乎没有任何一位美国平民曾经亲历过现场。第一次允许公众现场观看就是在比基尼岛，这也是比基尼岛具有如此重要的象征意义的另一个原因，而作为核爆大背景的太平洋也一直是世界上最具"核"话题的大洋。

　　正如所预期的那样，壮观的场面让当时正在"阿巴拉契亚"号战舰上观看的《纽约时报》记者威廉·罗伦斯（William Laurence）心生敬畏，他通过船上的无线电口述文稿：

　　我站在军舰的瞭望台上，看见"宇宙之火"喷薄而出，火柱直上云霄，位置大约在东北方向18英里处。这是可怕到让人毛骨悚然的景象，如同超级火山在奔涌、怒吼，努力向上挣脱束缚，巨大的呈团状的、灿烂夺目的火焰和烟雾喷射而出，随之形成巨大的环形彩虹，有时让人觉得是有一个恶魔奋力拉扯着地面，想要将地面撕裂后扔向空中。

　　就在这时我目睹核弹爆炸，犹如看到一颗星球从诞生到死亡的全过程，它在诞生的瞬间就分崩离析。这颗新星出现的那一刹那光芒四射、闪耀炫目，人们只能通过护目镜才能直视，这种护目镜能将太平洋上空明亮的日光变成漆黑的夜晚。当光芒显现的那一刻，就像许多太阳同时出现，照亮了天空和海洋，这光芒和明亮不属于人间。

　　接下来几天，记者们的激情在某种程度上有所减退。从试爆后第二天早上《泰晤士报》发表的头版头条文章标题，不难看出记者们——至少是主编们——已经恢复清醒，而且流露出失望。它的标题是："爆炸的威力似乎不尽如人意"。随后，第一段文字中规中矩地描述，核弹发射出来时展现的耀眼光

---

① 全美国乃至全世界的广播电台都转播了核爆倒计时的情景以及核爆当时的震撼场面。英国国家广播公司（BBC）的文娱电台播报了核试验的情况，而这个电台通常播送的都是音乐和肥皂剧。当时是英国的深夜时分，整个播报过程中，听众却因为爆炸现场的静电干扰几乎什么都听不到，十个单词仅有一个能听懂。

芒"比太阳明亮十倍"，不过接下来就出现了颇有警示意味的"但是"——提到环礁内停泊的73艘舰船中，事实上仅有两艘被击沉。这篇文章可能写得有点草率，因为实际上被击沉的有五艘，包括美国海军的两艘老旧驱逐舰、两艘运输舰，以及造型优美的日本"佐川"号巡洋舰——其实最初"佐川"号只是受损严重，在被拖离时沉没（当时它差点将拖船也一并带入海底，幸好惊慌失措的船员用乙炔喷枪及时切断了拖绳）。

　　Able核试是有史以来第一次邀请公众现场观看的核爆，除此之外，如今它更可能因为它曾经的失败而被人们牢记。布兰迪上将在几天前曾向每一个人做出保证："核弹不会在水中引起连锁反应，使水变成气体，致使所有洋面上的船舶坠落海底。海底不会因此裂开，海水不会顺着裂缝全部流走。它也不会破坏地心引力。"当然，爆炸产生的火柱也没有毁掉比基尼岛上的任何一株棕榈树。如此说来，该任务的失败之处是具有肯定意义的。

　　由于它没有满足相关人士的预期，并未对部署在投弹区四周的庞大舰队造成太大的打击。总体来说，爆炸只摧毁了紧邻爆炸中心的几艘体量相当小的舰船。它没有击沉"内华达"号战列舰，也没有击沉庞大的日本"长门"号战列舰。而击沉"长门"号是许多人期盼的结果，因为它在日本突袭珍珠港期间一直是山本五十六大将的旗舰，将它击沉无疑十分符合"因果报应"的道理。前德国"欧根亲王"号袖珍战列舰也没有遭受覆灭的命运，这艘战列舰在当时属于美国海军的现役舰船之一，是"二战"战利品，曾被德裔美国船员从威廉港一路手拖至比基尼岛[①]。

　　当时，一些动物代替船员被提前放置在了舰船上，然而这次核爆也未对它们造成太大的伤害。山羊守着炮塔，值守雷达屏的是大鼠，猪聚在船尾，主桅旁趴着老鼠——大量啮齿动物被散放在船上各处。核爆之后，四分之三的动物幸存下来，当周遭的一切天翻地覆时，一些山羊竟然还在漠不在意地

---

① 当这些德国船员最终在巴拿马靠岸下船时，接手的美国船员发现他们不会使用"欧根亲王"号上的锅炉。最后只得将这艘重达1.8万吨的军舰用拖船横跨太平洋拖至目的地，本想让它在这次核爆中寿终正寝，却未能如愿以偿。

啃咬着草料。值得一提的是311号猪和315号山羊，它们依然十分健康，活了很多年，还被带去华盛顿特区的动物园展出。

恶魔核心

Able核试之所以具有重要的历史意义，另一个原因是偏向技术层面上的，而且暗藏死亡阴影。核弹是1945年8月份生产的，由于其以钚为核心成分，曾在位于洛斯阿莫斯的核项目总部发生至少两例与钚相关的致命事故。

组成弹芯的核心成分彼此分离时，并不会导致特殊的危险性——但是当它们被挤压在一起，并恰逢一些特定情况时，就可能达到所谓的"瞬发临界"，骤然释放巨量辐射。这个特别的弹芯就曾经发生过这样的情况，还发生了两次。第一次是在1945年8月21日，一位名叫哈里·达格里恩（Harry Daghlian）的物理学家不小心将一块钨钢掉在了弹芯上，导致弹芯达到临界状态，释放出足以致命的辐射，达格里恩于4周后死亡。

第二次事故发生在1946年5月，这次事故所造成的影响更甚前者。当时，洛斯阿莫斯的一名非常受人注目的试验员路易斯·斯洛廷（Louis Slotin）正在小心翼翼地转动螺丝刀的刀刃，想要将两个镀镍的半球撬开，然后再让它们彼此靠近，以测出不断增加的辐射值——即所谓的"挠龙尾"①。正当他精心操作的时候，受到了某种东西的惊吓——在根据此事件拍摄的影片里，是茶杯摔碎的声音——他拿螺丝刀的手猛地动了一下，导致两个半球突然合上。这时，契伦科夫辐射②发生了，一阵让人炫目的蓝光闪过，房间里所有的盖革计数器瞬间失灵。斯洛廷站起身，将上面的半球猛推到了地板上，结束了临界状态和继之而来的辐射爆发。然而他的一只手承受了超量的中子和伽马辐射，

---

① 原文为"tickling the dragon's tail"，西方常以此形容动作危险，类似于中国常说的"捋虎须"。——编者注

② 契伦科夫辐射（Cherenkov radiation）是介质中运动的物体速度超过光在该介质中速度时发出的一种以短波长为主的电磁辐射，其特征是蓝色辉光。——编者注

他在几个小时之内得出结论，自己将不久于人世。他估计得完全正确，9天后他便在剧烈的疼痛中去世了。

由于这两例死亡事件，从那时起，人们就将这一对表面镀有镍和铍保护层的钚半球统称为"恶魔核心"（Demon Core）。这个核心也是Able核试项目得以顺利开展的关键所在。尽管作为核弹装料的钚半球原本就只有很少的库存，但可以想见，物理学家们肯定一心想要将其用尽，在爆炸中消耗完毕，从库存中清除出去。曾经在它身上发生过这么不幸的事件，迷信的人很可能会觉得Able核试用了"恶魔核心"就注定不会有好结果——不是会再次发生事故，就是遭遇失败的下场。

然而直到最后，"十字路口行动"投下的第一枚核弹只造成了一例确定的"伤亡"，那就是B-29轰炸机投弹后离开的瞬间，飞机受核弹爆炸后产生的冲击波影响而出现了颠簸，机长因此撞伤了嘴唇。虽然这次任务并未制造更多不幸，却带来某种挥之不去的失败感。

总体上来说，Able核试并没有给人们留下深刻的印象。只有极少数在场执行监督工作的联合国观察员表现出深厚的兴趣。一位名叫西蒙·亚历山德罗夫（Simon Alexandrov）的教授耸了耸肩，声称这枚核弹"没那么厉害"。一名巴西人表示"也就马马虎虎"。而一名来自纽约的国会议员表示他感受到了爆炸后产生的热浪，但同意同船观看的其他人的意见，那就是观察船与投放区隔着18英里的距离，多少减损了看头。气象员也说由于空气潮湿，爆炸声响和爆炸造成的热辐射都有所减弱。美国报纸为飞行员母亲和投弹手母亲拍了照片。这两位戴着眼镜的女士出现在威斯康星州拉克罗斯，两人看上去全然无动于衷。直到核弹爆炸后她们才开口表示，想必自己的儿子一定很喜欢这次冒险经历。

这情形开始看起来像是比基尼人已经被赶走了，美国人白捡了一个岛。1946年7月25日，"十字路口行动"中被命名为"Baker shot"的第二次核试开始。这次的场面远比上次壮观，无论从军事还是公关角度，大家都认为这是一次很成功的试验。但是在某些方面，它也是一场灾难——正如所发生的那样，它是接下来几场灾难的开始。

Able核试采取的是空投的方式。而Baker核试虽然也是为了测试核弹对水面上集结待命的主力舰船的打击力度，但采取的却是水下爆炸的方式。对于Able核试击沉的舰船未达到预期数量一事，官方解释是：核弹对舰船造成的损害绝大部分集中在水线以上。Baker核试则会打击水线以下的船体，而非水面之上的上层结构，所使用的核弹可望成为更有效的舰船杀手。

事实上，这枚核弹看上去果真发挥了应有的效力，营造了相当壮观的场面，毫不夸张地说，它一度成为了核时代的典型代表。人们在一艘老旧登陆艇的艇底系上钢缆，用钢缆将这枚装在混凝土容器内的核弹悬垂在水下90英尺处。布兰迪上将相信这次一定会成功，他下令邀请比基尼的朱达酋长从朗格里克前来观看这次试爆。他原本以为朱达不会出席，但朱达却来了。他登上海军的观察船，告诉邀请他的"东道主"，自己对这次试爆十分期盼，希望一旦完成试爆，就能带领子民们重返家园——这实在是过度天真且一厢情愿的想法。

蘑菇云柱

核弹于早上8点35分准时引爆，壮观的场面令观者永生难忘。随着一阵轰然巨响，首先，洋面上突然形成了一个范围一英里的巨型球状"玻璃泡"，伴随着大量的蒸汽和凝结物，将原本从波平如镜、澄清碧蓝的潟湖中腾起的珊瑚和泥浆震成碎屑，随后又以惊人的速度呈现了一个高度为一英里、呈完美对称形状的空心水柱。这道水柱含有数百万吨泛白的海水和海底的沙粒，混杂着珊瑚碎片的浪花在柱顶绽放，似参差不齐的一片云朵，它缓缓回落至潟湖的场景被相机捕捉下来，直到今天，相片里的这个场景都是那个时代标志性的景象之一。对于那些对核问题深感兴趣的人们来说——尤其是许多完全沉迷其中的美国年轻人——这张相片就是一张完美的海报，应该与法国性感女星碧姬·芭铎（Brigitte Bardot）和捂着被风吹起的白色裙子大笑的玛丽莲·梦露的照片并排张贴在墙上。这张蘑菇云照片自此成为老掉牙的漫画题材，那是因为Baker核试之后再也没有关于核爆的相片流出了——人们意识到，核弹在海底引爆后形成的那个更像是一个冠状、菜花状的东西，是一种深具创造力的新兴事物，某种很"酷"的玩意儿，连核弹两个字都很有"艺术性"。

核爆时，登陆艇彻底"蒸发"，事后没有找到一块能测量的部件。核爆的威力远不止于此，它总共击沉了十艘舰船，其中包括两艘战舰、一艘航空母舰、三艘潜艇。给人印象最深的是，在爆炸波及海面一两毫秒时所拍摄的相片显示，一块黑斑随着巨大的水柱直跃而起。分析家认为水柱侧面的这块黑斑是"阿肯色"号（Arkansas）战舰的完整船体。"阿肯色"号被巨大的爆炸掀翻，随着水柱跃出海面，仿佛紧贴在水柱的侧面，当水柱回落至海面时，被卷入漩涡之中，最后底朝天坠入海底。这是一艘排水量为2.6万吨的庞大战舰，在核爆蘑菇云的衬托下，如此庞大的战舰看上去竟只是一块小小的黑斑，如同大洋中的一道滑痕。船体的整个右侧，也就是靠近核爆的那一侧被震成碎片，就像遭遇到一柄大锤的重击；随后，它那已千疮百孔的身体被旋流扔进了太平洋海底的泥淖中，船上的大炮在倾覆的炮塔上无力地垂着，这样的结局以任何一艘船代入都是很难让人相信的。尤其是如"阿肯色"号这样拥有如此光荣历史的一艘战舰——它建于1910年，经历过两次世界大战，参加过诺曼底登陆战、硫磺岛战役以及冲绳岛战役。核爆在海底产生了强大的超声波，"阿肯色"号只是碰巧成了那个被抛至空中又扔入海底的受害者，它在瞬息之间就被彻底毁灭，这一定让许多头发花白的海军将领摇头叹息。

这枚核弹激发了科学家们浓厚的兴趣，接下来的几个月，有关人士对此开展了研究，并在8周后召开了一次全方位的会议，处理从核爆中收集到的大量数据，还创造了几个与原子弹有关的新词：威尔逊云、浮尘云、滞留云、气泡云、基浪云、菜花云。

让人意外的是，地球物理学家们通过对此次核爆的研究竟转而解决了一个困扰世人已久的问题：为什么1883年喀拉喀托火山爆发会引起海啸？他们无意中发现，火山爆发和核弹引爆在某种程度上有些相似。核弹爆炸造成气体急速膨胀，在水下形成一团巨大的气体，气体在扩张的过程中将海水向四周推动，从而产生高达90英尺的海浪。巨浪以极快的速度扑向比基尼岛，仅仅几秒钟后就抵达岛岸，抵达时仍旧维持着15英尺的浪高。它们毫不留情地将海面上的船只推上浪尖、扔向海滩，紧接着淹没全岛。

喀拉喀托火山爆发的情景也差不多：这座火山岛瞬间汽化，化为一片呈白热状态的真空，海水立时涌入其间；接着，和比基尼岛上的情况一样，海水因为过热形成蒸气气体，四处飞射，海面擎起滔天巨浪。大型火山爆发的规模远超人类所能制造的核武器的爆炸规模，喀拉喀托火山爆发引发了海啸，4万人因此失去了生命，海啸的余波继续向全世界扩散，几个小时后，距离火山万里之遥的地方依然能目击并感应到海啸余波。而比基尼岛核爆则没有发生如此可怕的景象。

但在比基尼岛上引爆的这第二枚核弹也酿成了严重的后果，而这种"失误"是完全可以预见到的——显而易见地，喀拉喀托火山是不会背负这种"罪名"的。核爆造成了大量致命辐射物向四周扩散。针对此事，军方事前已得到过警告。曾经说过"我不是一个滥用核武器的人……不会只为满足个人幻想就引爆核弹"这句名言的布兰迪上将，也曾被告知这次核爆较前一次危险得多。核爆释放出大量放射性的副产品，这些放射性物质形成的羽流不会被上层气流吹散，而会直接沉积落入潟湖，对海水、海岸以及在爆炸中幸免于难的舰船造成污染。科学家们表示，继续开展核试是极不明智的行为。然而尽管如此，布兰迪上将还是决定按原计划进行核试，后来还为庆祝"十字路口行动"的成功举办过一个宴会，餐桌中央的蛋糕上装饰了一朵大大的蘑菇云——布兰迪的决定最终导致了灾难的后果。

正如所预料的那样，爆炸后的落尘云产生了大量的辐射物，当云柱回落至海面时，高达900英尺的水雾墙（之后被称为基浪）从柱体向外延展，波浪迅速翻滚过残余的舰船并将其吞没。事实证明，这海浪是足以致命的，但事先没人知道会发生这样的情况，也没人了解其危险的程度。海浪中裹挟着核爆产生的绝大多数裂变物，尽管总量（3磅①左右，外加核爆中未消耗完的10磅钚）可能看上去很少，但这些物质的毒性很大，所以大规模的清理工作必须要在极短时间内展开。

然而，海军并未针对此种情况提前制订过任何应急方案，结果在军官之间引起一阵恐慌。随后几千名海员遵照长官的命令，拿起橡皮水管、喷水枪、拖把和装着碱液的水桶，其中绝大多数只穿着短裤和T恤，登上了被核辐射严重污染过的每一艘舰船，尽可能快地将残留物清除干净。载有1.5万名入伍新兵的50艘军舰立刻起锚驶入潟湖之中，全体士兵迅速开展工作，专心致志地测量、清理、冲洗，以去除残留的污染物——同时却在不知不觉间通过衣服、皮肤、头发、肺以及他们接下来触摸的所有东西，吸收了难以想象的大量放射性物质。由于盖革计数器完全检测不到钚的残留物，所以最初这种隐匿性极强的危险物质并未被人察觉。

现场的海军指挥官们奉命履行不可能完成的任务，这是一项极为凶险的任务，让已做好安全措施的军官命令没有采取任何防护措施的士兵们去完成如此危险的工作，这简直是和平时期最残酷的命令，显示了海军上层的蠢笨无知。当时拍摄的影片显示，成群的士兵愉快地擦拭着甲板，像是他们刚刚结束了一场在甲板上举办的晚宴派对，时不时还因为一句玩笑话被逗得开怀大笑。一名士兵说，船上满载沙子和来自海底的大块珊瑚，他骄傲地向摄影师展示了一块他准备带回家作纪念的岩石，然后放进了自己的衣服口袋里。

有关这些士兵之后的遭遇——确切地说，是他们中有多少人死于因为比基尼核爆而直接导致的癌症——就是一笔糊涂账。尽管如此，科学家们很快意识到了那可怕的潜藏的危险（而海军高层很明显缺乏这种认识），因此，原本接下来计划开展的"十字路口查理"（Crossroads Charlie）核爆被取消，"十字路口"系列核试被正式叫停。布兰迪上将从太平洋地区被调至大西洋舰队，三年后退休，于1954年去世。

----

① 1磅≈0.45千克。——编者注

噩梦的开始

但这绝对不是比基尼岛噩梦的结束。首先，核试项目在世界上引起了相当大的关注，而那些被迫离乡背井的岛民们到目前为止基本上处于被忽略的地位，生活越过越艰难。朱达酋长观看完Baker核试后回到朗格里克，秉承他一贯的天真想法向岛民们汇报了家乡的情况——他说，比基尼岛看上去仍旧和从前差不太多，棕榈树也都还在。但事实上此时的岛民们挣扎在饥饿的边缘，美军留下的食物已经吃完了，大多数岛民靠稀粥和难以下咽的鱼维生，一场大火又烧毁了他们最重要的椰子种植园。一名到访过当地的马绍尔岛民告诉外界，这些流落他乡的比基尼岛民们憔悴瘦弱，"简直是皮包骨头"，一名美国医生掌握了强有力的证据，证明岛民们确实营养不良。

让岛民们意想不到的是，有人站出来声援他们。这个人就是哈罗德·L.伊克斯（Harold L. Ickes），他曾经在罗斯福执政期间担任过十多年内务部长。他废除了国家公园的种族隔离条款，致力于顽石坝（Boulder Dam，又称胡佛水坝）的建造工作，是将罗斯福新政在许多方面付诸实践的代表性人物。如今他虽然已经退休，但依然是一名令人敬畏的弱势群体捍卫者。1947年末，他写了一篇在全美报纸联合刊载的专栏，公开谴责美国政府的行为，为比基尼岛民们的遭遇而呐喊。他宣称："实际上，原住民正在饿死，这是确凿的事实。"

整个华盛顿都读了伊克斯的文章，杜鲁门政府大为震惊，决定采取行动。政府首先尝试推卸责任，他们罔顾事实真相，宣称错在比基尼岛民自身，发布声明称："朗格里克岛是原住民自己的选择，我们为他们建了房子、学校和淡水收集区，他们起先也非常高兴。之后他们发现这个岛的物产不如最初预计的那样丰富，我们不得不为他们提供食物，以增加其食物储存。"

几乎没人相信这个谎言。白宫和美国国家记者俱乐部突然产生罪恶感，随之启动救援行动，许多船只和水上飞机紧急起航，奔赴太平洋中部的这座原来无人问津的环礁。大量不明所以、对现状不满的比基尼人——他们中的大多数到如今已经对美国政府感到相当失望——又突然要面对再次举家搬迁的命运。他们坐船向南250多英里，来到夸贾林环礁（这里是美军一处大型的军事基地），沿着宽大的飞机跑道在两侧搭起成排的帐篷。

从前，比基尼人在一处偏僻的珊瑚岛礁上过着与世隔绝、简单质朴的生活，几百年来靠在潟湖中捕鱼为生，如今，来到这个喧嚣、繁忙的世界，远离故土，面对着截然不同的文化，不禁感到害怕。那时的夸贾林和现在一样，都是美国全方位投入使用的军事基地，一切看上去一目了然，但一切又不那么简单。这里有充足的水和食物，以至于现在有许多人提出，比基尼人就是从那时开始改变了他们的饮食结构，增加了肉罐头、可口可乐、白糖和面粉，如今看来这是一个严重的、危险的变化；他们也"摒弃"了以前的谋生方式，养成了现在许多人认为的靠救济为生的习惯。很少有人会对此提出质疑，那就是：从那时开始，这些背井离乡的比基尼人开始改变，随着时间的推移，其民族态度不断被侵蚀、被削弱，而夸贾林就是这种巨大变化扎根生长的地方。

仅过了几个月，美国政府很快意识到将比基尼人——特别是其中还有不断增加的新生儿——安置在军事机场跑道旁的帐篷里是非常不合适的。于是在1948年11月，比基尼人被迫第三次搬家。这次他们搬到了马绍尔群岛南部一个名叫基利岛（Kili）的小岛上，这个荒无人烟的小岛不是环礁岛，既没有潟湖，也没有港湾，在涨潮期间船舶根本无法靠岸。海况恶劣时，军用运输机就无法执行空投任务。岛上有个简易草地机场，马绍尔群岛航空公司的飞机理论上是能着陆的，但实际上航班少得可怜且航程太远。总之，基利岛从1948年起就成了比基尼人的安身之处，作为核试的受害者，他们永别故土、流浪他乡。现在看来，比基尼岛可能是他们永远也回不去的家乡。

如果事实证明果真如此，那原因是多方面的——其中之一就是1946年开展的"十字路口行动"之Baker核试很明显对比基尼人的家园造成了长期的放射性污染。8年后比基尼环礁再一次被大规模污染也是他们有家难回的原因之一。1954年3月1日，"布拉沃城堡"试爆完成，这枚核弹对环境造成的危害极大，比基尼岛也因此再度成为世界上的"知名"岛屿。

"布拉沃城堡"

到这时，也就是20世纪50年代中期，太平洋无疑变成了未来真正大炸弹的试爆场。1950年1月19日，杜鲁门总统做出了决定。美国将会制造超级炸弹，即热核聚变弹，并进行试爆，未来将会以此作为国际谈判的筹码。第一枚原型弹代号为"乔治"，于1951年试爆；一年后，又试爆了另一枚较大的原型弹。现在轮到了这枚代号为"布拉沃城堡"的经典氢弹，它有可能是美国制造的第一个可交付使用的热核武器①，也是迄今为止美国试爆过的最大型的核武器。试爆产生的冲击力极大，几乎无人预想到，而这缘于有关人员犯下的两个重大错误：一是技术上出现了严重的误判，二是其愚蠢而顽固的态度。

历史"挑选"了聪明绝顶的物理学家阿尔文·库什曼·格雷夫斯（Alvin Cushman Graves）来为这次错误买单。1946年斯洛廷因在裂变实验中发生失误而丧命，格雷夫斯也险些丢了性命。由于他在这场意外中幸存并且复原，因而在随后的1954年主持了灾难性的"布拉沃城堡"核试工作。他的经历和他对辐射风险采取的那种毫不在乎、自以为是的态度可能并不是完全没有关系的。他说过一句很有名的话，原话是：这些风险"都是胆小鬼捏造出来的借口"。

众所周知，洛斯阿拉莫斯试验室发生过两起与臭名昭著的"恶魔核心"有关的致命事故，格雷夫斯在第二起事故中侥幸逃脱。当路易斯·斯洛廷手中那对直径三英寸的镍铍镀层的钚半球瞬时接触，一道蓝光闪过，辐射充斥着整个房间时，格雷夫斯就站在斯洛廷身后。尽管斯洛廷的身体为格雷夫斯遮挡住了部分辐射，格雷夫斯还是被辐射热烫伤，接收到剂量足以致命的伽马射线、X光和中子。几乎没有一位医生认为他能活下来。他在医院住了几个星期，头发迅速掉光了，神经系统和视觉都出现了很严重的问题。但让所有人感到惊讶的是，他的身体竟然慢慢地开始恢复，情况持续好转，最后几乎

---

① 第一枚真正的氢弹代号为"常春藤迈克"，16个月前在附近的埃内韦塔克环礁试爆成功。但在那次核试中，氢弹必须由一枚类似长崎"胖子"那样的核弹来引爆，而氢也必须经过高度冷却才能让由氢弹和引爆弹这样的炸弹组合真正发挥出巨大的威力。这枚氢弹重达62吨，由于体积太大，所以无法将其用作武器。相比之下，"布拉沃城堡"使用固体燃料，仅重10吨，其核试的成功开展让美国海军和空军一致认为今后美国可望大量制造能用飞机或导弹运载的氢弹。

完全康复——至少身体上没什么疤痕，只是头顶有一小块斑秃，这他倒是喜欢到处向人展示。

最终，格雷夫斯身体康复到一定程度后，就被任命为城堡系列热核武器试验的科学总监。尽管对他来说这次调职是好事，但考虑到接下来发生的事，上面颁布这项任命是否是明智之举值得商榷。他很快就成为这类新武器最狂热的拥护者——相当重要的原因在于他很清楚，别国的核项目正在加速赶上美国。他一抵达如今被称作太平洋试验场的埃内韦塔克岛总部，就非常明确地对下属表态：既然最糟糕的核辐射他都挺过来了，如今比基尼环礁上的核聚变装置归他负责，那么自己对开展核试验就没什么好顾忌的了。

"布拉沃城堡"核试中引爆的氢弹外形普通，只是一个长度为15英尺、直径为4英尺的钢筒，因而更像是一个大型的天然气罐。它诞生于洛斯阿拉莫斯，代号为"虾"，这纯洁的名字似乎暗示着它没有害处。运送氢弹是在极度机密的情况下进行的，夜间货船上灯光全灭，执行护送任务的飞机和驱逐舰与货船保持一定的距离——2月份时，货船抵达埃内韦塔克岛，随后转用驳船送至比基尼岛，氢弹外罩有防水帆布，以防有人未经许可，出于好奇窥视其尺寸和形状。到达目的地后，氢弹被悬吊在一座大棚的棚顶上。在环礁最北端的纳姆岛（Nam Island）外的一处暗礁上建有一个人工岛，大棚就在这个人工岛上，被称为发射室。陆地和大棚所在的人工岛之间修有一条堤道，连接大棚和电子发射掩体的线路犹如蛇行般越过赤沙坝和珊瑚礁，途经如今比基尼人废弃已久的家园，到达20英里外的银色小岛——恩尤岛（Enyu Island）上，电子发射掩体就设在这里。

2月底，所有工作人员撤离比基尼岛，所有舰船驶离潟湖。只留下9名发射人员隐蔽在十几英尺深的地下水泥掩体中，原地待命。

在按下发射按钮之前，还有两个重大的不确定因素存在。第一是这枚氢弹的威力究竟有多大。16个月前引爆的"常春藤迈克"威力达千万吨级，令人过目难忘，完全符合物理学家们的预测。但是，"布拉沃城堡"使用的是固体燃料，而不是液态氢，液体氢需要在极高的温度和极强的压力下才能产生聚变，然后释放出巨大的能量，最终发生爆炸。而这种新式氢弹里的固体混合燃料是氘化锂，即一种锂和氢同位素的结合物。没有人知道它究竟会释放出多少氢气，以及爆炸的威力究竟有多大。

试验工作人员很快就会因为另一项不确定因素——气候，更准确地说是爆炸当天的风向——而得到答案。

试爆前几天风是向西刮的，这个风向被认为是有利的，因为风向朝西可将放射性沉降物带向空旷无垠的大海。美国曾经向海军官兵们发布过一份官方告示，其中划定了一处面积为5.7万平方英里的"危险区域"，建议舰船和飞机尽可能远离此区域，但并未说明原因。如果事情不发生变化，爆炸应该不至于造成太大的伤害。

试爆原定于2月28日进行，但就在试爆前夜，风向转为向东刮，偏离了指定的危险区域。事情开始变得糟糕。试爆当天清晨，随着太阳缓缓升起，气象学家们开始向有关方面汇报，高空处有一阵强风正从比基尼岛方向吹往马绍尔群岛其他人烟稠密的岛屿，尤其是朝向100英里外的朗格拉普环礁（Rongelap），以及位于朗格拉普环礁东边40英里处的朗格里克岛，也就是比基尼人第一次移居的地方。后来有位驻在朗格里克岛的美国当值气象员对媒体说，即使在海平面的位置，风也是从西方——也就是说从比基尼岛的方向，从正在倒数计时发射氢弹的位置——直接刮向他所在的岛屿。

阿尔文·格雷夫斯当时正在指挥舰"柯蒂斯"号（USS Curtiss）上，这是一艘历经炮火洗礼而备受尊敬的水上飞机母舰，它曾在珍珠港中被日机狂轰滥炸，也曾在太平洋中部遭遇日本神风特攻队的自杀式袭击，两次均死里逃生。尽管这枚氢弹属于军用武器，而氢弹特别行动小组的负责人是部队将军，但项目的最终决定权却不在将军手中，而在非军方负责人格雷夫斯手里。

格雷夫斯收到了有关风向的报告，也明白辐射会顺风蔓延，污染物至少会扩散到朗格拉普环礁。但是他还是下令，试验必须立即进行。而且，无论风向如何，没人知道氢弹爆炸究竟会产生多少的辐射沉降物。当然这点和格雷夫斯最终的决定并无严格意义上的关联，因为他仍旧坚守自己的看法，即辐射危险性极大这种说法全是那些装病想逃避责任的人小题大做、胡编乱造出来的。

于是他下令启动自动发射装置，引爆"布拉沃城堡"氢弹。工作人员进入地下掩体，随即按下了闪着夺目红光的发射按钮。

那天太平洋的天空一碧如洗、晴朗有风。清晨6点45分，世界仿佛瞬间停止运转，笼罩在一大片前所未见的炽热白光中。护卫着某种可怕东西的铁门好像咣当一声向外敞开了，伴随着一声巨大的咆哮声，从中迸发出一团火球，产生的冲击波以无法想象的速度、力量向外扩张，声音震耳欲聋。在不到一秒的时间内就产生了一团绵延四英里的白色火球。一分钟后，放射性尘埃形成了一团高10英里、宽7英里、直冲云霄的云朵。10分钟后，扩张到25英里高、60英里宽，照亮了横跨数百英里的黎明天空。由于这场机密试爆活动并未事先对外警示，远方几座环礁上的岛民惊恐地望见一个由烈火和浓烟组成的庞大柱体向空中窜去，柱顶覆盖着一朵持续翻滚、吞吐着橙色和黑色烟火的高大蘑菇云。随着柱体飞速上升，挣破大气层的束缚，新近形成的环状云围绕在柱体周围，不停地膨胀、卷曲、扭动着。

爆炸冲击波划过环礁上的每一处岛屿，燃烧着的树木像细枝一样被拦腰折断，数百幢建筑物几乎被彻底摧毁，美方为开展核试修建的塔楼、棚屋、码头、仓库和营房瞬间被夷为平地。随着爆炸波在大海上传播，依靠在岛屿外围的舰船无不受到巨浪的重创。

理论物理学家马歇尔·罗森布卢特（Marshall Rosenbluth）当时正在距离原爆点30英里的一艘船上。他描述道："我看见一个巨大的火球吞吐着狂暴的湍流，闪着红光，看上去就像天上悬着一个发生了病变的大脑。它向四周扩散着，直到看上去几乎到了我们头顶正上方的位置。场景太可怕了，跟它比起来，原子弹实在不值一提。这是种令人警惕不安的经历。"

在地下掩体中，发射小组的9名成员体会到了地动山摇的感觉，仿若发生了强烈的地震。水管破裂使得他们全身湿透。混凝土墙体发生倾斜，墙面产生了裂纹。辐射尘从通风井侵入地堡之中，地堡和指挥舰之间的通讯信号被彻底毁坏。里面的人被眼前的景象吓坏了，但此时他们应该明白，营救直升机不会按原计划到达，因为任何人踏上这座环礁都很危险。

他们退到地堡深处一个辐射稍低的房间，同时关掉了空调系统，防止放射性气体进入室内，后来因为地面的柴油发动机发生故障无法运转，其他所有的一切都被关停。他们在漆黑闷热的房间里等候救援，直到最后天色已晚，三架直升机才飞临地堡上空，呼叫他们回到地面。他们出现的时候全身上下裹着床单，只在上面挖了两个洞露出眼睛，看上去就像庆祝万圣节时穿的奇装异服，他们只想赶快离开比基尼岛，离开那持续跳动的盖革计数器。

"实验品"

比基尼岛的"布拉沃城堡"氢弹试爆是一个非同寻常的事件，令所有人感到震惊甚至恐慌，除了一些之前建议谨慎行事的科学家之外。爆炸释放了大量放射性物质。爆炸后，尘埃和碎片向上升腾形成的庞大团状物裹挟着所有的放射性物质迅速向太平洋东面扩散，接连几个小时不停地落下一块块高辐射性珊瑚，对地面和洋面上所有的一切造成了污染。这次爆炸的威力超出了所有人的预期：后来，在为比基尼人争取赔偿时，一名律师在法庭上举例说到，"布拉沃城堡"的爆炸威力相当于1500万吨TNT，如果用火车拖运这些炸药，运货车厢可以不间断地从缅因州绵延到加利福尼亚州。

氢弹爆炸给环境和人类带来了前所未有的伤害，负责人阿尔文·格雷夫斯难辞其咎。试爆目击者以及了解当地地形的每一个人很快就意识到，朗格拉普的岛民们很有可能遭到放射性物质的侵袭。美方派出一艘船在下午三时左右火速赶到了朗格拉普，几名穿着防护服的船员上岸，用盖革计数器记录村子里两口井的辐射量。他们看见岛民们的健康明显出现了问题：走路不稳、呕吐、浑身无力地躺在沙滩上，但他们一句话也没说，也没有问任何问题，在岛上仅停留了几分钟时间就走了。

因此，他们并不知道那天早上，岛民们先是突然被西方天空冒出的一轮巨大火球而吓得目瞪口呆，之后又感觉到一阵如台风般刮个不停的暖风，犹如台风蹒跚过境，紧接着听见一声难以想象的、雷鸣般的轰隆声。他们也不知道整个岛屿曾经被一阵细雾所笼罩，大量细沙和大块的灰色碎片如阵雨般从天而降。他们同样不知道爆炸声一停止，岛民们立即就设法恢复自己每日清晨的例作（用餐、烘焙、捕鱼），开始正常的海岛生活，直到几小时后，他们开始出现了一些神秘的病症。

盖革计数器知道发生了什么。236名朗格拉普岛民吸收到的辐射剂量，和距离原子弹爆炸点两英里的日本广岛居民一样多。但是并未有人在朗格拉普拉响警报器。相反，氢弹试爆的管理人员们第一反应居然是考虑将朗格拉普岛民们当作个案研究的小白鼠。纽约长岛的布鲁克海文国家实验室里的放射学家们甚至还有一点儿高兴，他们表示："该岛可以提供最有价值的人类居住环境辐射资料。"

于是，在接下来的50个小时里，无人过问朗格拉普岛民的情况，他们被世人所遗忘，直到外界发现当地辐射污染程度过高，岛民可能全都会因此而死去，美国官方才开始恐慌，救援船只和飞机陆续抵达，岛民被告知必须迅速撤离此地。美方人员用水管冲洗他们，并用盖革计数器对他们进行测量，然后再洗，再测，同样的流程重复三遍。他们被告知离开的时候什么也不用带，只能背走一些衣物。那些看上去还算健康的岛民乘船前往夸贾林空军基地，老年人和身体虚弱的人则乘坐水上飞机。当时只有12岁的岛民洛可·朗根贝里克（Rokko Langinbelik）说："我们和动物没什么区别，他们把我们赶进了门。"

到这个时候，大多数人都在抱怨身体疼痛、有灼烧感、发痒、掉头发，还有皮肤也出现了问题。但这些症状仍旧未得到官方的关注——仅科学家们对此情况有兴趣。他们还不如被关在笼子里呢。他们被这一切吓破了胆，完全不知道接下来会发生什么，为什么会突然病得这么严重，是否得了什么传播速度极快的传染病。空军基地的医生除了建议他们洗澡，时常要求他们接受不停咔嗒作响的辐射计数器的检测之外，其他几乎什么都没做。

6天后，美方启动了一项秘密调查，名为"项目4.1"。这名字听上去平淡无奇，主题则是："着力于研究暴露在高威力核武产生的大量贝塔和伽马射线中的人类的反应"。

这些"人类"遭遇了一场可怕的、原本完全可以避免的事故，而导致这场事故的原因是有人玩忽职守，随随便便地做出了一个可以说是充满恶意和算计的决定。他们遭受到美国官方的歧视是显而易见的，至少在迁移这个问题上就足以认识到：如果换成美国人，那么官方调查应该会立即跟进，国会委员迅速就此开展工作，总统出面道歉，赔偿纷至沓来。但这些人是毫不起眼的马绍尔岛民，是有色土著人种，是在"统治"下的公民，目前美国将他们牢牢地攥在手心里，只提供给他们简单的食品和生活用水。最重要的是，他们很顺从，所以美国从来都没有开展过任何实质性的或有价值的问询或调查。这些受害者不是有价值的社会成员，他们不属于任何社会，他们的重要性主要体现在科学研究方面，是"试验品"。他们只是在意外的情况下成了研究对象，偶然进入了一群远在千里之外的放射学家们的视野，被极其冷漠地对待，当作高度机密的临床研究对象。在核辐射越来越严重的时代，这项研究对于世人来说具有所谓的重大意义。

在一段时间里，这项研究都被列为最高机密，直到一位名叫唐·惠特克（Don Whitaker）的陆军下士在夸贾林岛上窥见了住在匆忙搭建起来的营地里的这一群明显生着重病的岛民，并写信告诉了自己在辛辛那提的亲戚，他的亲戚读完信后被吓得不轻，把信转给了当地报纸《辛辛那提调查报》。这封信在3月9日被刊登出来，离爆炸过了一个星期多一点。此后，这则新闻迅速传播，将美国政府逼到了墙角。美国政府不得不出面承认：是的，我们曾经进行过核试；是的，一些岛民曾经短时间暴露在核辐射中；但是他们正在接受治疗，所有的人都好好的。

原子能委员会主席刘易斯·斯特劳斯（Lewis Strauss）怒气冲冲，否认将岛民们当作实验对象，并且否认在核爆后的最初两天时间里故意延误对他们的营救，以便科学家研究他们的特殊身体状况。他宣称，外界任何的说法都是"完全不符合事实的，是不负责任的，对那些为这项事业鞠躬尽瘁的爱国人士是极为不公平的"。而且，他还不辞辛劳地亲自飞往夸贾林岛探视岛民们，认为他们"看起来身体不错，心情愉快"。①

朗格拉普岛民们并不孤单，因为还有其他的受害者。最为人所知的是一艘捕捞金枪鱼的日本渔船"幸运龙五号"（Lucky Dragon Five），核爆当天它正在朗格拉普附近的海域作业，突然被核爆激起的大浪淋了个透。

船上一共有23人。这艘100英尺长的木船大约在5周前从日本南部的烧津港出发，由于在中途岛附近的海域收获甚微，船长决定转往马绍尔群岛试试运气。他知道这里是有危险存在的，对美方针对海员发布的各类有关核试的警示通告也早有所闻，因此，3月1日早晨，当西方的天空被眩目的白光划亮，紧接着出现了一个巨大的橙色火球时，他立刻清楚发生了什么。7分钟后，当远处传来有如怪兽"哥斯拉"怒吼的清晰爆炸声时，船上所有的人都知道应该掉头向北，离此地越远越好。

但他们需要先把渔网收起来。当他们正在干这项费力的工作时，核爆产生的碎片开始从天上往下掉。大块大块的白色薄屑，都是比基尼岛上被烧焦的珊瑚，一名船员伸出舌头舔了舔其中一块特别大的，完全没什么味道，也闻不出什么气味，冷冰冰的。珊瑚雨没完没了地下，像雪花混杂着棉花糖；三个小时之后，船员们全身沾满了这种东西，头发上到处都是，裸露的棕色肩膀上全是细碎的灰色砂粒。这些常年出海、久经风吹雨打的船员们在收好吃饭的家伙后，开始发动木船，木船发出"突突突"的声音离开了危险地带，可是很快他们就开始出现了下面这些症状：呕吐、皮肤灼烧感、头痛、掉头发、胃不舒服。

具有讽刺意味的是，这些氢弹受害者都是日本人，他们回到家乡港口后很快被当地医生确诊为急性放射性疾病。医生能够迅速得出诊断结果的原因再明显不过了：经过广岛和长崎事件，日本医生对这种病太了解了——这种

---

① 他是否在故意隐瞒事实的真相，我们永远也无法得知答案。但值得一提的是，斯特劳斯曾经做出过错误的预测，他认为核聚变可以大大降低发电的成本，电"会变得很便宜，以至于不需要用电表来计数"。

独特的、新型的、美国制造的疾病表现出来的症状与他们正在对付的疾病一模一样。

接下来的几个星期时间里，这些渔民重病不起，极易受到感染。美国官方在缓解他们的病痛一事上几乎什么也没做，至少在最开始的时候，他们还拒绝透露让这些船员致病的同位素，担心如果解释得太明白，就有可能泄露氢弹的内部结构。

原子能委员会主席刘易斯·斯特劳斯一度坚决否认朗格拉普岛民未曾接受治疗的传闻，现在又故技重施，对"幸运龙五号"一事采取同样恶劣的处置手段，甚至信口雌黄，宣称这艘日本渔船很有可能拿了别人的钱，在从事间谍工作，而船员们皮肤被灼伤是因为对烧成灰烬的珊瑚产生了化学反应。不管怎么样，这艘船在危险区域从事的工作跟捕鱼毫无关系。斯特劳斯也表示，在此危险区域捕鱼的不仅有这艘日本渔船，还有其他渔船，所有这些渔船捕捞上来的金枪鱼都是没有被核污染过的，是对人体无害的——尽管他对核爆之后美国食品与药品监督管理局严格限制日本鱼类进口只字不提，而日本烧津捕鱼业在船员染上放射性疾病后，又遭受到经济上的制裁。

船上的无线电操作员在6个月后去世[①]，留下一张纸条，上面写着：他会成为历史上第一个因为氢弹爆炸而死亡的人。

死寂之地

所有这些事件只是一段悲伤且可耻的历史插曲，也是一个看不到尽头、无法想象结局的故事。大多数生活在太平洋上的民族遭遇到了最不幸的命运，却并未获得任何明显的利益。朗格拉普岛民们的命运便是如此，他们如今全

---

① 那个用舌头舔过从天上掉下来的珊瑚碎屑的船员后来开了一家干洗店，活到了八十多岁，而另一位同样活到八十多岁的船员经营的是一家主营豆腐的餐厅。在美国正式承担责任后，所有这些船员都在 2015 年得到了相当于 5000 美元的赔偿金。渔船被拖出了水面，如今保存在一家博物馆里——作为当地具有重要纪念意义的物品，这艘船并没有存放在烧津港，而是摆在了东京的博物馆里，如今仍然受到日本民众的关注。

都无家可归、流落他乡，身体因遭受过大量辐射而出现了各种复杂的病症，如不明增生肿瘤或其他东西，还有提早死亡这种更加不幸的事情发生，而生出来的孩子也体弱多病，甚至未等到出生就胎死腹中，所有这些都是核辐射的后遗症。埃内韦塔克环礁的其他岛屿上也进行过核试爆，但这些岛屿上的岛民们却被轻易地忽视了。埃内韦塔克环礁上现在还有美方在1958年开展所谓"仙人掌"试验时留下的巨大弹坑，这个弹坑如今被罩在一座外形怪异、足球场大小的圆顶建筑之中，这座建筑用厚厚的水泥砌筑而成，时常漏水。"幸运龙五号"渔船上幸存下来的船员们大多选择远离家乡，在日本各地过着隐姓埋名的凄惨生活。在日本，这些所谓的"核爆幸存者"会受人轻视，因为某些民众害怕辐射疾病跟麻风病一样具有传染性，所以这些船员们被迫离乡背井，至死也没有回归故土。

相较上述所有受害者，比基尼人的命运最为世人所熟知。尽管有一些比基尼人留在了面积狭小、拥挤不堪的基利岛上，但就我们所知，400名比基尼人中的大多数（这里面又有绝大多数都是最初那167名被迁移出比基尼岛的居民的后代）散居在太平洋各地，如今许多人相隔甚远。他们的故土被核辐射污染，健康受到损害，这导致他们养成了爱发牢骚的习气，这是可以理解的，但也招致某些人的厌烦，再加上一波又一波的律师，无休无止的要求赔偿的诉讼。

不出所料的是，针对当代太平洋被核辐射污染的问题，华盛顿的主要处理方式就是用纳税人的钱来支付高达数百万美金的赔偿，以求能够息事宁人。1994年某报纸头条就是这样的标题："再次轰炸比基尼岛，这次改用金钱炸弹"。信托基金、补偿费、索赔金、支出、投资——这些成为当今比基尼人的话语中经常出现的词语。一名如今担任美国政府联络员的前和平工作队志愿者说："现在我们所有的会议讨论的只有钱、钱、钱。"

目前岛民们揽钱的一种方式就是推出旅游项目，开放参观沉没在比基尼环礁水域里的舰船，而这些舰船让那些最富有和最优秀的深海潜水爱好者为之疯狂和着迷。所以，尽管当地的马绍尔群岛航空公司仅有一个航班停靠比基尼岛，而且几乎大多数时候都是停飞状态，但那些愿意包机前往的游客仍然乐于飞临环礁，潜水来到"萨拉托加"号残骸的上层结构之上，和鲨鱼共泳，欣赏世界上极有名但绝少有人能看见的景观，而他们也因此拥有了在人前炫耀的资本。如今这个地方因具有"突出的普世价值"，是核试场地的最佳代表，与"具有世界性意义的……理念和信念"相关而入选联合国教科文组织的《世界遗产名录》。

造访潟湖的潜水爱好者们偶尔会划上他们的小舢板登上岛岸，在新长的棕榈树下到处张望，在已经废弃了的、锈迹斑斑的混凝土掩体旁悠闲地散步，努力想象不远的过去在环礁上进行核爆的场景。但是他们却几乎看不到某些珍贵的画面——那些可以让他们回想起比基尼岛更久远的过去，即1946年以前的场景。在1946年，美军以相当"温和"的口吻要求比基尼岛民们为了全人类的幸福，全部举家搬迁，而从此之后，故土和家园面目全非，再也回不去从前的模样，一切可以让岛民们回想起过去时光的纪念物全都消失不见，渔船早已腐朽破烂，岛上的传统也早已被其他异族的生活方式所同化。

1968年8月，岛民们的生活似乎有机会重回正轨。林登·约翰逊总统下令让比基尼人回归故土，重拾舒适悠闲的生活。他手下的科学家们告诉他，而他告诉全世界：回到比基尼岛是安全的。他说，每一个人都应该回去。

在总统发表声明的那天晚上，住在南边基利岛上简陋窝棚里的比基尼人欢呼雀跃——他们已经在这个如同监狱一般的弹丸小岛上生活了长达20年的时间。他们心想，他们的伟大壮举终于彻底结束了，接下来就要回归从前平静祥和的日子，重拾过去闲适的生活节奏：捕鱼、制作椰干、划着独木舟去拜访西太平洋岛屿上的邻居们。于是一百多名比基尼人如释重负，兴高采烈地踏上返乡之旅。那时拍摄的画面显示，一群上了年纪的岛民穿着衬衫、打着领带，登上了珊瑚海岸，回家成了一种正式的仪式，充满了应有的尊严。

但科学家们的判断是错误的。原子能委员会的一名官员表示："我们犯了点错，植物食物链中的放射性物质摄入出现了严重的计算错误。"其语言轻松随意，与核试事件以来官方的大多数发言精神相符。结果证明在比基尼岛的土壤深处仍然存在着大量的放射性物质，岛民们种植的蔬菜亦遭到致命污染。

于是国会只得额外支付1500万美元，岛民们再次被迁走。他们于1978年全部离开比基尼岛，现今有的仍旧居住在基利岛，有的去往世界上其他愿意接纳他们的地方。1989年一位名叫佩如·乔尔（Pero Joel）的岛民在一次访问中说道："我们太伤心了，大家难过得不知如何是好。"

在1946年到1958年的12年时间里，23枚核弹在他们和他们的祖先曾经的家园爆炸，这些核弹总共释放了相当于4200万吨传统炸药的威力。岛民们曾经熟悉的一切如今已消失殆尽：他们的家园和小船被摧毁，他们的土地和海水被污染，他们的生活被永远地破坏，变得千疮百孔。而这一切目的何在？何为尽头？

如今，在比基尼环礁上那几乎已被世人弃置的珊瑚海滩旁，蓝色的太平洋仍旧终日不停地翻滚着浪花。在微风的吹拂下，棕榈树斜斜地矗立着，无人攀爬。潟湖中看不见船帆的影踪，听不见渔民拖拽渔网时有节奏的号子声，椰子树丛下也看不见村民聚集在一起闲聊的身影。如今的比基尼成了一片死寂之地，充斥着一种可怕的、不自然的空旷感，任何一名游客到此都忍不住回头过去，面对那些永远隐身幕后、造成所有这一切灾难的始作俑者，提出那个不知道向谁发问但却应该向每一个人发问的问题：为什么？

滚滚浪潮

看那大海……银沫翻涌，浩瀚又雄壮

它像玫瑰和彩虹一样美丽，却又物产丰富，既能滋养人类，

又能净化世界，它营造出温和的气候，

并以其亘古不变的潮起潮落……透出永恒和完美的魅力。

拉尔夫·沃尔多·爱默生

《日记》（*Journals*），1856年

马拉马火努阿

夏威夷语中有一个古老的说法："马拉马火努阿"（malama honua），是说人类有责任"爱护我们岛屿上的土地"。2014年5月中旬，一个温暖的星期六晚上，两张一模一样的船帆在微风中一点点鼓起，一艘可敬的帆船为了传播这个理念从欧胡岛（Oahu）的码头启航。它要执行一项为期三年的任务——从波利尼西亚出发进行环球航行。

这艘船名叫"火库勒阿"（Hokule'a），在夏威夷语中意为大角星。大角星是喜悦之星，是北半球夜空中最亮的一颗星。"火库勒阿"号是一艘对称结构的双体深海帆船，重60吨，按照波利尼西亚远航船"瓦阿船"（Wa'a）的传统设计手工建成。它于1975年首次入水，目前已有40年历史。它这一次航行也将遵循传统，只不过是技术意义上的传统。

在这个5月的晚上，伴着嘹亮的号角和海螺声，在人们的祝祷和庆贺中，"火库勒阿"号解开缆绳，正式启航，开始了一段不平凡的冒险：它和船上的

30名船员将在不借助任何导航设备的情况下进行长达4.7万英里的环球航行。他们没带指南针，也没有六分仪，没有雷达，没有无线电，当然也没有GPS。他们要像千百年前在这片海上航行的祖先们那样，在没有任何外界帮助的情况下独立航行。

船员大多是来自夏威夷的眼神清澈的年轻人，他们都为这次挑战接受了详尽的培训，还有少数阅历丰富的老水手随行提供建议。在我写作本书的时候，他们的航行仍在继续，英勇的小舟仍在稳稳地向西行驶，前往澳大利亚北部。他们距离故乡已有9000英里，还要再过4万英里才能再见到夏威夷的钻石头火山。他们已经驶出了太平洋，之后要穿行于世界各地和故乡水域完全不同的大小海洋了——印度洋、地中海、大西洋、加勒比海，他们将会面对完全陌生的天空和星象。

无论是否成功，船上的水手们都热忱地相信，这次返璞归真的尝试将会提醒人们海洋的重要性。无论是船上的人，还是留在夏威夷的人，都相信这才是这次冒险的核心。"马拉马火努拉"：所有人都应该要爱护海洋，是它养育了地球上的一切生命，也是它最初孕育了生命，但它现在却不得不疲惫地承受生活在海洋周围的人类所造成的严重破坏。

最后一代航海者

1975年，在欧胡岛迎风面的古兰尼的船坞里，"火库勒阿"号还正在建造。那时，夏威夷地区的人类究竟从何而来依然是未解之谜。不少人对托尔·海尔达尔乘坐秘鲁仿古木筏"康提基"号的冒险航行仍然记忆犹新。他的理论认为，太平洋群岛上定居的人类是从南美洲乘船漂流，偶然来到这里的。这种说法乍看有些道理，要不然，美洲的甘薯怎么会出现在波利尼西亚人的食谱里呢？

但到了20世纪70年代，他的主张失去了拥趸，他的观点成了笑料。相反，在基因学和语言学两方面证据的支持下，人们越来越相信太平洋岛民曾一度拥有高超的航海技术。美拉尼西亚人、密克罗尼西亚人，特别是波利尼西亚人能来到太平洋中他们如今的家园，非但不是偶然漂流来的，而且很可能是凭借精湛的航海技术有意抵达当地的。而且，他们不是从遥远的美洲海岸过来，而是从亚洲来的。

如果真是这样，这些水手的技术一定相当了得，堪称传奇。距今5000年前（也就是公元前3000年时），菲律宾群岛的岛民开始乘独木舟向东西两个方向迁移，在远至印度洋的马达加斯加岛，以及太平洋的复活节岛定居。有充分的证据能够证明包括：陶器、外来的动物物种、有共同词源的词汇，还有他们当时使用的船只——这些船只的图案出现在了一些远古壁画中。他们航海过来，在此靠岸，建立了社群，计划了返航，曾与人贸易，还曾种地捕鱼。

西南太平洋是这些移民的一个主要目的地。而由于之前解释过的板块运动的情况，这儿的海岛基本上呈对角线分布，比其他地区的人群要更集中一些。从一个部落到另一个部落基本上航行不超过300英里。后来这些移民成为了早期的美拉尼西亚人和巴布亚人。对他们来说，这样的距离可能有些难度，但还不是无法跨越。我们并没有把这些做岛际航行的人看成太平洋中的流浪者，相反，我们对他们的看法和他们对自己的看法一样：是被大海隔离的陆地民族。

但早期波利尼西亚人所取得的成就大不一样，也因此让他们与众不同。他们所航行的距离堪称奇迹。他们如今的家园——北边夏威夷、东边复活节岛、西边新西兰的大块陆地［波利尼西亚人把后两个地方称为"拉帕努伊岛"（Rapa Nui）和"奥特亚洛瓦"（Aotearoa）］围成的大三角——完全是一种海洋环境，被海水阻隔。或许他们的生活需要一个新的名词，不是故"土"家园，而是故"海"家园，而且是面积1400万平方英里的海，其中零星散落的海岛彼此都相距甚远。除了新西兰以外，有一个统计数字可以说明波利尼西亚人的特别之处：平均1000平方英里的海洋中才能有2平方英里的陆地，在这样的情况下，这些陆地上还能有这么高的人居比例，实在是非常难得。我们不禁要问：这些人究竟是怎么到达那里的呢？

库克船长曾有过一个线索。1769年，他第一次前往南太平洋时，到了塔希提岛。和他同行的有一个叫图帕亚（Tupaia）的瑞亚堤亚岛神父，他对这附近的岛屿都了如指掌，而且有着分辨方向的奇特能力。船上的科学家约瑟夫·班克斯对图帕亚的这种能力非常吃惊："他最宝贵的地方在于他在当地丰富的航海经验和对这些岛屿的深入了解。他跟我们说了70多个岛屿的名字，其中大部分他都去过。"

图帕亚跟随库克一直到了印度尼西亚，后来的事更加让库克震惊：他画出了这一路两千多英里的海洋的地图，并标示出了库克还没有找到的一些主要岛群（斐济、汤加、马克萨斯等）。这个了不起的男人在加尔各答（当时还叫巴达维亚）因发烧去世，但他给库克和班克斯留下了深刻的印象，让他们坚信太平洋海岛上的岛民有特别的航海技术，不必借助钟表、六分仪、指南针或其他任何让西方人得以探索和征服世界的新式设备。"图帕亚们"只需要看看大海，看看星空，看看经过的鱼群和飞鸟就能判断方向。仅仅凭借自然中的蛛丝马迹，他们就可以在海上来去自如，目的明确地去各个岛屿上生活。

但在之后的两个多世纪里，西方世界对这种看法嗤之以鼻。他们认为，没有人能聪明到在如此宽广的海洋中航行——更别提那些衣不蔽体、落后又野蛮的太平洋岛民了。没错，他们造船很有一手，他们的独木舟又优雅又结实，他们的船帆、船桨和弦外支架能让他们优雅又快速地乘风破浪。但驾驶小船至数千英里外的岛屿定居？这是根本无法想象的。

就连库克船长也在之后的几次航行中表示，他认为大部分波利尼西亚的殖民都很偶然。他和其他探险家们在之后的冒险中碰到的夏威夷岛和复活节岛等地岛民，应该都是漂流过去的，他们任由风和水流将自己带向远方，纯粹是因为运气和巧合才到这些海岛上扎了根。他们的旅程都是单向的，路线是随机的，目的地是不可预知的。这种看法一直延续到了现代；托尔·海尔达尔的"康提基"号之旅就是一次为了证明"太平洋群岛岛民是从美洲漂流过去定居的"而做的尝试——虽然这成了一次失败的尝试，但人们仍然坚信一定还是从"某个地方"偶然漂流过去的。

这种想法十分草率，毫无道理：实际上，这里的风和水流根本不可能让波利尼西亚人从南边碰巧漂到夏威夷。但那些轻视岛民航海技艺的人根本没想到这一点。西方入侵者们固执的头脑根本就不能理解——这很大程度上是因为他们自己的种族优越感——除了他们自己，还有谁的航海技术值得考虑或尊敬。

但实际上，波利尼西亚的航海技术非常成熟，而且几百年前就已经如此。它是岛民的传说和诗歌中非常重要的一部分。学校里也会教授，而且有专门的名称［航海被他们称为"普普沃"（ppwo），会航海的人叫"普普阿鲁"（ppalu）］。这也是在波利尼西亚大三角之间旅行和殖民的关键。但讽刺的是，这项技艺在西方帝国侵略者逐渐霸占太平洋之后便迅速没落了。

原住民的航海技术开始失传，正是因为外来的西方殖民者禁止他们乘坐独木舟在海岛间往来。德国人、日本人，还有某些地方的英国人和法国人认为，岛民们的小船不提前报批就在海上任意航行实在太危险了。不仅危险，当地的教区或保险公司还可能受到牵连，因此最好是要求船员们持有护照、通行证或其他的许可证件。这座岛归德国管，另一座归英国，再另一座又归法国——如果岛民们随意在各岛间穿梭，一切就乱了套了。

突然之间，波利尼西亚国（虽然没有正式的组织结构，但原本占据了很大面积，或者说相当于南北美洲加起来那么大）消失了。新来的欧洲殖民者们说，为了秩序和良好管理，必须让岛民们待在他们（欧洲人）认为合适的地方。结果，对岛民们来说，一些宝贵的、根本的东西丧失了。

首当其冲的就是他们的航海技术。"老人"在太平洋文化中很受尊敬，因为他们能提供有关传统生活的"古训"。这时老人们只好任他们关于大海的知识随风消逝。到20世纪70年代，航海技术就彻底荒废了。太平洋岛民被不由自主地归属了20世纪的文化，而他们古老的航海技术——"找路"的技术，基本失传了。

不过，有一批满怀热忱的夏威夷年轻人在20世纪70年代初发现，尚有一两个了解个中奥秘的"普普阿鲁"在世。一个是40岁的皮乌斯·皮埃鲁格

（Pius Piailug），他是雅浦岛人，从6岁就开始学习航海，在加罗林群岛的萨塔瓦尔岛（Satawal）被尊为航海的一代宗师。虽然他还很年轻，也愿意向其他人传授自己的知识，但在这座400人的小岛上，人们靠捕鱼和采集椰子艰难度日，并没有几个人想学这门技术。他原以为自己的知识将会随自己进坟墓，他说不定会是波利尼西亚最后一代航海者。

一个象征

之后却出现了奇妙的缘分。皮埃鲁格在一艘岛际蒸汽船上做水手，得了一个外号——"毛"（Mau），意思是他对弦外支架有着大师级的强大掌控力。他随船穿梭在雅浦岛、楚克岛、库塞埃岛（Kosrae）及密克罗尼西亚的各个小岛之间，一次出海时遇到了在美国和平队工作的迈克·麦考伊（Mike McCoy）。两人成了朋友，经常谈到皮埃鲁格所学的不用导航工具就能航海的神奇秘术。麦考伊非常着迷，于是就这项技术写了一篇文章，引起了火奴鲁鲁一个名叫本·费尼（Ben Finney）的人类学家的注意。费尼当时正在参与一个名为"夏威夷第二次文艺复兴"的运动，这项运动旨在帮助夏威夷原住民恢复他们的文化遗产，但进行得并不顺利。

皮埃鲁格因此在1974年收到了一项意外的邀请。由于他不懂英语，只能由别人转述给他：能否请他飞往火奴鲁鲁，帮忙策划夏威夷举办的纪念美国独立200周年的庆典？原来，夏威夷人新成立了一个团体，团体中人都积极表态支持波利尼西亚的没落文化。本·费尼也是其中之一。他们决定进行一次冒险：他们将乘坐一艘传统的帆船独木舟，完全不借助任何导航设备，从夏威夷航行2600英里到塔希提岛。已经600年没有过这样的壮举了。但如果有皮埃鲁格这样技术高超的导航员同行，成功的机会很大。

皮埃鲁格抓住了这次机会。他同意了邀请，立即飞往夏威夷，首先见了波利尼西亚航海协会的创立者们。他们组织建造了"火库勒阿"号，然后说服州政府：一次前往塔希提岛的首航能够重燃夏威夷土著民族的自豪感。航海协会称，如果这次航行成功，或许原本一盘散沙的夏威夷原住民（特别是年轻人，20世纪70年代时他们在整个夏威夷群岛社会中属于绝望的下层）能因这项事业团结起来。毕竟，这样的冒险充满了浪漫和美的气息。部分人可能会成长为航海者，所有人都会获得一个新的身份——重生的波利尼西亚人，而不只是美国人。

从这个意义上说，"火库勒阿"号是一个象征。皮埃鲁格的首要任务是帮助它和船员们向南航行2600英里去塔希提岛。他还可能会把自己的技术传授给船员们和其他人。这样的话，"火库勒阿"号就不仅仅是一个象征，而成为一种催化剂，催生一次深刻的、如海洋般宽广的文化反应。

无工具导航的基础是对海洋有深入的了解。这学起来很难，但学会后就不可能忘记。航海者必须知道海洋的"感觉"，体会海浪和波涛对船身的撞击。皮埃鲁格在加罗林时，认识他的人经常看到他躺在自己船舱的底部，好像是睡着了。如果有人靠近，他会举起一根手指贴住嘴唇示意对方噤声：他正专心聆听，"感受"下方海水的波动，通过海水的声音判断它的状态、方向和力度。航海者还要熟悉星空，熟悉各种风向和瞬息万变的天气，熟悉海里和海上方的各种野生动物（特别是海鸟）。

这些都很重要，但最重要的是星空。只有这一点让皮埃鲁格有过短暂的不适应。他，以及夏威夷、加罗林其他航海者，熟悉的都是北半球的星星，但塔希提岛是在赤道以南，这里的星空不太一样，对来自萨塔瓦尔的皮埃鲁格来说是完全陌生的。

但有一个简单的办法——火奴鲁鲁的主教博物馆里有一个天文馆。1975年，皮埃鲁格和其他同行的航海者们一连几个星期去那里研究南半球的星空，随着投影转动，一点点认识地平线、天顶、子午线、方位角。南十字星歪斜的十字图案取代了北极星，成了新的指示符。到1976年初夏时，皮埃鲁格说自己已经对南半球的星空了如指掌，可以出发了。

"火库勒阿"号也准备好了。它的外表完全符合传统，是拼在一起的两支大型独木舟，就像库克船长日记里画的两个世纪前在汤加和塔希提岛看到的一样。但建造过程并不完全是传统的："性能精度"是建造中始终强调的关键词，所以"火库勒阿"号上虽然使用了大量的竹子和橡木、帆布和椰子壳纤维，但同时也使用了尼龙、纤维玻璃、涤纶、胶合板等现代材料。尤其是它的船身，强度极高，这种大量使用的来自阿拉斯加的优质木材，是阿拉斯加的印第安人送给夏威夷的，表示了泛太平洋地区的兄弟情谊。

共通的海洋

1976年5月1日，两张一模一样的三角帆张开了，喝过庆典上的阿瓦酒——这是上路前的最后一顿酒，船员们从这以后就将严禁饮酒——"火库勒阿"号便从毛伊岛扬帆起航了。两个壮硕的夏威夷汉子负责转向桨，体型小巧的皮埃鲁格则负责掌舵。他将带领他们穿过漫长的距离，进入南半球海域，前往他们计划中的目的地——法属塔希提岛。船上共有17人，还有一条狗、一头猪（它们在航行的第一周都饱受晕船之苦）和两只鸡。他们只带了一些植物作为礼物，希望它们能在塔希提岛生根发芽：有面包树的幼苗、甘薯、小椰子树、桑树种子。他们的日记和航海日志中都奇怪地缺了一项：他们无法记录航行中任何事件的时间，因为没有钟表。任何能够帮助计时的工具都留在了陆地上。当然，可以通过推断方位来大致判断时间。

皮埃鲁格用麻绳织了一张吊床，整个航程中他都睡在外面，睡在船尾。他一直观察着海浪和云朵，感受着海风，留意着海鸟，时不时让负责转向桨的水手这样那样转动方向。晚上，他专心致志地盯着星星，注意它们升降的方位，用手测量它们划过天幕的角度。当小船越过赤道后，南十字星的四臂出现在地平线上。他高兴地喃喃道：这和主教天文馆里预测的完全一样，看来这里的星空也不像他担心的那样陌生。

他靠眼睛判断速度，靠推算估计航行距离。太阳划过头顶，在天顶停留的一瞬间就是正午，这时他会告诉船员们现在到哪里了，通常是借助之前经过的某个海角来描述。随着航行继续，他预测了"火库勒阿"号离开信风带或进入无风带的日子，然后是到土阿莫土（Tuamotus）的日子，最后是到塔希提岛的日子。船员们一直处于震惊状态：古老的技术竟仍然有效，而且竟分毫不差。皮埃鲁格能带领他们在毫无标记的大海上航行几千英里，还能时刻清楚自己的位置以及什么时候能到达目的地。

他们第一次着陆是在整整一个月后。海浪突然破开，两只海燕飞过。1976年6月1日的黎明前不久，一条黑色的细线出现在了地平线上。他们敏捷地避过锋利的珊瑚礁，珊瑚礁中环绕的正是土阿莫土的小岛马塔伊瓦（Mataiva）。他们准时到达了这里，而且和皮埃鲁格预测的时间完全吻合。塔希提岛离这里只有170英里，一天以后，"火库勒阿"号便完成了这段航程，抵达帕皮提港。迎接他们的是欢乐的庆典，方圆100英里内的所有波利尼西亚人都赶到了码头，祝贺并感谢他们顺利完成航行。最后总计有1.7万人到场，相当于岛上一半的人口。

或许这是整个美国独立200周年纪念中最好的一次庆典，但这里庆祝的是波利尼西亚，而不是美国。"火库勒阿"号返航后，夏威夷人也没有忘记这一点：刚刚诞生的夏威夷文艺复兴精神便就此扎下了根，到今天仍然欣欣向荣。

后来，"火库勒阿"号还进行了很多次航行。一个名叫内诺阿·汤普森（Nainoa Thompson）的年轻夏威夷原住民继承了皮埃鲁格的衣钵。他曾帮忙在第一次航行后带"火库勒阿"号返航，不过他在返航时使用了导航工具，以试验两种方法结合的效果。在他的领导下，"火库勒阿"号又进行了10次航行，大多数都和第一次一样成功①，但目的地要遥远得多。1980年，内诺阿·汤普森第一次独自航行，往返塔希提岛；之后又往返了汤加，还去过北美西海岸。2000年他历尽艰辛到达复活节岛，2007年到了雅浦岛和萨塔瓦尔，为病中的

---

① 但1978年第二次前往塔希提岛的航行出现了翻船事故，结果以悲剧性的失败告终。一个来自欧胡岛，名叫埃迪·爱考（Eddid Aikau）的年轻冲浪者试图冲浪10英里去岸上寻求帮助。在他走后，路过的一架夏威夷航空的客机看到"火库勒阿"号的求救火焰，便呼叫了海岸警卫队。海岸警卫队前来救援，所有人都得救了，除了埃迪·爱考——人们再也没有见过他。为了防止此类事件再度发生，从那以后"火库勒阿"号每次做远距离航行都会让一艘伴舰在远处保护。最近一次的环球航行中，最初由"西基阿纳莉亚"号（Hikianalia）跟随。"西基阿纳莉亚"号也是一艘和"火库勒阿"号类似的双体船，但配有现代的航海设备和无线电设施。在印度洋时又换了一艘更大的船只来保卫安全，把"西基阿纳莉亚"号送回了家。

皮埃鲁格（2010年去世）颁发了奖章，表彰他发起了这项活动；之后还去了日本。

在日本，所有人突然有了一个顿悟。当"火库勒阿"号在日本南方海岸的各个港口中进进出出时，它在不知不觉中向日本民众传递了一个信息。这个信息并不仅仅是这项活动多么新颖，虽然一艘小船不带指南针、六分仪和钟表，而一路从密克罗尼西亚航行到横滨确实很了不起。更让日本印象深刻的是这份觉悟，这份提醒：和波利尼西亚人、密克罗尼西亚人、巴布亚人、美拉尼西亚人一样，日本也是太平洋的民族。这片大洋把他们连在一起——既是实际的关联，也是神秘意义的联结。这片大洋不应该被视为一个障碍，而应该是一道桥梁。

很多前来参观这艘小船的人都被眼前的景象震撼了：日本民族千百年来一直视自己为亚洲民族，因为亚洲就在他们身后，但他们现在有了新的认识——他们同样也是一个与海洋紧密相连的民族。

现在，在经历了一次又一次太平洋航行后，"火库勒阿"号开始了"马拉马火努阿"环球航行。这不仅能震惊外界，让外界看到这样的航行是可行的，更重要的是提醒全世界一个老生常谈的事实：世界只有一片共通的海洋，我们也只有一个世界，我们所有人都是一体的，是同一个星球上的过客，面临着共同的挑战。

在我看来，"火库勒阿"号的航行还有更突出的象征意义，和孕育这艘船的这片大洋有着特殊的联系。船员们在这片大洋中复兴并习得了航海的技术，然后从这片大洋出发开始环游世界的冒险。太平洋在世界海洋中占有独特的位置，而"火库勒阿"号的航行提醒了我们此中的原因。

我们的家园

我怀疑，任何人听了这艘船从过去到现在的壮举后都会倍感惊讶。在如今这个科技制胜的世界，还有一些不为人知的古老技艺留存，能够帮助人类完成如此复杂的任务。这想必是一个重大的启示。"火库勒阿"号的航海者们取得的成就堪称奇迹，让我们为之震撼不已。我们敬佩他们的事迹，推崇他们对自然智慧的传承。我们原以为这样的智慧已经在时间和进步中消失殆尽了。

但它还存在的这个事实，特别是存在于太平洋的这个事实，便引出了另一个更大的问题。

人类总是想当然地认为他们是这个星球的主人，对地球有着毋庸置疑的所有权。过去3000年里，他们不断拓展文明的边界，不断向日落的方向进发。他们前进，从新月沃土到尼罗河畔，从黎凡特到海格力斯之柱，从旧世界的港口到新世界的海滨。他们对美洲新大陆的原住民们不屑一顾，于是又在"命运"的所谓授意下继续向西，来到了太平洋的岸边。

巴尔博亚看到了这片大洋，麦哲伦进行了首次跨洋航行。之后经过连续5个世纪持续不停的扩张，西方人征服、剥削、占领了部分甚至全部太平洋之上和太平洋周围的民族、文化、态度。而在西方人策划和实施扩张的时间里，这些民族平和快乐地在太平洋上生活了几千年。

东方的民族——无论是日本人还是菲律宾人，澳大利亚原住民还是能远距离航海的波利尼西亚人——都没有（至少没有成规模地）进行过这种为了帝国主义扩张而做的航行。当然，他们有过非凡的航程——其中古代波利尼西亚人不借助导航设备的天然航海最让人惊叹。但他们的航海之旅并没有像西方人那样的征服或称霸的动机。

人们开始发现并欣赏长途航海这种出人意料的技艺，开始重新认识这些知识和智慧所创造的奇迹——"东方的智慧和知识"。

太平洋是东西方交汇的地方，虽然地理上有些讽刺——它的东边是西方，而西边是东方。还有一个有些令人不安的矛盾是，太平洋实际上是所有大洋中最不太平的：风暴、战争、地质灾害之多，都远远超出了当年的命名者麦哲伦的想象。简而言之，很多时候太平洋完全不是表面上看起来的那样。

波利尼西亚的过去总体是很太平的，有很多被埋没的宝贵技艺，有历史悠久的民族。它的存在暗示了，我们一直以来以为的彼此相距甚远的民族间永远无法和谐相处的想法或许是一种没有必要的偏见。经过这么多年的纷争，我们总担心太平洋会是一个不平静之地，但实际并不一定如此。应该要有另一个模式。我们现在更加审慎的处理方式也已经暗示出了这应该是什么样的模式。

跨过这片浩瀚的大洋，大航海时代的先驱者走完了一个圈，完成了环球的旅程。两个历史上长期隔绝的民族如今面对面了，他们彼此猜测、等待、审视、考量。波利尼西亚则告诉我们，这些在太平洋东边的人现在要做的，不是竞争，而是恰恰相反，应该要学习。

西方人的出现带来的是纷扰和污染，是垃圾带和珊瑚白化。现在，应该要出现一套新的话语。面对东方文明，他们应该尊重、敬仰、包容、欣赏、惊叹——这些才是应该推广的新词汇。因为面对这些古老而宁静的文化，需要学习和吸收的东西要远远超过需要恐惧和抵抗的东西。西方现代文明虽然有它的可取之处，但古老的东方智慧也优点明显，值得张开怀抱，大胆接纳，使之起到平衡和发酵的作用。这是人们要从太平洋中学到的东西。

"火库勒阿"号正在大洋中缓缓穿行，它还要走过半个世界才能回到家乡。在返回太平洋的途中，它将向我们所有人传递一个重要的信息，那就是诞生于这片伟大海洋的"马拉马火努阿"：爱护我们生存的家园。这是我们现在和未来唯一的家园。它很宝贵。向它学习，尊敬那些已经了解它、能感受它的人们，好好爱护它。

太平洋把它用两个词概括："aloha"（爱）和"mahalo"（感恩）。

❦ 致　谢 ❦

6400万平方英里的太平洋有太多令人着迷的地方，要写出来并不容易，但在火奴鲁鲁东西方中心主席查尔斯·莫里森（Charles Morrison）的慷慨帮助下就轻松了许多。他专门给我安排了一间办公室，还给予了一些行政上的协助，让我在2014年的冬天在夏威夷度过了愉快的6个星期，并能够使用各种设施——尤其是那间了不起的图书馆，还有路那头夏威夷大学中有关太平洋的藏书。它们都给了我无与伦比的帮助。正是这些让我完成了在其他地方几乎不可能完成的研究。因此，我首先要向莫里森博士和他的团队与同事表示感谢，他们是茱恩·库拉莫托（June Kuramoto）、安娜·塔纳卡（Anna Tanaka）、菲利斯·塔布萨（Phyllis Tabusa）、凯伦·努德森（Karen Knudsen）、埃利萨·约翰斯顿（Elisa Johnston）、斯科特·柯罗克（Scott Kroeker），特别是卡罗尔·福克斯（Carol Fox）——是她帮助我奠定了创作本书的基础。

我同时要特别感谢驻地海军，他们在夏威夷以及其他地方都给了我很大帮助。杰森·加雷特（Jason Garrett）司令是美国海军太平洋舰队珍珠港总部的领头羊，埃里克·布鲁姆（Eric Bloom）中校则负责附近的史密斯基地太平洋全军指挥总部。两位长官都给了我极大的帮助，让我得以接触太平洋地区的驻军的林林总总。在我的印象中，他们从未拒绝过我的任何一个请求。

我在夏威夷期间，美国海军太平洋舰队司令是哈利·哈里斯（Harry Harris）上将，他后来高升，接掌了整个太平洋司令部。他私下里给了我热情友好的帮助，令我感激不尽。他的一位高级顾问，约恩·杜菲（Jon Duffy）指挥官现在已到白宫任职。无论是在夏威夷还是之后在华盛顿，他都给了我不少帮助。当然，如果有任何事实上或理解上的疏误，那都是我个人的原因，他以及这里提到的任何一个人所给的建议都不应被认为是官方态度。

我参观夸贾林环礁，观看导弹射程演习，是迈克·萨恺欧（Michael

Sakaio）和香农·鲍尔森（Shannon Paulsen）安排的。在我们相处期间，他们对我的挑刺十分宽容。如果我对马绍尔群岛岛民在当地受到的待遇有所批评，那么我想萨恺欧先生和鲍尔森女士一定能够理解，我针对的是这种政策本身，而不是政策执行人员——至少他们俩是善良友好的化身。

马萨诸塞州科德角霍尔海洋研究所的科学家们，特别热心地与我分享了他们的研究和他们关于海洋的知识。我要感谢卡尔·彼得森（Carl Peterson），他是我在伍兹霍尔海洋研究所的长期对接人，是他帮我安排了每次的参观和联络。我还要感谢苏珊·艾弗里（Susan Avery），她是伍兹霍尔海洋研究所的负责人。在杰妮·艾阿弗雷特（Jayne Iafrate）的帮助下，我与丹尼尔·弗纳里（Daniel Fornari）、亚当·索尔（Adam Soule）等人畅谈了海底热泉喷口，还见到了深海采矿专家莫里斯·蒂维（Maurice Tivey），以及核试验及其他核事故造成的海洋辐射方面的专家肯·布瑟勒（Ken Buesseler）。

日本政府的主要气象研究机构，日本海洋—地球科技研究所也给了我莫大的帮助。我要特别感谢饭岛瑞江女士，她安排我见到了JAMSTEC很多优秀的气象科学家。为了确保我能及时收到到访前所需的信息，她错过了飞机，没能和丈夫享受久违的假期。JAMSTEC的科学家中，安藤健太郎、富岛里美、土井威志的研究都与本书密切相关。其中，土井威志是地球模拟器2号运行方面的专家。地球模拟器2号是日本自主研发的NEC超级计算机，致力于解决有关太平洋气候的复杂谜题。

在撰写有关井深大和索尼第一个晶体管收音机的故事时，索尼公司当时和现在的很多工作人员都给了我很多帮助。小野山博子曾在纽约给盛田昭夫担任了多年的总助理；前田博子现在在美国索尼。她们介绍我参观了东京索尼的办公室、档案室和展览馆，帮助很大。我也要感谢约翰·内森（John Nathan），他是加利福尼亚大学圣塔芭芭拉分校的日本文化研究教授。他为索尼公司写的企业史，直至今日可能仍是最受欢迎的一部。

波利尼西亚航海协会的成员们都十分积极、热情、勇敢。2014年时，他们正在积极准备史诗性的"马拉马火努阿"之旅。每次我到他们的船坞办公室，他们都无比欢迎、乐于帮助我。当时担任环球航行通讯协调员的玛丽沙·哈亚瑟（Marisa Hayase）总是有求必应，给了我许多及时的帮助。愿所有参加远航的人都能一如既往地一帆风顺。

在所有鼓励我、帮助我的人之中，我必须要感谢以下几位：澳大利亚的环保主义者凯特·安德鲁斯（Kate Andrews），她是我多年的朋友，在达尔文时她给了我很多关照，后来还阅读并帮忙修改了书中和澳大利亚有关的章节；堪察加的地质学家萨沙·贝鲁索夫（Sasha Belousov）和马丽娜·贝鲁索夫（Marina Belousov），他们带我参观了全面爆发中的茹帕诺夫斯基火山（zhupanovsky）；西蒙·波登（Simon Bowden）和达纳·依（Dana Yee），他们让我在火奴鲁鲁以较便宜的价格租住了他们的公寓；夸贾林的高级气象学家马克·布莱德福德（Mark Bradford），他给我提供了很多有关热带气旋的信息；马克·布雷泽尔（Mark Brazil），他家在北海道，但他满世界旅行，探索自己在环境方面的兴趣；大卫·克里斯蒂安（David Christian），他是悉尼麦考瑞大学的大历史研究院的主任；长居夏威夷的作家加万·道斯（Gavan Daws），他是有关太平洋岛屿问题的活字典；约翰·德沃夏克（John Dvorak），他掌管着莫纳克亚山山顶的一台大型大学望远镜，并撰写了有关圣安德列斯断层的详细情况；格蕾泰尔·厄尔里希（Gretel Ehrlich），她是一位睿智的作家，目前和她的丈夫——也是我在NPR时的一位老朋友——尼尔·柯南（Neal Conan）住在夏威夷；鹦鹉螺矿业公司的约翰·埃利阿斯（John Elias）；热水珊瑚专家玛丽·黑吉多恩（Mary Hagedorn）；凯文·汉密尔顿（Kevin Hamilton），他是一名大气科学家，同时也是夏威夷大学国际太平洋研究中心的前负责人；牛津皮特河博物馆的路易·汉考克（Louise Hancock）；长谷川博，他以一己之力拯救了短尾信天翁，是鸟类世界真正的英雄；泰恩河畔纽卡斯尔的土壤机械动力公司的劳里·厄文（Laurie Irvine）；伊丽莎白·卡普乌维拉尼·林赛（Elizabeth Kapu'uwailani Lindsey），她是我的老朋友，是一个真正的夏威夷人，也是长者们传统航海技艺的传承人之一；普拉玛拉奈公司的库尔特·松本；才华横溢的作家乔恩·莫拉姆（Jon Mooallem），他做了很多可敬的努力向人们展现今日的拉奈岛；杰克·尼登塔尔（Jack Niedenthal），他在马朱罗为流离失所的比基尼环礁岛民做联络工作；地质年代学家，贝尔法斯特皇后大学的宝拉·雷梅尔（Paula Reimer）教授；我的朋友、公关专家凯莉·罗伯森（Kylie Robertson），她是澳大利亚人，目前住在纽约；拉奈岛度假村的总经理汤姆·洛兰斯（Tom Roelans）；菲利普·斯迈利（Philip Smiley），他是所罗门群岛上最后一批英国政府官员之一；罗莉·特拉尼西（Lori Teranishi），她是拉里·埃里森在夏威夷的发言人；梅本和义，前日本驻联合国大使，现为日本驻罗马大使；查理·韦龙，享誉世界的珊瑚保护人；朱莉安娜·沃尔什（Julianne Walsh），她是夏威夷大学太平洋群岛研究中心在马绍尔群岛民族方面的专家；还有我的儿子，鲁伯特·温彻斯特（Rupert Winchester），他在伦敦和柬埔寨的金边，热心地帮我做了本书的校对工作，并提供了很多修改和建议。

从研究和写作两方面来说，本书都极具挑战性。但有了我的朋友、哈珀柯林斯的编辑亨利·菲利斯（Henry Ferris）敏锐而睿智的建议，这项任务也轻松了许多。他雕琢语言的本事令我十分佩服。我仍然坚信，一本好书是编辑和作者亲密合作的成果；如果本书尚可一读，那一定少不了亨利·菲利斯为它所付出的心血。亨利和我还得到了尼克·安福利特（Nick Amphlett）的极大帮助。尼克是亨利在哈珀柯林斯的首席助理编辑，他以超凡的温和和忍耐处理了本书出版过程中极为繁琐的种种细节。在这里，我要向所有哈珀柯林斯纽约编辑团队的人，还有我在伦敦的编辑马丁·雷德弗恩（Martin Redfern）以及他的诸位同事举杯以示敬意。

同样的敬意也献给我在威廉莫里斯公司的经纪人们：在纽约的令人敬畏的苏珊娜·格拉克（Suzanne Gluck），以及她无与伦比的助手科里奥·瑟拉芬（Clio Seraphim）；还有在伦敦的我的好朋友西蒙·特雷温（Simon Trewin）。我最真诚的谢意和祝福，献给你们所有人！

西蒙·温彻斯特
于马萨诸塞，桑蒂斯菲尔德

✤ 资料来源说明 ✤

相关书籍的详细信息将在之后的参考文献中给出，但有少部分是某一研究者或研究机构（例如伍兹霍尔海洋研究所）就某一话题出版的"多项著作"，只好请感兴趣的读者自行利用网络搜索查阅资料。篇幅所限，这里无法列出书中所有内容的全部参考资料。

序言

有关时区制定和太平洋上国际日期变更线选址的讨论，可见于克拉克·布雷兹（Clark Blaise）为斯坦福·弗莱明爵士写的传记《时间之王》（*Time Lord*），以及德里克·豪斯（Derek Howse）所著的《格林威治时间与经线的发现》（*Greenwich Time and the Discovery of the Longitude*）。关于其中的技术细节和当时有关国家就此展开的激烈论战，在1884年华盛顿特区举办的国际子午线大会后出版的《会议记录》（*Procoedings*）中做了详尽的介绍，感兴趣的读者可以自行参阅。

朱莉安娜·沃尔什（Julianne Walsh）在她的《马绍尔群岛的历史》（*Etto Nana Raan Kein, A Marshall Islands History*）中，勇敢地（但也颇具争议地）讲述了马绍尔群岛（特别是夸贾林环礁）当地居民复杂，有时甚至是悲惨的生活情况。有关20世纪初日本对西太平洋岛屿的影响的内容，则可见于马克·皮蒂（Mark Peattie）的《南洋：日本在密克罗尼西亚的兴衰史》（*Nanyo: The Rise and Fall of the Japanese in Micronesia*）。

第1章　海底大火

"阿尔文号"以及它的姐妹潜艇不懈的努力已让伍兹霍尔海洋研究所发表

了无数的报告和专著。其中的主要发现，包括深海热泉喷口、黑烟囱和白烟囱等内容的精要概述，可以在丹尼尔·弗纳里（Daniel Fornari）、杰弗里·卡森（Jeffrey Karson）、狄波拉·凯利（Deborah Kelley）、迈克尔·R.珀菲特（Michael R. Perfit）、蒂默西·M.山克（Timothy M. Shank）所著的《探索深海》（*Discovering the Deep*）中找到。

我也向读者推荐史蒂芬·霍尔（Stephen Hall）在2006年12月的《纽约时报》上发表的一篇短文，短文深入地介绍了深海地图的绘制者玛丽·萨普。

如果对地壳板块理论的详细内容感兴趣的话，一定要读一读娜奥米·奥雷斯科斯（Naomi Oreskes）的《地球板块》（*Plate Tectonics*）。该书2002年出版，现在已经是这一领域的经典作品。而板块运动理论正是太平洋形成学中最关键的一环。

罗伯特·巴拉德2002年发表的长文《永恒的黑暗》（*The Eternal Darkness*）讲述了很多"阿尔文"号的故事。《哈佛公报》（*Harvard Gazette*）对科琳·卡瓦诺的采访则详细介绍了硫在深海生命的起源和生存中所起的作用。

第2章　脆弱之洋

与珊瑚专家查理·韦龙的私人通讯让我了解到了大堡礁珊瑚白化灾难伊始时的具体情况。艾恩·迈克卡曼（Iain McCalman）的《珊瑚礁：一段饱含热情的历史》（*The Reef: A Passionate History*）则更进一步，把这些岌岌可危的巨大生命体放在了一个更加宏大的生物学和文化史的背景中。

夏威夷全球海洋观测站的玛丽·黑吉多恩（Mary Hagedorn）主持了一个项目，帮助珊瑚应对不断上升的海水温度从而免遭侵害。全球海洋观测站是史密森学会支持的一个海洋研究中心。黑吉多恩的著作非常丰富，内容充实而引人入胜。同样，大堡礁海洋公园管理局发布的一系列文章也是很好的补充。

最初是马克·布雷泽尔（Mark Brazil）精彩的小书《日本的大自然》（*The Nature of Japan*）让我注意到了长谷川博的工作和他拯救鸟岛信天翁的英雄事迹。牛津的皮特河博物馆发布的一篇电子版的专题论文，介绍了他们收藏的夏威夷的盛典斗篷。

乔恩·莫拉姆（Jon Mooallem）在2014年9月28日的《纽约时报》上发表的文章讨论了拉里·埃里森购买并计划改造夏威夷的拉奈岛一事，并指出了很多问题。他的很多观察都与我六个月前自己参观拉奈岛时留下的印象不谋而合。

第3章　幸运之国

对于澳大利亚总理高夫·惠特拉姆遭遇的前所未有的"解雇门"，保罗·凯利（Paul Kelly）所著的《解雇门》（*The Dismissal*）至今仍是最好的记述［惠特拉姆本人和他的死对头约翰·克尔也都有对此事的记述［惠特拉姆写了《事情的真相》（*the truth of the matter*），克尔写了《留待后人评说》（*matters for judgment*）］。自然，他们各执一词，为原本已经浩瀚的书海又添新源。可惜的是，这一事件在澳大利亚之外并没有多少人知道。

悉尼歌剧院的建造是一个复杂而丰富的故事，或许把它串联得最好的是一部早已被人遗忘的BBC纪录片——《一个美梦的尸检报告》（*Autopsy on a Dream*）。它由澳大利亚导演约翰·怀利（John Weiley）摄制而成，猛烈抨击了悉尼对设计歌剧院的丹麦建筑师的残忍行径。影片首映地在英国，后来还没来得及在澳大利亚上映，就被一把切肉刀砍成了碎片。三十年后，人们在伦敦发现了被归错档的一份早期剪辑，于是把它送到了澳大利亚，播放后褒贬不一。同样的，澳大利亚制作的电视纪录片，ABC给韩森女士做的《60分钟》（*60 Minutes*）节目，也让我得以一窥宝琳·韩森政治生涯的短暂辉煌。节目中，特蕾西·库罗（Tracey Curro）以刀锋般犀利的访问技巧采访了她，至今是电视史上的传奇一刻。

第4章　遥遥惊雷

对"旋风翠西"的描述借用了很多苏菲·康宁汉姆（Sophie Cunningham）《警告》（*Warning*）一书中的内容。前面是我自己2014年在澳大利亚热带城市达尔文市的亲身见闻，当时达尔文市已经重建完成，面貌一新。

和达尔文市一样，菲律宾也在40年后遭"台风海燕"重创。有关海燕形成的信息，主要来自位于珍珠港的美国联合台风预警中心团队出版的材料。

克里·伊曼纽尔（kerry Emanuel）的大部头《神风》（*Divine Wind*），分析了大气制造高速风暴的无穷威力，为我写作这个复杂的章节提供了无法估量的巨大帮助。

夏威夷大学国际太平洋研究中心负责人凯文·汉密尔顿（kevin Hamilton）写了很多有关厄尔尼诺-南方涛动的技术性论文；夸贾林环礁的主要气象学家马克·布莱德福德（Mark Bradford）也是研究厄尔尼诺及其伴随现象的一大权威。坐落在东京湾港市横屏的日本海洋—地球科技研究所，也发布了有关厄尔尼诺现象的大量数据。

厄尔尼诺越来越受到人们的关注，有关它的科学研究正在太平洋上如火如荼地进行。但在这一切喧嚣背后，是吉尔伯特·沃克爵士伟岸的身影。他是厄尔尼诺现象的最初发现者。《牛津国家人物传记词典》（*Oxford Dictionary of National Biography*）中一个长长的词条，为这个古怪的、值得人们铭记却又已经几乎被遗忘的智者画出了一幅恰如其分的充满同情的画像。

第5章　乘风驭浪

很少有历史书能像马特·沃萧（Matt Warshaw）的《冲浪史》（*The History of Surfing*）那样引人入胜，它笔触优美、内容丰富，令我忍不住反复翻阅，以至于书页都因此出现了破损。斯科特·兰德曼（Scott Laderman）的《海浪上的帝国：冲浪的政治史》（*Empire of Waves：A Political History of Surfing*）或许更节制些，但也给了我不少帮助。杰克·伦敦的《"蛇鲨"号游记》和他在《女性家庭良友》杂志1907年10月刊上发表的短文，都生动地说明了冲浪爱好者对这项运动的热情。

爱尔兰导演乔尔·康洛伊在2008年拍摄的电影《冲浪》讲述了乔治·弗里思的故事，在他的祖国爱尔兰的部分地区，他被誉为第一位"冲浪之王"。

加利福尼亚在20世纪初迅速成为了美国本土的第一个冲浪圣地，威廉·弗雷德里克斯（William Friedricks）在1992年的著作《亨利·E. 亨廷顿和南加利福尼亚的诞生》（*Henry Huntington and the Greation of Southern California*）中对这一现象做了详细而热情的记录。"脏兮兮"的克拉克和"克拉克泡沫"公司突然关门的奇怪故事，还有之后引发的一系列意想不到的后果，详见于各期《冲浪》杂志。户外运动装备公司巴塔哥尼亚的创始人伊冯·乔伊纳德在他所著的《让我的员工冲浪》（*Let My People Go Surfing*）中，幽默风趣地描述了自己对"配合海浪"的弹性工时的态度。

第6章　收音机革命

讲述索尼公司初创期故事的作品有很多，我认为其中写得最好最客观的是约翰·内森（John Nathan）的《索尼的私人生活》（*Sony：The Private Life*）。当然，索尼公司自己推出的出版物，特别是给盛田昭夫和井深大两人的长度堪比一本书的讣告，也为公司的各个里程碑事件提供了很多有用而准确的信息，但免不了有些粉饰之处。小野山博子小姐之前在纽约担任盛田昭夫的助理，为我提供了很多私人信息，帮助很大。井深大所写的公司最初的愿景，依然展示在东京的索尼档案馆中。

贝尔实验室发明晶体管的研究，在《美国物理学会期刊》2000年第9卷第10部分中有清晰的说明。让索尼早期的晶体管收音机名声大振的《纽约时报》对皇后区盗窃案的报道，见于1958年1月17日报纸的第17页。

第7章　重重威胁

呼吁将1950年1月定为年代测算中标准参考年的确定性文件，是理查德·弗林特（Richard Flint）和爱德华·蒂维（Edward Deevey）在1962年《放射性化学》（*Radiochemistry*）的前言中所做的倡议。剑桥英国南极考察团的埃里克·沃尔夫（Eric Wolff）和皇后大学贝尔法斯特地理学院气候环境和年代学中心主任宝拉·J. 雷梅尔（Paula J. Reimer）教授也曾就此问题撰文，鼓励接受将1950年作为新纪年法体系（以"距今"代替"公元"和"公元前"）中的"今"。

有关杜鲁门总统和索伊尔上将之间重要对话的细节，可见于理查德·罗德斯（Richard Rhodes）研究氢弹研发过程的经典著作《黑太阳》（*Dark Sun*）。正是他们的对话最终决定了核聚变武器的研发及之后在比基尼环礁和埃内韦塔克环礁上的试爆。霍莉·巴克（Holly Barker）的《为马绍尔人喝彩》（*Bravo for the Marshallese*）、康妮·戈德史密斯（Connie Goldsmith）的《投向比基尼的炸弹》（*Bombs over Bikini*）、杰克·尼登塔尔（Jack Niedenthal）的《为了人类的幸福》（*For the Good of Mankind*）中非常详尽地记述了向比基尼居民游说试爆计划的过程。"为了人类的幸福"正是将军们鼓动爱国热情高涨的岛民时所用的讨巧说辞。

乔纳森·维斯戈尔（Jonathan Weisgall）的《十字路口行动》（*Operation Crossroads*）详细记录了战后裂变武器研发过程中的主要测试；而对于之后更加强大的聚变武器，特别是因处置不当而引发危险的城堡系列试验，最好的记录是当时被称为"美国国防核机构"的单位的正式报告。

Sonicboom. com网站上有录像展现了26000吨的战舰"阿堪萨斯"号被十字路口行动的Baker核试整个掀翻的壮观场面。

1962年路易·亨佩曼（Louis Hempelmann）在洛斯阿拉莫斯国家实验室发表的论文中，巨细无遗地介绍了有关钚半球的研究。这种炸弹极易发生事故因而臭名远扬，被称为"恶魔核心"。

尾声

火奴鲁鲁的波利尼西亚航海协会一直在详细报道夏威夷"火库勒阿"号的航行。更多背景信息，可参看山姆·劳（Sam Low）介绍夏威夷文艺复兴的《夏威夷崛起》（*Hawaiki Rising*），本·费尼（Ben Finney）解释波利尼西亚航海技术的《跟随祖先的航迹》（*Sailing in the Wake of the Ancestors*），以及最吸引人的，大卫·刘易斯的《我们，领航员》（*We, the Navigators*）一书。

❧ 参考文献 ❧

Armitage, David, and Alison Bashford, eds. *Pacific Histories: Ocean, Land, People.* New York: Palgrave, 2014.

Bain, Kenneth. *The Friendly Islanders.* London: Hodder, 1967.

Ballard, Robert. *The Eternal Darkness: A Personal History of Deep-Sea Exploration.* Princeton, NJ: Princeton University Press, 2000.

Barker, Holly. *Bravo for the Marshallese: Regaining Control in a Post-Nuclear, Post-Colonial World.* Belmont, CA: Wadsworth, 2013.

Barlow, Thomas. *The Australian Miracle: An Innovative Nation Revisited. Sydney:* Picador, 2006.

Barrie, David. Sextant: *A Voyage Guided by the Stars and the Men Who Mapped the World's Oceans. London:* William Collins, 2014.

Beaglehole, J. C. *The Exploration of the Pacific.* Stanford, CA: Stanford University Press, 1934.

Bentley, Jerry H., et al., eds. *Seascapes: Maritime Histories, Littoral Cultures, and Transoceanic Exchanges.* Honolulu: University of Hawaii Press, 2007.

Bergreen, Laurence. *Over the Edge of the World, Magellan's Terrifying Circumnavigation of the Globe.* New York: Harper, 2003.

Birkett, Dea. *Serpent in Paradise: Among the People of the* Bounty. New York: Doubleday, 1997.

Blaise, Clark. Time *Lord*: *Sir Sandford Fleming and the Creation of Standard Time*. New York: Vintage, 2002.

Borneman, Walter R. *The Admirals*: *Nimitz, Halsey, Leahy, and King—the Five-Star Admirals Who Won the War at Sea*. NewYork: Little, Brown, 2012.

Brandt, Ed. *The Last Voyage of USS* Pueblo. NewYork: W. W. Norton, 1969.
Brazil, Mark. *The Nature of Japan*. Sapporo: Japan Nature Guides, 2014.

Bryant, Nick. *The Rise and Fall of Australia*: *How a Great Nation Lost Its Way*. New York: Bantam, 2014.

Bucher, Lloyd. *Bucher*: *My Story*. NewYork: Doubleday, 1970.

Butler, Robert. *The Jade Coast*: *The Ecology of the North Pacific Ocean*. Toronto: Key Porter Books, 2003.

Cameron, Ian. *Magellan and the First Circumnavigation of the World*. London: Weidenfeld, 1974.

Carson, Rachel, ed. *The SeaAround Us*. NewYork: Oxford University Press, 2003.

Chandler, Alfred D. *Inventing the Electronic Century*: *The Epic Story of Consumer Electronics and Computer Industries*. Cambridge, MA: Harvard University Press, 2001.

Chouinard, Yvon. *Let My People Go Surfing*: *The Education of a Reluctant Businessman*. New York: Penguin, 2005.

Collins, Donald E. *Native American Aliens*: *Disloyalty and the Renunciation of Citizenship by Japanese Americans in World War 2*. Westport, CT: Greenwood Press, 1985.

Cooper, George, and Gavan Daws. *Land and Power in Hawaii*. Honolulu:

University of Hawaii Press, 1990.

Cox, Jeffrey. *Rising Sun, Falling Skies: The Disastrous Java Sea Campaign of World War 2*. Oxford: Osprey, 2014.

Cralle, Trevor, ed. *Surfin' ary: A Dictionary of Surfing Terms and Surfspeak. Berkeley*: Ten Speed Press, 1991.

Cramer, Deborah. *Ocean: Our Water, Our World*. New York: HarperCollins/ Smithsonian, 2008.

Cullen, Vicky. *Down to the Sea for Science: 75 Years of Ocean Research, Education, and Exploration at the Woods Hole Oceanographic Institution*. Woods Hole: WHOI, 2005.

Culliney, John L. *Islands in a Far Sea: The Fate of Nature in Hawaii*. Honolulu: University of Hawaii Press, 2006.

Cunningham, Sophie. *Warning: The Story of Cyclone Tracy*. Melbourne: Text Publishing, 2014.

Cushman, Gregory T. *Guano and the Opening of the Pacific World*. New York: Cambridge University Press, 2013.

Daniel, Hawthorne. *Islands of the Pacific*. NewYork: Putnam, 1943.

Danielsson, Bengt. *The Forgotten Islands of the South Seas*. London: Allen and Unwin, 1957.

——. *The Happy Island*. London: Allen and Unwin, 1952.

Dawes, Gavan. *A Dream of Islands: Voyages of Self-Discovery in the South Seas*. New York: W. W. Norton, 1980.

Denoon, Donald, et al. *A History of Australia, New Zealand, and the Pacific*.

Oxford: Blackwell, 2000.

Dobbs-Higginson, Michael. *Asia Pacific: A View on Its Role in the New World Order*. Hong Kong: Longman, 1993.

Dodd, Edward. *The Rape of Tahiti*. NewYork: Dodd, Mead, 1983.

Dower, JohnW. *Embracing Defeat: Japan in the Wake of World War Two*. New York: W. W. Norton, 1999.

Durschmied, Erik. *The Weather Factor: How Nature Has Changed History*. London: Hodder, 2000.

Dvorak, John. *Earthquake Storms: The Fascinating History and Volatile Future of the San Andreas Fault*. New York: Pegasus, 2014.

Ellis, Richard. *The Encyclopedia of the Sea*. NewYork: Knopf, 2006.

Emanuel, Kerry. *Divine Wind: The History and Science of Hurricanes*. New York: Oxford University Press, 2005.

Etulain, Richard W., and Michael P. Malone. *The American West: A Modern History, 1900 to the Present*. Lincoln: University of Nebraska Press, 1989.

Evans, Julian. *Transit of Venus: Travels in the Pacific*. London: Secker, 1992.

Fagan, Brian. *Beyond the Blue Horizon: How the Earliest Mariners Unlocked the Secrets of the Oceans*. NewYork: Bloomsbury, 2012.

Fall, Bernard B. *Hell in a Very Small Place, The Siege of Dien Bien Phu*. NewYork: Lippincott, 1966.

Finney, Ben. *Hokule'a: The Way to Tahiti*. NewYork: Dodd, Mead, 1979.

——. *Sailingin the Wake of the Ancestors*. Bishop Museum, 2003.

Fischer, Steven Roger. *A History of the Pacific Islands*. Basingstoke: Palgrave, 2002.

Fisher, Stephen, ed. *Man and the Maritime Environment*. Exeter, UK: University of Exeter Press, 1994.

Fornari, Daniel J., et al. *Discovering the Deep: A Photographic Atlas of the Seafloor and Ocean Crust*. Cambridge, UK: Cambridge University Press, 2015.

Freeman, Donald B. *The Pacific*. London: Routledge, 2010.

Friedricks, William. *Henry E. Huntington and the Creation of Southern California*. Columbus: Ohio State University Press, 1991.

Garfield, Brian. *The Thousand-Mile War: World War II in Alaska and the Aleutians*. Fairbanks: Alaska University Press, 1995.

Garnaut, Ross. *Dog Days: Austrulia After the Boom*. Melbourne: Redback, 2013.

George, Rose. *Ninety Percent of Everything: Inside Shipping*. New York: Henry Holt, 2013.

Gibney, Frank. *The Pacific Century: America and Asia in a Changing World*. New York: Scribner, 1992.

Gillis, John R. *The Human Shore, Seacoasts in History*. Chicago: University of Chicago Press, 2012.

Glacken, Clarence J. *Traces on the Rhodian Shore*. Berkeley: University of California Press, 1967.

Glavin, Terry. *The Last Great Sea: A Voyage Through the Human and Natural History of the North Pacific Ocean*. Vancouver: Greystone Books, 2000.

Goldsmith, Connie. *Bombs over Bikini: The World's First Nuclear Disaster.* Minneapolis. Twenty-First Century Books, 2014.

Greely, Adolphus Washington. *Handbook of Alaska.* New York: Scribner, 1925.

Grimble, Arthur. *A Pattern of Islands.* London: John Murray, 1952.

——. *Return to the Islands.* London: John Murray, 1957.

Gurnis, Michael, et al. *Oceans: A Scientific American Reader.* Chicago: University of Chicago Press, 2007.

Gwyther, John. *Captain Cook and the South Pacific: The Voyage of the Endeavour,* 1768—1771. Cambridge, MA: Houghton Mifflin, 1954.

Haley, James L. *Captive Paradise: A History of Hawaii.* New York: St. Martin's, 2014.

Hamilton-Paterson, James. *The Great Deep: The Sea and Its Thresholds.* New York: Random House, 1992.

Harwit, Martin. *An Exhibition Denied: Lobbying the History of Enola Gay.* New York: Copernicus, 1996.

Hattendorf, John B., ed. *The Oxford Encyclopedia of Maritime History.* 4 vols. New York: Oxford University Press, 2007.

Henderson, Bonnie. *Strand, An Odyssey of Pacific Ocean Debris.* Corvallis: Oregon State University Press, 2008.

Hersh, Seymour. *The Targetls Destroyed.* London: Faber, 1986.

Heyerdahl, Thor. *Fatu-Hiva: Back to Nature.* New York: Doubleday, 1974.

——. *Kon-riki: Across the Pacific by Raft.* New York: Rand McNally, 1950.

Hill, Ernestine. *The Territory*, *The Classic Saga of Austrulia's Far North*. Sydney: Angus and Robertson, 1951.

Hinrichsen, Don. *The Atlas of Coasts and Oceans*. London: Earthscan, 2011.

Holt, John Dominis. *On Being Hawaiian*. Honolulu: Kupa'a Publishing, 1964.

Horwitz, Tony. *Blue Latitudes*: *Boldly Going Where Captain Cook Has Gone Before*. New York: Henry Holt, 2002.

Howarth, David Armine. *Tahiti*: *A Paradise Lost*. London: Harvill, 1983.

Howse, Derek. *Greenwich Time and the Discovery of the Longitude*. Oxford: Oxford University Press, 1980.

Ienaga, Saburo. *The Pacific War*, 1931—1945. NewYork: Pantheon, 1978.

Igler, David. *The Great Ocean*: *Pacific Worlds from Captain Cook to the Gold Rush*. New York: Oxford University Press, 2013.

Ilyichev, V. I., and V. V. Anikiev. *Oceanic and Anthropogenic Controls of Life in the Pacific Ocean*. Dordreeht: Kluwer Publishers, 1992.

Inada, Lawson Fusao. *Only What We Could Carry*: *The Japanese American Internment Experi-ence*. Berkeley: Heyday, 2000.

Izzard, Brian. *Sabotage*: *The Mafia*, *Mao*, *and the Death of the Queen Elizabeth*. Gloucester, UK: Amberley, 2012.

Johnson, R, W, *Shootdown*; *The Verdict on KAL 007*. London: Chatto and Windus, 1986.

Kashiraa, Tatsuden. Foreword. *Personal Justice Denied*: *Beport of the Commission on Wartime Relocation and Internment of Civilians*. Seattle: University of Washington Press, 1982.

Kelly, Paul. *The Dismissal*: *Australia's Most Sensational Power Struggle—The Dramatic Fall of Gough Whitlam*. Sydney: Angus and Robertson, 1983.

Kennedy, David M. *Freedom from Fear*. New York: Oxford University Press, 1999.

Kerr, John. *Matters for Judgment*. Sydney: Macmillan, 1978.

King, Ernest J. (Fleet Admiral) . *Official Reports*: *U. S. Navy at War 1941-45*. Washington, DC: U. S. Navy, 1946.

King, Samuel, and Randall Roth. *Broken Trust*: *Greed*, *Mismanagement*, *and Political Manipu. lation atAmerica's Largest Charitable Trust*. Honolulu: University of Hawaii Press, 2006.

Klein, Bernhard, and Gesa Mackenthun, eds. *Sea Changes*: *Historicizing the Ocean*. New York: Routledge, 2004.

Kyselka, Will. *An Ocean in Mind*. Honolulu: University of Hawaii Press, 1987.

Laderman, Scott. *Empire in Waves*: *A Political History of Surfing*. Berkeley: University of California Press, 2014.

Lal, Brij V., and Kate Fortune, eds. *The Pacific Islands*: *An Encyclopedia*. Honolulu: University of Hawaii Press, 2000.

Lavery, Brian. *The Conquest of the Ocean*: *An Illustrated History of Seafaring*. New York: D orling Kindersley, 2013.

Levy, Steven. *Insanely Great. . The Life and Times of Macintosh*. New York: Penguin, 1994.

Lewis, David. *We, the Navigators*: *The Ancient Art of Landfinding in the Pacific*. Honolulu: Uni-versity of Hawaii Press, 1972.

Linklater, Erie. *The Voyage of the Challenger.* New York: Doubleday, 1972.

Linzmayer, Owen W. *Apple Confidential 2. 0: The Definitive History of the World's Most Colorful Company.* San Francisco, CA: No Starch Press, 2004.

London, Jack. *The Cruise of the Snark.* New York: Macmillan, 1911.

Low, Sam. *Hawaiki Rising: Hokulea, Nainoa Thompson, and the Hawaiian Renaissance.* Waipahu, HI: Island Heritage Publishing, 2013.

Lyons, Nick. *The Sony Vision.* New York: Crown, 1976.

Macintyre, Michael. *The New Pacific.* London: Collins, 1985.

Macintyre, Stuart. A Concise History of Australia. 3rd ed. New York: Cambridge University Press, 2009.

Mack, John. *The Sea, A Cultural History.* London: Reaktion Books, 2111.

Mahan, Alfred Thayer. *The Infiuence of Sea Powerupon History*, 1660-1783. 1890; Reprint. New Orleans: Pelican Publishing, 2003.

Malcolmson, Scott L. *Tuturani: A Political Journey in the Pacific Islands.* London: Hamish Hamilton, 1990.

Manjiro, John, ed. *Drifting Toward the Southeast: The Story of Five Japanese Castaways.* New Bedford, MA: Spinner Publications, 2003.

Marks, Kathy. *Pitcairn: Paradise Lost.* Sydney: Harper Australia, 1988.

Mason, R. H. P., and J. P. Caiger. *A History of Japan.* Rutland, VT: Turtle, 1997.

Matsuda, Matt K. *Pacific Worlds: A History of Seas, Peoples and Cultures.* New York: Cambridge University Press, 2012.

MeCalman, Iain. *The Beef. A Passionate History*. Melbourne: Penguin, 2013.

McCune, Shannon. *The Ryukyu Islands*. Newton Abbot: David and Charles, 1975.

McEvedy, Colin. *The Penguin Historical Atlas of the Pacific*. New York: Penguin, 1998.

McLean, Ian W. Why Australia Prospered: The Shifting Sources of Economic Growth. Princeton, NJ: Princeton University Press, 2013.

Megalogenis, George. *The Australian Moment: How We Were Made for These Times*. Melbourne: Penguin, 2012.

Melville, Herman. *Typee, Omoo, and Mardi*. New York: Library of America, 1846-49.

Miehener, James. *Hawaii*. New York: Random House, 1959.

Mitchell, General William L. *The Opening of Alaska*. Anchorage: Cook Inlet Historical Society, 1982.

Moore, Michael Scott. *Sweetness and Blood. How Surfing Spread from Hawaii and California to the Rest of the World, with Some Unexpected Results*. New York: Rodale, 2010.

Moorehead, Alan. *The Fatal Impact: An Account of the Invasion of the South Pacific*, 1767—1840. London: Hamish Hamilton, 1966.

Morgan, Ted. *Valley of Death: The Tragedy at Dien Bien Phu That Led America into the Vietnam War*. New York: Presidio Press, 2010.

Morison, Samuel Eliot. *The Two-Ocean War*. Boston: Little, Brown, 1963.

Morita, Akio. *Made in Japan: Akio Morita and Sony*. New York: Dutton, 1986.

Motteler, Lee S. *Pacific Island Names*: *A Map and Name Guide to the New Pacific*. Honolulu: Bishop Museum Press, 2006.

Muir, John. *Travels inAlaska*. Boston: Houghton Mifflin, 1915.

Nathan, John. *Sony*: *The Private Life*. Boston: Houghton Mifflin, 1999.

Nicholls, Henry. *The Galápagos*: *ANaturalHistory*. NewYork: Basic Books, 2014.

Niedenthal, Jack. *For the Good of Mankind*: *A History of the People of Bikini and Their Islands*. Majuro: Micronitor/Bravo Publishers, 2001.

Niiya, Brian, ed. *Japanese-American History*: *An A-Z Reference*, *7868 to the Present*. New York. Facts on File, XXXX.

Olson, Steve. *Mapping Human History*: *Genes*, *Race and Our Common Origins*. New York: Houghton Mifflin, 2003.

Oreskes, Naomi. *Plate Tectonics*: *An Insider's History of the Modern Theory of the Earth*. Westview Press, 2003.

Oosterzee, Pennyvan. *A Natural History of Australia's Top End*. Marleston: Gecko Books, 20014.

Paik, Koohan, and Jerry Mander. *The Superferry Chronicles*: *Hawaii's Uprising Against Militarism*, *Commercialism and the Desecration of the Earth*. Kihei, HI: Koa Books, 2009.

Paine, Lincoln. *The Sea and Civilization A Maritime History of the World*. New York: Knopf, 2013.

Parker, Bruce. *The Power of the Sea*: *Tsunamis*, *Storm Surges*, *Rogue Waves*, *and Our Quest to Predict Disasters*. NewYork: Palgrave Macmillan, 2010.

Peattie, Mark. *Nanyo*: *The Rise and Fall of the Japanese in Micronesia*, 1885—1945. Honolulu: University of Hawaii Press, 1988.

Pembroke, Michael. *Arthur Phillip*: *Sailor*, *Mercenary*, *Governor*, *Spy*. Melbourne: HardieGrant Books, 2013.

Philbrick, Nathaniel. *Sea of Glory*: *America's Voyage of Discovery; the U. S. Exploring Expedition*. NewYork: Penguin, 2003.

Prados, John. *Islands of Destiny*: *The Solomons Campaign and the Eclipse of the Rising Sun*. New York: Penguin, 2012.

Pratt, H. Douglas, et al. *The Birds of Hawaii and the Tropical Pacific*. Princeton, NJ: Princeton University Press, 1987.
Pyle, Kenneth B. *Japan Rising*: *The Resurgence of Japanese Power and Purpose*. New York: Public Affairs, 2007.

Rankin, Nicholas. *Dead Man's Chest*: *Travels After Robert Louis Stevenson*. London: Faber and Faber, 1987.

Began, Anthony J. *Light Intervention*: *Lessons from Bougainville*. Washington, DC: U. S. Institute of Peace Press, 2010.

Reid, Anna. *The Shaman's Coat*, *A Native History of Siberia*. New York: Walker, 2002.

Rhodes, Richard. *Dark Sun*: *The Making of the Hydrogen Bomb*. New York: Simon and Schuster, 1995.

——. *The MakingoftheAtomic Bomb*. NewYork: Simon and Schuster, 1986.

Ricketts, Edward F., et al. *Between Pacific Tides*. Stanford, CA: Stanford University Press, 1939.

Biesenberg, Felix. *The Pacific Ocean*. London: Museum Press, 1947.

Roberts, Callum. *The Unnatural Historyofthe Sea*. Washington, DC: Island Press, 2007.

Robertson, Geoffrey. *Dreaming Too Loud: Reflections on a Race Apart*. Sydney: Random House, 2013.

Romoli, Kathleen. *Balboa of Darién: Discoverer of the Pucific*. New York: Doubleday, 1953.

Rusk, Dean. *As ISaw It*. NewYork: W. W. Norton, 1990.

Safina, Carl. *Song for a Blue Ocean*. NewYork: Henry Holt, 1997.

Segal, Gerald. *Rethinking the Pacific*. Oxford: Oxford University Press, 1990.

Sherry, Frank. *Pacific Passions: The European Struggle for Power in the Great Ocean in the Age of Exploration*. NewYork: Morrow, 1994.

Sims, Eugene C. *Kwajalein Remembered: Stories from the Realm of the Killer Clam*. Eugene, OR: Eugene C. Sims, 1993.

Sloan, Bill. *Given Up for Dead: America's Heroic Stand at Wake Island*. NewYork: Bantam, 2003.

Spate, O. H. K. *The Pacific Since Magellan*. 3 vols. Canberra: Australian National UniversityPress, 1979.

Stanton, Doug. *In Harm's V/ay: The Sinking of the USS* Indianapolis. New York: Henry Holt, 2001.

Starek, Walter. *The Blue Beef: A Beportfrom Beneath the Sea*. New York: Knopf, 1978.

Stark, Peter. *Astoria: John Jacob Astor and Thomas Jefferson's Lost Pacific Empire*. New York: Eeco, 2014.

Starr, Kevin. *Golden Gate: The Life and Times of America's Greatest Bridge.* NewYork: Bloomsbury, 2010.

Stevenson, Robert Louis, and Fanny Stevenson. *Our Samoan Adventure.* New York: Harper and Brothers, 1955.

Stuart, Douglas T. *Security Within the Pacific Rim.* Aldershot: Gower, 1987.

Talley, Lynne, et al. *Descriptive Physical Oceanography: An Introduction.* London: Elsevier, 2011.

Tennesen, Michael. *The Next Species: The Future of Evolution in the Aftermath of Man.* New York: Simon and Schuster, 2015.

Tess, Leah. *Darwin.* Sydney: University of New SouthWales Press, 2014.

Theroux, Paul. *The Happy Isles of Oceania: Paddling the Pacific.* Boston: Houghton Mifflin, 1992.

Thomas, Nicholas. *Cook: The Extraordinary Voyages of Captain James Cook.* Toronto: Viking, 2003.

——. *Islanders: The Pacific in the Age of Empire.* New Haven, CT: Yale University Press, 2010.

Tink, Andrew. *Australia, 1901—2001: A Narrative History.* Sydney: NewSouth, 2014.

Toops, Connie, and Phyllis Greenberg. *Midway: A Guide to the Atoll and Its Inhabitants.* Naples, FL: LasAves, 2012.

Turvey, Nigel. *Cane Toads: A Tale of Sugar, Politics, and Flawed Science.* Sydney: University of New SouthWales Press, 2013.

Veron, J. E. N. *A Reef in Time: The Great Barrier Beef from Beginning to End.*

Cambridge, MA: Harvard University Press, 2008.

Visher, Stephen Sargent. *Tropical Cyclones of the Pacific*. Honolulu, HI: Bishop Museum, 1925.

Viviano, Frank. *Dispatches from the Pacific Century*. NewYork: Addison-Wesley, 1993.

Walsh, Julianne. *Etto Nan Baan Kein*: *A Marshall Islands History*. Honolulu, HI: Bess Press, 2012.

Warshaw, Matt. *The History of Surfing*. San Francisco: Chronicle Books, 2010.

Weisgall, Jonathan. *Operation Crossroads*: *The Atomic Tests at Bikini Atoll*. Annapolis, MD: Naval Institute Press, 1994.

Wertheim, Eric. *The Naval Institute Guide to Combat Fleets of the World*. Annapolis, MD: Naval Institute Press, 2013.

Whelan, Christal. *Kansai Cool*: *A Journey into the Cultural Heartland of Japan*. Rutland, VT: Tuttle, 2014.

Whistler, W. Arthur. *Plants of the Canoe People*: *An Ethnobotanical Journey Through Polynesia*. Lawai, Kauai: National Tropical Botanical Garden, 2009.

Whitlam, Cough. *The Truth of the Matter*: *AnAutobiography*. Melbourne: Penguin, 1979.

Wilson, Derek. *The Circumnavigators*. NewYork: M. Evans and Co., 1989.

Wilson, Dick. *When Tigers Fight*: *The Story of the SinG-Japanese War*, 1937—1945. London: Viking, 1892.

Wilson, Rob. *Reimagining the American Pacific*. Durham, NC: Duke University Press, 2000.

Winchester, Simon. *Pacific Rising: The Emergence ora New World Culture*. New York: Simon and Schuster, 1991.

Withey, Lynne. *Voyages of Discovery: Captain Cook and the Exploration of the Pacific*. Melbourne: Hutchinson, 1987.

Wood, Gillen D'Arcy. *Tambora: The Eruption That Changed the World*. Princeton, NJ: Princeton University Press, 2014.

Wozniak, Steve. *iivoz: Computer Geek to Cult Icon-How I Invented the Personal Computer and Co-FoundedApple*. London: W. W. Norton, 2006.

Wright, Ronald. *On Fiji Islands*. London: Viking, 1986.

Young, Louise B. *Islands: Portraits of Miniature Worlds*. NewYork: W. H. Freeman, 1999.

Zweeig, Stefan, ed. *Decisive Moments inHistory*. Riverside, CA: Ariadne Press, 1999.

——. *Magellan*. London: Pushkin Press, 2011.